保鲜剂配方与制备

李东光　主编

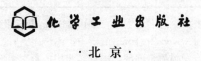

化学工业出版社

·北京·

保鲜剂是鲜花、肉类、海产品等保鲜的一种必不可少的辅助手段，因而得到广泛的应用，它还可以作为一项独立的技术方法处理产品，对产品进行短期保鲜可获良好的经济效益。本书收集了约 300 例保鲜剂配方，包括花卉保鲜剂、通用食品保鲜剂、肉制品保鲜剂、水产品保鲜剂、面食糕点保鲜剂、禽蛋保鲜剂、粮食保鲜剂、豆制品保鲜剂、茶叶保鲜剂等，详细介绍了配方与制法以及产品特性，所选品种及配方力求环保、健康、经济。

图书在版编目（CIP）数据

保鲜剂配方与制备/李东光主编. —北京：化学工业
出版社，2016.8
ISBN 978-7-122-27198-3

Ⅰ.①保⋯ Ⅱ.①李⋯ Ⅲ.①保鲜剂-配方②保鲜
剂-制作 Ⅳ.①S482.2

中国版本图书馆 CIP 数据核字（2016）第 120594 号

责任编辑：张　艳　靳星瑞　　　文字编辑：陈　雨
责任校对：王　静　　　　　　　装帧设计：王晓宇

出版发行：化学工业出版社（北京市东城区青年湖南街 13 号
　　　　　邮政编码 100011）
印　　装：三河市延风印装有限公司
850mm×1168mm　1/32　印张 11¾　字数 333 千字
2016 年 10 月北京第 1 版第 1 次印刷

购书咨询：010-64518888（传真：010-64519686）　售后服务：010-64518899
网　　址：http://www.cip.com.cn
凡购买本书，如有缺损质量问题，本社销售中心负责调换。

定　　价：48.00 元　　　　　　　　　　版权所有　违者必究

前 言
FOREWORDS

食品问题是一个与人类生活息息相关的重要话题。目前，食品安全和食品大流通日益成为国内外食品行业竞争的重要内容。一方面，农副产品加工、地方小食品等都要按照食品市场准入的要求脱离小作坊式生产，要上水平、上规模；另一方面，食品企业要走出去，参与国内外市场的大流通。而相应的食品防腐保鲜技术及食品的保质期是实现上述目标的关键点。食品防腐保鲜技术对于食品质量、货架期、生产规模、拓展市场至关重要。长期以来，广大科学家和科技工作者在食品保鲜技术领域里进行了艰苦的探索和研究。随着现代科学技术的进步和发展，为食品保鲜技术的研究和开发提供了更加有力的技术条件和设备保障，使得这门高新技术获得了更加快速的发展，许多国家都在该领域内研究和开发出了大量的新产品和新技术。国内的食品防腐剂和保鲜剂由于起步较晚，生产和应用技术相对于发达国家存在较大差距，在一些方面影响了企业规模化、品牌化、国际化的发展。

食品防腐保鲜技术的应用和开发是食品产业一大课题。食品防腐保鲜技术是涉及多学科知识的复杂的综合工程，比如某些化学的、天然的防腐剂与其他食品添加剂之间的配合使用，与食品的酸碱度 pH 值、乳化度、活度、温度、糖度、盐度、抗氧化度、微生呼吸度、非微生呼吸度、光照度、辐射度等很多因素都有密切复杂的关系，各种原料之间配合使用后会产生不同的物理、化学反应，还有食品微生物与非微生物性腐败变质之分等。这涉及到微生物学、化学、物理学、毒理学、食品工艺学和营养学、医学、实验学、统计经济学、包装学等相关学科知识。本书在介绍食品保鲜剂的同时，也顺带介绍了一些花卉保鲜剂。

食品保鲜技术的进展是十分迅速的，一些国家的科研人员正在努力研究和探索新的方法和新的技术以促进食品保鲜技术能够更快地向前发展，从而使之适应现代社会发展的需要。相信随着现代科技的不断进步和发展，更多、更好的食品保鲜技术和产品将会问世，这些新技术和新产品一定会给人类明天的生活带来更大的帮助和方便。

为了满足市场的需求，我们在化学工业出版社的组织下编写了这本《保鲜剂配方与制备》，书中收集了约 300 种保鲜剂制备实例，详细介绍了产品的配比、制备方法、产品用途、产品特性等，旨在为食品防腐保鲜技术的发展做点贡献。

本书由李东光主编，参加编写的还有翟怀凤、李桂芝、吴宪民、吴慧芳、蒋永波、邢胜利、李嘉等，由于编者水平有限，疏漏在所难免，请读者使用过程中发现问题及时指正。

编者
2016 年 8 月

目 录
CONTENTS

1 花卉保鲜剂

2　通用食品保鲜剂

3　肉制品保鲜剂

4 水产品保鲜剂

5　面食糕点保鲜剂

6　禽蛋保鲜剂

7　粮食保鲜剂

8　豆制品保鲜剂

9　茶叶保鲜剂

10　其他保鲜剂

参考文献

1

花卉保鲜剂

保鲜剂

原料配比

原料	配比（质量份）		
	1#	2#	3#
活性炭	4	8	6
柠檬酸	3	5	4
酒精	100	120	110
石蜡	3	5	4
硬脂酸	4	6	5
细白沙	80	100	90

制备方法

按配方比例进行计量备份，将酒精分为三等份，并用玻璃容器盛装，分别用酒精将硬脂酸、柠檬酸、石蜡进行溶解，制得三种溶液，再将三种溶液混合均匀，备用。另外，把细白沙洗干净，干燥后加入活性炭，再加入以上混合溶液，并搅拌均匀，再铺开晾干，就得到所需的保鲜剂。

原料配伍

本品各组分质量份配比范围为：活性炭 4～8；柠檬酸 3～5；

酒精 100～120；石蜡 3～5；硬脂酸 4～6；细白沙 80～100。

◉ **产品应用**

本品主要为鲜花的保鲜剂。

◉ **产品特性**

本产品制作简单，可作为鲜花的保鲜剂使用，本保鲜剂可以使鲜花延长寿命，可以使鲜花的寿命延长到原来的三倍。

多功能花卉保鲜剂

◉ **原料配比**

原　料	配比（质量份）		
	1#	2#	3#
透明质酸水溶液	0.1	1.05	2.0
大豆分离蛋白水溶液	1	3	5
葡萄糖水溶液	3	6.5	10
香芹酮乙醇溶液	0.02	0.76	1.5
二氯异氰尿酸钠水溶液	0.1	1.05	2
氨氧乙烯基甘氨酸（AVG）水溶液	0.5	0.52	1
柠檬酸水溶液	0.1	1.55	3

◉ **制备方法**

（1）保水剂的配制

① 按照透明质酸与水的质量分数为 0.1%～2.0%，配制透明质酸水溶液。

② 按照大豆分离蛋白与水的质量分数为 1%～5%，配制大豆分离蛋白水溶液。

③ 按照葡萄糖与水的质量分数为 3%～10%，配制葡萄糖水溶液。

④ 按透明质酸水溶液：大豆分离蛋白水溶液：葡萄糖水溶液＝1：5：10的比例混合后，搅拌均匀备用。

（2）香芹酮乙醇溶液的制备：将1份香芹酮溶解在2份质量分数为70％的乙醇里，得到澄清透亮的香芹酮乙醇溶液，备用。

（3）在步骤（1）得到的保水剂中，按照保水剂质量的0.02％～1.5％添加香芹酮乙醇溶液，搅拌均匀。

（4）将下列物质按照与水的质量分数为二氯异氰尿酸钠0.1％～2％、氨氧乙烯基甘氨酸（AVG）0.05％～1％、柠檬酸0.1％～3％依次添加到步骤（3）得到的溶液中，搅拌均匀。三种成分的添加量是：按保水剂质量的10％添加二氯异氰尿酸钠水溶液、按保水剂质量的15％添加氨氧乙烯基甘氨酸（AVG）水溶液、按保水剂质量的10％添加柠檬酸水溶液。

（5）将步骤（4）得到的溶液真空脱气，包装得到成品。

◎ 原料配伍

本品各组分质量份配比范围为：保水剂是指透明质酸水溶液，大豆分离蛋白水溶液和葡萄糖水溶液，它们的配比是透明质酸水溶液：大豆分离蛋白水溶液：葡萄糖水溶液＝1：5：10。透明质酸水溶液是指透明质酸在水中的质量分数为0.1％～2.0％；大豆分离蛋白水溶液是指大豆分离蛋白在水中的质量分数为1％～5％；葡萄糖水溶液是指葡萄糖在水中的质量分数为3％～10％。

香芹酮乙醇溶液是将1份香芹酮溶解在2份质量分数为70％的乙醇中。

二氯异氰尿酸钠在水中的质量分数为0.1％～2％。

氨氧乙烯基甘氨酸（AVG）在水中的质量分数为0.05％～1％。

上述的花卉生物保鲜剂中可以添加质量分数为0.1％～3％的柠檬酸作为酸化剂和护色剂。

保水剂主要作用是防止鲜切花失水枯萎，二氯异氰尿酸钠是一种高效生物杀菌剂，香芹酮是一种芳香精油，用以防止切口堵塞，氨氧乙烯基甘氨酸（AVG）是一种乙烯拮抗剂，用以延缓花卉衰败。

产品应用

本品主要用于花卉的多功能保鲜。

产品特性

本产品无臭无味，长期存放不变性，不污染环境，对人畜无害，集"保水，杀菌，保鲜，营养"于一体，可以显著延长鲜切花的货架期，减少运输损耗，促进花卉产业化发展。

多功能鲜切花凝胶保鲜剂

原料配比

原　料	配比（质量份）					
	1#	2#	3#	4#	5#	6#
卡波姆	1.3	1	1.5	1	1.2	1.5
蔗糖粉	1.7	1.5	2	2	1.6	2
8-羟基喹啉	0.015	0.01	0.02	0.015	0.016	0.02
6-苄氨基嘌呤	0.0015	0.001	0.002	0.0013	0.0017	0.0012
柚皮黄酮提取物	0.15	0.1	0.2	0.13	0.17	0.15
硫酸铝	0.015	0.01	0.02	0.013	0.018	0.015
胭脂红	0.007	—	—	—	—	—
苋菜红	—	0.005	—	—	—	—
日落黄	—	—	0.01	—	—	—
赤藓红	—	—	—	0.003	0.005	—
柠檬黄	—	—	—	0.004	—	—
新红	—	—	—	—	0.002	—
靛蓝	—	—	—	—	—	0.005
亮蓝	—	—	—	—	—	0.005

制备方法

将各组分原料混合均匀即可。

◉ 原料配伍

本品各组分质量份配比范围为：卡波姆 1～1.5；蔗糖粉 1.5～2；8-羟基喹啉（8-HQ）0.01～0.02；6-苄氨基嘌呤 0.001～0.002；柚皮黄酮提取物 0.1～0.2；硫酸铝 0.01～0.02；色素 0.005～0.01。

所述柚皮黄酮提取物是指从柚皮中提取的黄酮类化合物。

所述柚皮黄酮提取物由以下方法制备而成：

（1）将柚皮切丁，按料液比 1：10～15 加入体积分数为50％～60％的乙醇，搅拌均匀，在温度 70～85℃下水浴回流提取 50～60min，得到提取物，所述提取物过滤后得到提取液；其中，所述料液比 1：10～15 是指每克切丁后的柚皮中，加入 10～15mL 乙醇。

（2）将上述提取液以 3000～4000r/min 的转速离心 30～40min，取上清液，将上清液真空浓缩脱乙醇至固形物含量为 20％～30％的一次浓缩液。

（3）将上述一次浓缩液于温度 4℃下低温静置结晶，然后在温度 0℃下以 10000～15000r/min 冷冻离心，舍弃上清液，得到结晶物。

（4）将上述结晶物按料液比 1：2～5 加入体积分数为 60％～75％的乙醇溶解，抽滤，去除不溶物，得到滤液；其中，所述料液比 1：2～5 是指每克结晶物中，加入 2～5mL 乙醇。

（5）将上述滤液浓缩脱乙醇至固形物含量为 20％～30％的二次浓缩液。

（6）将上述二次浓缩液于温度 4℃下低温静置重结晶，得到重结晶物，再将重结晶物真空冷冻干燥，得到柚皮黄酮提取物。

所述色素为胭脂红、苋菜红、日落黄、赤藓红、柠檬黄、新红、靛蓝、亮蓝中的一种或一种以上的组合。

所述水为蒸馏水。

◉ 产品应用

本品主要用作鲜切花保鲜剂。使用方法如下：每 100mL 水中撒入 2.5～3.5g 凝胶保鲜剂，搅拌均匀，使卡波姆自然溶胀 12～24h，然后滴加 5～8 滴三乙醇胺，搅拌均匀，使其呈凝胶状，直接将鲜切花插入即可。

◉ **产品特性**

本产品不仅能延长鲜切花瓶插寿命，凝胶还能支撑切花摆放，摆脱液体保鲜剂易于蒸发、容易浑浊、碰倒后水易浸出的缺点，其鲜艳、多孔的外观更增加了玻璃花瓶的观赏性，使室内切花更鲜更艳。

高效鲜花常开保鲜剂

◉ **原料配比**

原　料	配比（质量份）		原　料	配比（质量份）	
	1#	2#		1#	2#
蔗糖	37	35	硫酸钾	1	2
盐酸	0.6	0.7	水	80	80
山梨酸	0.08	0.09			

◉ **制备方法**

将各组分原料混合均匀即可。

◉ **原料配伍**

本品各组分质量份配比范围为：蔗糖 30～40，盐酸 0.5～1，山梨酸 0.05～0.1，硫酸钾 1～3，水 60～90。

◉ **产品应用**

本品主要用作高效鲜花常开保鲜剂。

◉ **产品特性**

本产品配方合理，使用效果好，生产成本低。

广谱性切花保鲜剂

原料配比

原 料		配比(质量份)			
		1#	2#	3#	4#
蔗糖		88.0～90.1	89.0～90.0	89.2～89.8	89.6
8-羟基喹啉		4.1～5.0	4.3～4.9	4.5～4.9	4.6
辅助制剂		5.5～6.5	5.5～6.4	5.8～6.2	5.8
辅助制剂	氨氧乙烯基甘氨酸	0.25～0.33	0.26～0.33	0.28～0.32	0.29
	赤霉素	0.55～0.64	0.57～0.63	0.59～0.63	0.61
	硫酸铝钾	5.80～6.40	5.90～6.35	6.10～6.35	6.15
	硝酸钙	6.55～7.33	6.58～7.15	6.78～7.05	6.83
	柠檬酸	12.30～13.70	12.80～13.50	12.80～13.10	12.833
	硼酸	7.11～9.37	7.89～8.98	8.33～8.98	8.51
	维生素 C	2.2～3.9	2.3～3.7	2.3～3.1	2.6

制备方法

包括水溶液、蔗糖、8-羟基喹啉、氨氧乙烯基甘氨酸、赤霉素、硫酸铝钾、硝酸钙、柠檬酸、硼酸和维生素 C。

原料配伍

本品各组分质量份配比范围为：蔗糖 88.0～90.1，8-羟基喹啉 4.1～5.0，辅助剂 5.5～6.5。

其中，辅助制剂中各个组成成分按质量分数包括以下组分：氨氧乙烯基甘氨酸 0.25～0.33，赤霉素 0.55～0.64，硫酸铝钾 5.80～6.40，硝酸钙 6.55～7.33，柠檬酸 12.30～13.70，硼酸 7.11～9.37，维生素 C 2.2～3.9。

产品应用

本品主要用作广谱性切花的保鲜剂。切花品种为菊花、月季、唐菖蒲和/或香石竹。

产品特性

本配方配制的保鲜剂可通过预处理作为插液或喷洒，对菊花、月季、唐菖蒲、香石竹等多种切花都有效，普适性好，可延长切花保质期5～10天，最长可达15天。蔗糖主要是提供切花所需要的糖分营养；8-羟基喹啉起到杀菌的作用；氨氧乙烯基甘氨酸是乙烯抑制剂，用于溶解8-羟基喹啉和氨氧乙烯基甘氨酸的乙醇也有一定的抑制作用；赤霉素是一种植物激素，可促进细胞营养生长，防止细胞老化和器官脱落，从而达到延长切花生命周期的效果；硫酸铝钾、硝酸钙、硼酸、柠檬酸、维生素C等成分可增加溶液的渗透势和花瓣细胞的膨压、降低pH值、促进花枝吸水以及提供一定的营养等作用。

含有海洋生物成分的鲜花保鲜剂

原料配比

原　料	配比（质量份）	原　料	配比（质量份）
羧甲基壳聚糖	1.0～3.0	葡萄糖	6.0～10.0
海洋生物溶菌酶	9.0～15.0	纯净水	加至100
海藻粉	3.0～6.0		

制备方法

（1）将配方所需的纯净水加入乳化罐中，加热至50℃。

（2）按照配方比例，将羧甲基壳聚糖、海藻粉、葡萄糖加入上述溶液中，搅拌30min。

（3）降温至30℃后，将培养好的海洋生物溶菌酶按照配方比例加入乳化罐，乳化反应15min，控制温度不超过30℃。

（4）冷却后分装。

◎ 原料配伍

本品各组分质量份配比范围为：羧甲基壳聚糖 1.0～3.0；海洋生物溶菌酶 9.0～15.0；海藻粉 3.0～6.0；葡萄糖 6.0～10.0；纯净水至 100。

羧甲基壳聚糖的抗菌作用显著，并且释放出非常特殊的生物能量，将能量传递到机体内部，修复各类细胞组织。

海藻粉是以海洋天然海藻为主料，辅以少量海洋微藻精细加工而成，天然海藻粉富含海藻多糖、甘露醇、氨基酸、蛋白质、维生素和钾、铁、钙、磷、碘、硒、钴等微量元素，均为鲜花切花所需要的营养物质。

葡萄糖作为营养素吸收后，在叶片积累，可调节渗透压，促进水分平衡。

◎ 产品应用

本品主要用作鲜花保鲜剂。

◎ 产品特性

本产品采用海洋生物除菌物质和海洋生物营养物质，增加了鲜花切花的保存期，方便了远途运输；对花卉培养液有长效抑菌作用，并有净水功能。

含有聚谷氨酸或其盐的花卉保鲜剂

◎ 原料配比

原　料	配比（质量份）						
	1#	2#	3#	4#	5#	6#	7#
聚谷氨酸或其盐	5	10	12	3	3	15	20
甘油	10	5	1	5	5	1	1
明矾	1	0.75	1	0.5	0.75	0.5	0.5

续表

原　料	配比（质量份）						
	1#	2#	3#	4#	5#	6#	7#
蔗糖	4	8	8	10	10	10	10
氨氧乙基乙烯基甘氨酸	5	6	4	3	3	3	8
山梨醇	20	10	15	16	16	16	16
生理盐水	加至1000	加至1000	加至1000	加至1000	加至1000	加至1000	加至1000

制备方法

（1）首先按照每千克水中含 0.1～1g 氯化钠制备盐水，等分成三份。

（2）按质量称量聚谷氨酸或其盐 1～20g，开启高速搅拌器，边搅拌边加入到一份生理盐水中，至完全溶解，制成溶液一。

（3）第二份生理盐水中先后加入明矾 0.15～2g、氨氧乙基乙烯基甘氨酸 0.1～10g，搅拌溶解，制成溶液二。

（4）称量蔗糖 0.5～10g，山梨醇 1～20g 搅拌溶于第三份生理盐水中后，加入甘油 1～10g 搅拌混匀，制成溶液三。

（5）将溶解制备好的溶液一、溶液二、溶液三，按照次序高速搅拌混匀后，真空脱气，包装得成品。

原料配伍

本品各组分质量份配比范围为：聚谷氨酸或其盐 1～20，甘油 1～10，明矾 0.15～2，蔗糖 0.5～10，氨氧乙基乙烯基甘氨酸 0.1～10，山梨醇 1～20，其余为溶剂加至 1000。

所述的溶剂为生理盐水，其中每千克生理盐水中含氯化钠 0.1～1g。

所述的聚谷氨酸或其盐为细菌发酵产生的高分子黏性物质，经特殊的分离纯化工艺制备得到的具有优异水溶性、高纯度的产品。其中优选来自于芽孢杆菌产生的聚谷氨酸或其盐产品，最优选于来自枯草芽孢杆菌产生的聚谷氨酸或其盐产品。

所述的聚谷氨酸可以是聚谷氨酸产品或其聚谷氨酸金属盐产品，其中金属盐包括以下聚谷氨酸钠、聚谷氨酸钾、聚谷氨酸钙、聚谷氨酸镁、聚谷氨酸铵、聚谷氨酸锌中一种或多种，其中优选聚谷氨酸钠、聚谷氨酸钾、聚谷氨酸钙。

所述的聚谷氨酸或其盐为微生物代谢高分子产物，分子量分布很宽，从几万到几百万，本产品中聚谷氨酸或其盐分子量大于700000以上，优选大于1000000以上。

产品应用

本品主要用作花卉保鲜。花卉保鲜方法：新鲜玫瑰花采摘之后，直接向其喷雾处理，之后将处理后的玫瑰花常温放置或放入鲜花保鲜柜中。常温放置可以保鲜20天左右，在保鲜柜中可以保鲜45天。

产品特性

（1）本产品中保鲜剂中所用的聚谷氨酸或其盐保水性能极佳，具有在不同温湿度环境下智能保湿的能力，无毒无害，生物相容性好。本产品所用的聚谷氨酸用量较少，成本不高。聚谷氨酸在本产品的浓度范围内具有很好的保水性，能有效防止花瓣由于水分的蒸发而引起的干枯，从而达到保鲜的目的。另外，聚谷氨酸或盐搭配具有保护和营养作用的蔗糖、甘油、山梨醇等组分，保水和保湿效果更明显，可更显著减少水分蒸发和流失，有效阻止花瓣氧化变色，降低乙烯释放速率，延缓鲜花衰败变色过程，延长鲜花保鲜期。

（2）保鲜喷雾剂中含有的氨氧乙基乙烯基甘氨酸是一种很好的乙烯抑制剂，对花朵内乙烯的合成有很高的抑制作用，能有效地延缓花卉的衰老过程，从而起到对花卉的保鲜作用。

（3）本产品中花卉保鲜剂制备步骤简单，应用性强及可操作性强，新鲜花卉采摘之后，可以直接向花卉喷雾处理，也可以将花卉的切割处浸润在该保鲜剂中。经在不同花卉上的大量应用实验证实，处理工艺简便，保鲜效果显著。花卉经该保鲜剂处理后，存放时间长，凋谢慢，花姿花容、花卉气味能长期维持原有新鲜感。

含中草药提取物的花卉保鲜剂

原料配比

原　　料		配比（质量份）					
		1#	2#	3#	4#	5#	6#
中草药浸提物	黄连	1	1	1	1	1	1
	肉豆蔻	3	3	3	3	3	3
	茴香	1	1	1	1	1	1
	地龙骨	2	2	2	2	2	2
	生姜	1	1	1	1	1	1
	川芎	5	5	5	5	5	5
	丁香	2	2	2	2	2	2
	水	93	87.6	92	91.3	90.5	88.5
中草药浸提物		5.8	9.1	6.5	6.9	7.2	8.5
氯化钾		0.2	—	0.5	—	0.3	—
柠檬酸		0.2	—	0.5	—	0.5	2
核黄素		0.2	1	—	—	0.5	—
高锰酸钾		0.3	1	—	1	—	—
阿司匹林		0.3	1.3	0.5	0.8	—	—

制备方法

　　将黄连、肉豆蔻、茴香、地龙骨、生姜、川芎、丁香混合物在粉碎机中粉碎成 80 目，加入水，置于 100℃ 水浴中密封浸泡 5～11h，然后固液分离，收集滤液，125℃ 下灭菌，即成备用中草药浸提物；向中草药浸提物中加入增效剂，45～65℃ 下不断搅拌，直至所有物质全部溶解，即得最终保鲜剂。

原料配伍

　　本品各组分质量份配比范围为：中草药浸提物 3～15，增效剂

0.5～5，水 80～96。

所述的增效剂为氯化钾、柠檬酸、核黄素、高锰酸钾、阿司匹林中的一种或一种以上混合物。

所述的黄连：肉豆蔻：茴香：地龙骨：生姜：川芎：丁香的质量比为 0.5～1.5：2～4：0.5～1.5：1～3：0.5～1.5：4～6：1～3。

◉ 产品应用

本品主要用作花卉保鲜剂。

◉ 产品特性

花卉保鲜剂以中草药浸提物为有效成分，能全面满足切花离开母体后所需的多种营养和能量，使它维持较长时间的生理和生化过程，延长瓶插寿命，同时能起到护色、增色效果；其不含有害化学成分，具有较强的抑菌效果，可以尽可能地使鲜花处于盛开状态，使用方便，成本低，效果可靠。

花卉保鲜剂 (1)

◉ 原料配比

原　　料	配比(质量份)		原　　料	配比(质量份)	
	1 #	2 #		1 #	2 #
蔗糖	100	200	硫酸钾	10	2
丙酸	50	150	磷酸二氢钾	5	15
柠檬酸钠	3	30	焦亚硫酸钠	1	1
柠檬酸	30	3	8-羟基喹啉硫酸钾	5	5
硫代硫酸钠	2	5	水	1000	1000
石蜡	8	3			

◉ 制备方法

将上述原料按配比混合均匀，溶于水，即为花卉保鲜剂。

▶ **原料配伍**

本品各组分质量份配比范围为：蔗糖 100～200，丙酸 50～150，柠檬酸钠 3～30，柠檬酸 3～30，硫代硫酸钠 2～5，石蜡 3～8，硫酸钾 2～10，磷酸二氢钾 5～15，焦亚硫酸钠 1～8，8-羟基喹啉硫酸钾 1～5，水 800～1000。

▶ **产品应用**

本品主要用于花卉的保鲜。

▶ **产品特性**

（1）鲜切花经过保鲜剂处理后可以适应长途的冷藏、运输等过程，可使鲜切花保持叶面鲜绿，花蕾挺直、新鲜。

（2）经过处理能延长鲜切花在花店售卖的时间及瓶插寿命，使鲜花延缓开花时间。

（3）提供充足的营养成分，防止花瓣变色及脱落，使花朵开放得更伸展，长期保持最佳花姿及花色，长期保持叶片鲜绿。

花卉保鲜剂 (2)

▶ **原料配比**

原　料	配比（质量份）	原　料	配比（质量份）
葡萄糖	10～20	硼砂	0.04～0.06
蔗糖	10～20	复合肥	0.6～0.8

▶ **制备方法**

将上述各个组分原料混合均匀，得到花卉保鲜剂。

▶ **原料配伍**

本品各组分质量份配比范围为：葡萄糖为 10～20，蔗糖为 10～20，硼砂为 0.04～0.06，复合肥为 0.6～0.8。

所述的复合肥选用钾肥中的硫酸钾或氯化钾；或氨肥中的硫酸铝铵或氯化铵。

▶ 产品应用

本品主要用作花卉保鲜剂。使用方法是，称取上述混合均匀的花卉保鲜剂 10～15g，另外量取医用氯霉素注射液 3～5mg，溶于 100mL 灌溉用水中，用于浇灌花卉或浸泡花卉根部，可使花卉保鲜时间延长 5 倍以上。

▶ 产品特性

本产品包含营养物质，既有助于花卉的活力，又含有保鲜组分，实现保鲜作用，可使花卉保鲜时间延长 5 倍以上。

花卉保鲜剂 (3)

▶ 原料配比

原　料	配比(质量份)		
	1#	2#	3#
花椒	5	8	10
茴香	5	8	10
桂皮	4	6	8
川芎	3	4	5
甘油	2	3	4
柠檬酸	4	8	12
透明质酸溶液	2	5	8
液体石蜡	3	5	8
硫酸钾	2	4	5
葡萄糖	5	10	15
香味剂	2	3	5
水	50	75	80

◉ **制备方法**

(1) 将花椒、茴香、桂皮和川芎加水煎煮 4～6h，过滤并降至室温，得滤液。

(2) 将步骤 (1) 中的滤液以及液体石蜡、硫酸钾和葡萄糖放入反应釜中，升温至 120～140℃，搅拌 10～20min 进行乳化后降至室温。

(3) 加入甘油、柠檬酸、透明质酸溶液、香味剂，搅拌均匀即可制得均匀的微乳液状的保鲜剂。

◉ **原料配伍**

本品各组分质量份配比范围为：花椒 5～10，茴香 5～10，桂皮 4～8，川芎 3～5，甘油 2～4，柠檬酸 4～12，透明质酸溶液 2～8，液体石蜡 3～8，硫酸钾 2～5，葡萄糖 5～15，香味剂 2～5，水 50～80。

◉ **产品应用**

本品主要用作花卉保鲜剂。

◉ **产品特性**

本产品成分简单，成本低，制备方便，对花卉表面不产生伤害或影响，能有效延长花卉的保鲜时间，保证花卉的姿色。

花卉保鲜剂 (4)

◉ **原料配比**

原　料	配比（质量份）		
	1#	2#	3#
硼砂	0.1	0.3	0.5
柠檬酸	1	0.75	0.5
乙醇	0.5	0.75	1

原　　料	配比（质量份）		
	1#	2#	3#
甲壳素	20	15	10
葡萄糖	0.05	0.1	0.2
硅藻土	10	15	20
水	70	60	50

◉ 制备方法

将各组分原料混合均匀即可。

◉ 原料配伍

本品各组分质量份配比范围为：硼砂 0.1～0.5，柠檬酸 0.5～1，乙醇 0.5～1，甲壳素 10～20，葡萄糖 0.05～0.2，硅藻土 10～20，水 50～70。

◉ 产品应用

本品主要用作花卉保鲜剂。

◉ 产品特性

本产品成本低廉，均匀长效，无副作用。

花卉保鲜剂 (5)

◉ 原料配比

原　　料	配比（质量份）	原　　料	配比（质量份）
钾明矾	5	明胶	3
铵矾	2	硫代硫酸银	5

◉ 制备方法

将钾明矾、铵矾、明胶、硫代硫酸银固体分别粉碎至 60～80

目，均匀，干燥除去水分即可，或者将计量的上述物质充分混匀，粉碎至 60～80 目，采用通常的方法干燥，包装。成品可散装。

◉ 原料配伍

本品各组分质量份配比范围为：钾明矾 1～5，铵矾 2～6，明胶 1～3，硫代硫酸银 5～10。

◉ 产品应用

本品主要用作花卉保鲜剂。使用方法为花茎浸渍于该剂中，也可适当向花卉喷雾处理。

◉ 产品特性

使用该花卉保鲜剂后，花卉的色泽和香气均保持原样不变，保鲜效果显著，且水溶性良好，附着于花卉表面的药剂容易洗净，无毒，使用比较安全，不致伤害人、畜生命。

切花保鲜剂 (1)

◉ 原料配比

原　料	配比		
	1#	2#	3#
蔗糖	50g	30g	40g
6-苄氨基嘌呤(6-BA)	0.01g	0.008g	0.012g
8-羟基喹啉(8-HQ)	0.25g	0.2g	0.3g
曲拉通(X-100)	4mL	2mL	6mL
20%柠檬酸调 pH 值	5.8	6.0	5.5
水	加至 1L	加至 1L	加至 1L

◉ 制备方法

(1) 将原料 6-苄氨基腺嘌呤 (6-BA) 用适量稀酸或稀碱溶液

溶解（如 1mol/L 盐酸或 1mol/L KOH 或 NaOH），优选使用少量的 1mol/L NaOH 溶液溶解。8-羟基喹啉（8-HQ）用适量有机溶剂溶解，诸如乙醇、丙酮、氯仿、苯等有机溶剂，优选使用少量无水乙醇溶解，在溶解时可通过轻微加热助溶。pH 调节时可用有机酸或稀盐酸，优选用质量浓度 20％柠檬酸或 1mol/L 的盐酸调节。

（2）称取步骤（1）中处理过的 6-苄氨基腺嘌呤（6-BA）、8-羟基喹啉（8-HQ）和蔗糖，分别溶解并混合均匀，加入曲拉通混合均匀后用水定容，并调节 pH 值至 5.5～6.0。

◎ 原料配伍

本品各组分配比范围为：蔗糖 30～50g，6-苄氨基嘌呤（6-BA）8～12mg，8-羟基喹啉（8-HQ）200～300mg，曲拉通（X-100）2～6mL，pH 5.5～6.0，水加至 1L。

◎ 产品应用

本品主要用作切花保鲜。

使用方法：采取花蕾期的桃切花，在清水中复水后，剪掉基部 2～3cm 插入所述切花保鲜剂中。

◎ 产品特性

（1）在本产品中，蔗糖不但是切花开花所需要的营养来源，还作为呼吸基质，维持一定的呼吸速率，具有延长蛋白质合成过程的作用，有效地抑制蛋白质的降解，防止膜脂过氧化作用，维持生物膜的完整性，从而延缓了切花的衰老，延长其瓶插寿命。但蔗糖浓度根据不同的切花种类具体确定，如果用量不恰当容易发生糖伤害，引起花朵褪色等。6-BA 是植物生长调节剂，它的作用是通过拮抗 ABA，阻断乙烯生成来改变切花的品质，从而延缓衰老进程。8-HQ 作为杀菌剂，以减少微生物对花茎输导组织的危害，维持花枝的水分平衡，从而延长切花的寿命，此外还发现 8-HQ 具有细胞分裂素的活性和抑制乙烯生物合成的作用。曲拉通（X-100）是一种表面活性剂，促进花材吸收水分。柠檬酸降低 pH 值，调节切花的生理代谢，而且使其他成分充分溶在一起。

（2）本切花保鲜剂具有补充糖源、调节植物体内的酸碱度、杀菌或抗菌、拮抗衰老激素等作用。经大量试验表明，本产品尤其能够显著提高"华春"桃切花采后的观赏品质、使花瓣更加饱满、色泽鲜亮、并延长其瓶插寿命1～4天，从而达到远距离运输的要求。

切花保鲜剂（2）

◉ 原料配比

原　料		配比		
		1#	2#	3#
糖	蔗糖	20g	20g	20g
8-羟基喹啉盐	8-羟基喹啉柠檬酸盐	0.2mmol	—	0.2mmol
	8-羟基喹啉硫代硫酸	—	0.2mmol	
硝普钠		75μmol	—	35μmol
白藜芦醇			60μmol	100μmol
水		加至1L	加至1L	加至1L

◉ 制备方法

将各组分原料混合均匀溶于水即可。

◉ 原料配伍

本品各组分配比范围为：糖10～30g，8-羟基喹啉盐0.1～0.3mmol，白藜芦醇和/或硝普钠30～120μmol，水加至1L。

上述切花保鲜剂中的糖为蔗糖，8-羟基喹啉盐（8-HQ）为8-羟基喹啉硫代硫酸（8-HQS）或8-羟基喹啉柠檬酸盐（8-HQC）。

◉ 产品应用

本品主要用作切花保鲜剂。

使用方法：花枝瓶插前用 75％酒精消毒花茎，对其茎下端斜剪，保留花枝长度约 30cm，去除大部分叶，仅留 2 片复叶。试验花枝插入装有 200mL 保鲜剂的三角瓶中，并用保鲜膜密封，以防止水分蒸发，置于室内散射光下进行试验。保持室温 22～25℃，相对湿度 60％～80％。

◉ **产品特性**

本产品利用纯天然植物提取物白藜芦醇制作的切花保鲜剂来对鲜切花采后处理，能有效调节切花水分平衡，改善切花体内的水分状况，减轻细胞质膜透性，降低膜脂过氧化水平，从而延缓切花衰老进程，延长瓶插寿命，并且有效地杜绝了 Ag^+ 等有害物对环境的毒害作用；白藜芦醇不仅来源广泛，经济实用，而且天然环保，安全稳定。

切花保鲜剂（3）

◉ **原料配比**

原　料	配比（质量份）		原　料	配比（质量份）	
	1#	2#		1#	2#
2-巯基吡啶-1-氧化物	0.6	0.8	柠檬酸	2	3
乙醇	8	3	酒石酸	1	2
磷酸二氢钾	3	5			

◉ **制备方法**

将各组分原料混合均匀即可。

◉ **原料配伍**

本品各组分质量份配比范围为：2-巯基吡啶-1-氧化物 0.2～1，乙醇 1～10，磷酸二氢钾 1～5，柠檬酸 1～3，酒石酸 1～3。

> **产品应用**

本品主要用作切花保鲜剂。

> **产品特性**

本产品配方合理，使用效果好，生产成本低。

切花保鲜剂 (4)

> **原料配比**

原　　料	配比	原　　料	配比
柠檬酸钛	0.5g	蔗糖	3g
氯化钴	0.2g	8-羟基喹啉	0.1g
硼砂	0.2g	水	加至 1L

> **制备方法**

先将 8-羟基喹啉在水中溶解，再依次加入柠檬酸钛、硼砂和蔗糖，补足余量水分，充分搅拌均匀。

> **原料配伍**

本品各组分配比范围为：柠檬酸钛 0.01～0.5g，氯化钴 0.01～1g，硼砂 0.1～0.5g，蔗糖 1～5g，8-羟基喹啉 0.01～0.2g，水加至 1L。

> **产品应用**

本品主要用作切花保鲜剂。使用方法：将切花插入该溶液即可。

> **产品特性**

本产品能够有效延长百合花瓶插寿命，所需的原料毒性小，安全性高，而且原料购买方便，制备工艺和使用方法简单。

切花保鲜剂 (5)

原料配比

原　料	配比	原　料	配比
柠檬酸	10g	无水酒精	50mL
蔗糖	8g	纯水	定容至1L

制备方法

首先将柠檬酸10g在水中溶解，然后往柠檬酸溶液中加入蔗糖8g，待蔗糖完全溶解后，再加入50mL无水酒精（如无酒精，可加入20mL米酒），最后用纯水定容至1L再搅拌均匀。

原料配伍

本品各组分配比范围为：无水酒精50mL，柠檬酸10g，蔗糖8g，水加至1L。

产品应用

本品主要用作切花保鲜剂。切花保鲜方法包括以下步骤：

（1）选择外层花瓣初显色、含苞待放、大小一致的健壮睡莲花枝，在水下把睡莲花枝修剪成长度为40cm、下端端面为45°斜角的睡莲剪枝。

（2）切割后，即刻将睡莲剪枝下端端面朝下插入保鲜剂中，置于（29±3）℃、相对湿度50％～60％且无直射光的室内；每两天更换一次保鲜剂。

产品特性

本产品配方科学合理，蔗糖是维持切花生命活动所需能量的源泉，并有减少水分蒸发、延迟内源乙烯产生、减轻切花对乙烯敏感性的作用。蔗糖还能引起气孔关闭，减少水分的散失，有效地减轻由于辐射造成的膜的损伤。柠檬酸抑制微生物滋长，并增加花梗的吸水性，使水分运送通畅。此外，酒精对真菌和细菌都有强烈的杀伤作用，同时还能抑制乙烯的生成，乙烯的生成对切花的衰老有直接的正相关关系。本产品对环境友好、无污染，保鲜剂制备方法简单、方便且生产成本低廉。

切花保鲜剂 (6)

⊚ 原料配比

原 料	配比（质量份）	原 料	配比（质量份）
琥珀酸	0.5	8-羟基喹啉	0.08
迷迭香酸	0.05	抗坏血酸	0.1
蔗糖	2	水	加至 1000

⊚ 制备方法

先将 8-羟基喹啉在水中溶解，再依次加入琥珀酸、迷迭香酸、蔗糖和抗坏血酸，补足余量水分，充分搅拌均匀，将切花插入该溶液即可。

⊚ 原料配伍

本品各组分质量份配比范围为：琥珀酸 0.01～0.5，迷迭香酸 0.01～0.05，蔗糖 1～5，8-羟基喹啉 0.01～0.2，抗坏血酸 0.01～0.1，水加至 1000。

⊚ 产品应用

本品主要应用于百合花的保鲜。

使用方法：将切花插入该溶液即可。

⊚ 产品特性

本产品保鲜剂能够有效延长百合花瓶插寿命，所需的原料毒性小，安全性高，而且原料购买方便，制备工艺和使用方法简单，具有良好的开发应用前景。

切花保鲜剂 (7)

◉ 原料配比

原　料	配比	原　料	配比	原　料	配比
柠檬酸	0.8g	蔗糖	2g	水	加至1L
硼砂	0.2g	8-羟基喹啉	0.2g		

◉ 制备方法

先将8-羟基喹啉在水中溶解，再依次加入柠檬酸、硼砂和蔗糖，补足余量水分，充分搅拌均匀。

◉ 原料配伍

本品各组分配比范围为：柠檬酸0.01～0.8g，硼砂0.1～0.5g，蔗糖1～5g，8-羟基喹啉0.01～0.2g，其余为水加至1L。

◉ 产品应用

本品主要用作切花保鲜剂。使用方法：将切花插入该溶液即可。

◉ 产品特性

本产品能够有效延长百合花瓶插寿命，所需的原料毒性小，安全性高，而且原料购买方便，制备工艺和使用方法简单。

切花保鲜剂 (8)

◉ 原料配比

原　料	配比	原　料	配比	原　料	配比
苹果酸	0.6g	蔗糖	1g	水	加至1L
迷迭香酸	0.1g	8-羟基喹啉	0.1g		

> **制备方法**

先将8-羟基喹啉在水中溶解，再依次加入苹果酸、迷迭香酸和蔗糖，补足余量水分，充分搅拌均匀。

> **原料配伍**

本品各组分配比范围为：苹果酸0.01~0.6g，迷迭香酸0.1~0.5g，蔗糖1~5g，8-羟基喹啉0.01~0.2g，水加至1L。

> **产品应用**

本品主要用作切花保鲜剂。使用方法：将切花插入该溶液即可。

> **产品特性**

本产品能够有效延长百合花瓶插寿命，所需的原料毒性小，安全性高，而且原料购买方便，制备工艺和使用方法简单。

切花保鲜剂 (9)

> **原料配比**

原　料	配比	原　料	配比
钼酸铵	0.08g	葡萄糖	5g
柠檬酸钛	0.5g	8-羟基喹啉	0.1g
氯化钴	0.2g	水	加至1L
硼砂	0.2g		

> **制备方法**

先将8-羟基喹啉在水中溶解，再依次加入钼酸铵、柠檬酸钛、氯化钴、硼砂和葡萄糖，补足余量水分，充分搅拌均匀。

> **原料配伍**

本品各组分配比范围为：钼酸铵0.01~0.5g，柠檬酸钛

0.01～0.5g，氯化钴 0.01～1g，硼砂 0.1～0.5g，葡萄糖 1～5g，8-羟基喹啉 0.01～0.2g，水加至 1L。

> ● **产品应用**

本品主要用作切花保鲜剂。使用方法：将切花插入该溶液即可。

> ● **产品特性**

本产品能够有效延长百合花瓶插寿命，所需的原料毒性小，安全性高，而且原料购买方便，制备工艺和使用方法简单。

切花菊保鲜剂

> ● **原料配比**

原　　料	配比		
	1#	2#	3#
6-苄氨基嘌呤	2mg	1mg	3mg
水	加至 1L	加至 1L	加至 1L

> ● **制备方法**

称取适量 6-苄氨基嘌呤加水溶解，配制成浓度为 1～3mg/L 的 6-苄氨基嘌呤溶液即为所述的切花菊保鲜剂。

> ● **原料配伍**

本品各组分配比范围为：6-苄氨基嘌呤的浓度为 1～3mg/L。

> ● **产品应用**

本品主要用作切花菊的保鲜剂。

切花菊保鲜处理方法：

（1）采取花蕾饱满、枝条健壮、生长状态相近、无病虫害及机械损伤的菊花花枝试样，其中，花枝试样的长度为 60～80cm，开花指数为 2 级或 3 级。

（2）在花枝试样基部茎端 2～4cm 的茎段内以 30°～60°倾斜角剪切，接着摘除花枝下部长 10～15cm 茎段下的叶片，插入清水中静置，进行复水和恢复植株膨压处理，其中复水处理过程中花枝插入清水中的深度为 6～10cm，处理时间 10～24h。

（3）将复水处理后的切花菊花枝插入 6-苄氨基嘌呤溶液进行浸泡处理，其中浸泡时间为 6～24h，温度为 20～25℃，相对湿度为 40%～60%，光照时间为 14～16h/d，光照强度为 800～2000lx。花枝试样浸泡于 6-苄氨基嘌呤溶液中的深度为 6～10cm，优选为6～8cm。

（4）此外，还包括将浸泡处理后的菊花花枝取出后插入清水中，进行清水瓶插。

❯ 产品特性

（1）采用本保鲜剂处理的切花菊，瓶插时间长，花序直径稍有增大，而且菊花的开花速度延缓，延迟了花序达最大花径的时间。

（2）采用本品保鲜剂处理的切花菊，明显延缓切花菊瓶插过程的叶片中叶绿素的降解，防止叶片过早褪绿黄化，延长叶片的观赏期，花冠瓶插寿命延长 2～6 天，叶片瓶插时间延长 3～6 天，对叶片的保鲜效果作用尤其明显。

（3）采用本产品保鲜处理后，瓶插切花菊的叶片和小花中POD 的活性提高，或酶活性达最大值的时间推迟，减少切花衰老过程中氧自由基的生成，即减少自由基对膜系统和大分子活性物质的伤害，从而维持切花菊花、叶器官在外观形态下的良好观赏性。

（4）采用本品处理的切花菊瓶插过程中保鲜剂 6-苄氨基嘌呤对切花菊叶片中的 ABA 生成量无显著的抑制作用，对 IAA 的生成有促进作用，6-苄氨基嘌呤与 IAA 协同作用，对衰老产生一定延缓作用。

（5）本品对环境友好，不会造成污染，保鲜剂制备方法简单，方便易得，生产成本低廉。

鲜花保鲜剂 (1)

原料配比

原　料	配比（质量份）		原　料	配比（质量份）	
	1#	2#		1#	2#
植酸	0.5	0.005	戊二醛	0.6	0.9
单糖	0.8	0.6	水	94	99

制备方法

将各组分原料混合均匀即可。

原料配伍

本品各组分质量份配比范围为：植酸 0.001～1，单糖 0.5～1，戊二醛 0.5～1，水 90～100。

产品应用

本品主要用作鲜花保鲜剂。

产品特性

本产品配方合理，使用效果好，生产成本低。

鲜花保鲜剂 (2)

原料配比

原　料	配比（质量份）	原　料	配比（质量份）
水杨酸	1	甲壳素	12
山梨酸	0.08	葡萄糖	0.1
乙醇	0.6	硅藻土	12
甲醛	0.08	水	74.14

◉ **制备方法**

先在容器中加入水，加热至 35℃ 左右，然后加入其他各种组分，充分搅匀，即得成品。

◉ **原料配伍**

本品各组分质量份配比范围为：水杨酸 0.8～1.7，山梨酸 0.04～0.12，乙醇 0.5～0.8，甲醛 0.03～0.13，甲壳素 8～19，葡萄糖 0.07～0.14，硅藻土 7～18，水 66～87。

◉ **产品应用**

本品主要用作鲜花保鲜剂。

◉ **产品特性**

（1）本品采用甲壳素，为有效成分构筑坚固框架，阻碍有效成分流失，作用均匀持久，采用硅藻土，提高保鲜剂分散度和覆盖度。

（2）本品原料均可采用天然提取物，不对花卉质量和人体造成任何危害。

（3）本品原料来源广，工艺简单，成本低廉。

鲜花保鲜剂 (3)

◉ **原料配比**

原　料	配比		
	1 #	2 #	3 #
蒸馏水	800mL	900mL	1000mL
水杨酸	1g	1.25g	1.5g
山梨酸	0.05g	0.3g	0.5g
浓度为 60% 的乙醇	55mL	—	—
浓度为 65% 的乙醇	—	56mL	—
浓度为 75% 的乙醇	—	—	58mL

续表

原　料	配比		
	1 #	2 #	3 #
甲醛	0.3g	0.4g	0.6g
葡萄糖	0.5g	0.8g	1g

▶ 制备方法

将上述原料按配比充分搅拌均匀，溶解后即制得鲜花保鲜剂。

▶ 原料配伍

本品各组分配比范围为：水杨酸 1～1.5g，山梨酸 0.05～0.5g，乙醇 55～58mL，甲醛 0.3～0.6g，葡萄糖 0.5～1g，水 800～1000mL。

所述乙醇的浓度为 60%～75%。

▶ 产品应用

本品主要用作鲜花保鲜剂。使用方法：将剪下的鲜花浸入鲜花保鲜剂中，浸渍后取出滤干，即可长久使鲜花保持新鲜。

▶ 产品特性

本产品提供的鲜花保鲜剂制作方便、生产成本低、防腐性能稳定，能有效延长鲜花的保鲜期，使剪切下来的鲜花的保鲜期延长1～2个月。

鲜花保鲜剂（4）

▶ 原料配比

原　料	配比（质量份）				
	1 #	2 #	3 #	4 #	5 #
蔗糖	50	50	50	50	50
葡萄糖酸锌	0.1	0.9	0.5	0.3	0.7

续表

原　料	配比（质量份）				
	1#	2#	3#	4#	5#
8-羟基喹啉硫酸盐	0.2	0.8	0.5	0.4	0.6
硼酸	0.01	0.09	0.05	0.03	0.07
丙二醇	0.03	0.09	0.06	0.05	0.07
乙二醇	0.01	0.05	0.03	0.02	0.04
柠檬酸	0.02	0.06	0.04	0.03	0.05
硫酸亚铁	0.01	0.07	0.03	0.02	0.06
磷酸二氢钾	0.04	0.08	0.06	0.05	0.07
硫酸钾	0.02	0.08	0.05	0.04	0.06
硫酸镁	0.01	0.09	0.05	0.05	0.07
硝酸银	0.01	—	—	0.02	—
氨基氧化醋酸	—	0.05	—	—	—
8-羟基喹啉柠檬酸盐	—	—	0.03	—	0.04
矮壮素	0.02	—	—	0.03	—
比久	—	0.06	—	—	—
青鲜素	—	—	0.04	—	0.05

◎ 制备方法

（1）蔗糖、葡萄糖酸锌、乙二醇和丙二醇混合，加入 40～50℃纯水溶解，搅拌 3～5h。

（2）上述溶液温度冷却至常温，加入 8-羟基喹啉硫酸盐、硼酸、柠檬酸、硫酸亚铁、磷酸二氢钾、硫酸钾、硫酸镁、乙烯抑制剂和生长调节剂，搅拌，稀释，即得。

◎ 原料配伍

本品各组分质量份配比范围为：蔗糖 50，葡萄糖酸锌 0.1～0.9，8-羟基喹啉硫酸盐 0.2～0.8，硼酸 0.01～0.09，丙二醇 0.03～0.09，乙二醇 0.01～0.05，柠檬酸 0.02～0.06，硫酸亚铁

0.01～0.07，磷酸二氢钾 0.04～0.08，硫酸钾 0.02～0.08，硫酸镁 0.01～0.09，乙烯抑制剂 0.01～0.05，生长调节剂 0.02～0.06。

所述乙烯抑制剂为硝酸银、氨基氧化醋酸或 8-羟基喹啉柠檬酸盐。

所述生长调节剂为矮壮素、比久或青鲜素。

所述保鲜剂中蔗糖的浓度为 1%～3%。

> **产品应用**

本品主要用作鲜花保鲜剂。

> **产品特性**

(1) 本产品主要由供能剂、保湿剂、抑菌剂、营养剂、乙烯抑制剂和生长调节剂所组成。蔗糖提供给鲜花碳水化合物；丙二醇和乙二醇具有保湿功能；8-羟基喹啉硫酸盐、硼酸和柠檬酸具有杀灭细菌功能；硫酸亚铁、磷酸二氢钾、硫酸钾和硫酸镁提供养分，且其中离子能够保持细胞的正常生理功能；乙烯抑制剂能抑制加速花朵衰老的乙烯产生；生长调节剂延缓花朵的衰老。因此，本产品鲜花保鲜剂功能广泛，从多角度发挥保鲜功效。

(2) 本产品成本低，工艺简单，对于花卉能够有效保鲜，且能避免环境污染。

鲜花保鲜剂 (5)

> **原料配比**

原　　料	配比(质量份)						
	1#	2#	3#	4#	5#	6#	7#
乙醇	50	52	55	56	57	58	60
硫脲	5	7	6	7	8	8	10
柠檬酸	5	6	7	8	9	9	10
柠檬酸钠	3	5	4	5	6	6	7

续表

原　料	配比（质量份）						
	1#	2#	3#	4#	5#	6#	7#
丙酸	30	35	32	35	35	36	40
植酸	2	4	4	6	6	7	8
蔗糖	5	7	6	7	8	8	10
硫代硫酸钠	0.5	0.7	1	1.2	1.4	1.5	2
异柠檬酸三钠	1	2	2	3	4	4	5
苯甲酸钠	0.2	0.4	0.5	0.6	0.7	0.7	0.8
碳酸氢钠	1	2	2	3	4	4	5
羟乙基纤维素	0.5	0.8	0.8	1	1.3	1.3	2
丙三醇	1	3	3	4	4	4	5
N,N-二乙基对苯二胺	0.5	0.6	0.6	0.7	0.8	0.8	1
水	80	85	86	92	95	95	100

◉ **制备方法**

（1）按照质量份称取各组分。

（2）将水加热到 50～60℃，加入柠檬酸钠、蔗糖、硫代硫酸钠、异柠檬酸三钠、苯甲酸钠、碳酸氢钠、羟乙基纤维素和丙三醇，搅拌均匀；得到的混合液中，保持温度为 30～40℃，在 0.03～0.08MPa 下搅拌 2～3h，降至室温。

（3）将剩余组分加入到步骤（2）得到的混合液中，保持温度为 30～40℃，在 0.03～0.08MPa 下搅拌 2～3h，降至室温。

◉ **原料配伍**

本品各组分质量份配比范围为：乙醇 50～60，硫脲 5～10，柠檬酸 5～10，柠檬酸钠 3～7，丙酸 30～40，植酸 2～8，蔗糖 5～10，硫代硫酸钠 0.5～2，异柠檬酸三钠 1～5，苯甲酸钠 0.2～0.8，碳酸氢钠 1～5，羟乙基纤维素 0.5～2，丙三醇 1～5，N,N-二乙基对苯二胺 0.5～1，水 80～100。

◉ **产品应用**

本品主要用作鲜花保鲜剂。

◉ **产品特性**

本产品插花寿命较普通的水插花寿命时间大大延长，最高可以达到延长1倍以上，同时可以有效增大花朵的直径，起到了良好的保鲜与促进花朵开放及增大效果。

鲜花保鲜剂（6）

◉ **原料配比**

原　料	配比（质量份）		
	1#	2#	3#
蔗糖	50	70	80
柠檬酸	30	40	50
柠檬酸钠	10	20	30
明矾	10	15	30
淘米水	450	550	600

◉ **制备方法**

将蔗糖、柠檬酸、柠檬酸钠、明矾、淘米水加热至40～50℃，搅拌溶解，过滤、冷却至室温，制得鲜花保鲜剂。

◉ **原料配伍**

本品各组分质量份配比范围为：蔗糖50～80，柠檬酸30～50，柠檬酸钠10～30，明矾10～30，淘米水450～600。

◉ **产品应用**

本品主要用作鲜花保鲜剂，适用于玫瑰花、月季花、菊花等鲜切花的保鲜。

⊙ 产品特性

（1）蔗糖是鲜花的主要营养源和能量来源，它能维持离开母体后的切花所有生理和生化过程。外供糖源起着维持切花细胞中线粒体结构和功能的作用。通过调节蒸腾作用和细胞渗透压促进水分平衡，增加水分吸收。

（2）淘米水中含有蛋白质、维生素、淀粉、铁、镁、钙、钾、锌等元素，可作为鲜花的营养来源。

（3）柠檬酸和柠檬酸钠可以调节保鲜剂中 pH 值，减少微生物的繁殖。

（4）明矾具有净化水质的作用，对水中的微生物也具有抑制效果。

鲜花保鲜剂 (7)

⊙ 原料配比

原　料	配比（质量份）				
	1#	2#	3#	4#	5#
食品蜡	1	2	3	4	5
赤霉素	2	5	4	6	7
蜂胶	1	3	5	5	6
壳聚糖	3	7	6	7	8
儿茶素	1	2	2	2	7
聚丙烯酸钠	2	4	3	3	6
D-山梨糖醇	1	3	6	5	7
烟酰胺	3	6	5	4	8
植酸	2	5	4	5	6
羟基乙酰胺	1	3	2	2	5
聚乙烯醇	2	4	3	3	7

续表

原　料	配比(质量份)				
	1#	2#	3#	4#	5#
三乙醇胺	1	2	4	5	6
硬脂酸	2	3	3	4	5
单硬脂酸甘油酯	3	5	5	6	7
十二烷基硫酸钠	2	4	3	5	6
脂肪醇聚氧乙烯醚 AEO3	1	—	—	—	—
脂肪醇聚氧乙烯醚 AEO7	—	2	—	3	—
脂肪醇聚氧乙烯醚 AEO9	—	—	2	—	5
去离子水	5	7	8	11	12

> **制备方法**

(1) 将食品蜡置于搅拌釜中，加热使其熔化，加热过程的温度为 70～80℃。然后加入三乙醇胺、硬脂酸、单硬脂酸甘油酯、十二烷基硫酸钠和脂肪醇聚氧乙烯醚，搅拌均匀，得混合液Ⅰ。

(2) 将赤霉素、蜂胶、壳聚糖、儿茶素、聚丙烯酸钠、D-山梨糖醇、烟酰胺、植酸、聚乙烯醇和羟基乙酰胺加至去离子水中，搅拌均匀，得混合液Ⅱ。

(3) 将步骤 (1) 所得混合液Ⅰ加至步骤 (2) 所得混合液Ⅱ中，边加边搅拌，搅拌过程在温度 40～50℃ 条件下进行，搅拌时间为 30～40min，即得成品。

> **原料配伍**

本品各组分质量份配比范围为：食品蜡 1～5，赤霉素 2～7，蜂胶 1～6，壳聚糖 3～8，儿茶素 1～7，聚丙烯酸钠 2～6，D-山梨糖醇 1～7，烟酰胺 3～8，植酸 2～6，羟基乙酰胺 1～5，聚乙烯醇 2～7，三乙醇胺 1～6，硬脂酸 2～5，单硬脂酸甘油酯 3～7，十二烷基硫酸钠 2～6，脂肪醇聚氧乙烯醚 1～5，去离子水 5～12。

所述脂肪醇聚氧乙烯醚为 AEO3、AEO7 或 AEO9 中的一种。

> **产品应用**

本品主要用作鲜花保鲜剂。适用花卉类型广，盆花鲜花、切花等多种花卉均可使用。

产品特性

本品避免了使用 8-羟基喹啉和银盐类物质，不添加激素物质，杀菌抑菌效果好，避免微生物对花卉气孔堵塞。

鲜花保鲜剂 (8)

原料配比

原　料		配比			
		1#	2#	3#	4#
保湿剂	乙二醇	0.1g	—	—	—
	丙二醇	—	0.2g	—	—
	丙三醇	—	—	0.2g	—
	聚乙二醇	—	—	—	0.6g
葡萄糖酸盐	葡萄糖酸锌	0.3g	—	—	0.8g
	葡萄糖酸铁	—	0.5g	—	0.2g
	葡萄糖酸铜	—	—	0.8g	—
糖类	蔗糖	20g	—	25g	—
	β-葡萄糖	—	30g	—	45g
	果糖			25g	
杀菌抑菌剂	2-溴-2-硝基-1,3-丙二醇	0.1g	0.6g	—	0.4g
	3-碘-2-丙基丁基氨基甲酸盐(IBPC)	—	—	0.8g	0.6g
蒸馏水		加至1L	加至1L	加至1L	加至1L

制备方法

（1）先将保湿剂、糖类和葡萄糖酸盐加入 50℃蒸馏水中，搅拌 2.5h。

(2) 将步骤（1）中的混合物降温至 25℃，加入杀菌抑菌剂，搅拌 0.5h，添加蒸馏水定容 1L，得到成品。

◉ 原料配伍

本品各组分配比范围为：保湿剂 0.1～1g，葡萄糖酸盐 0.3～1g，糖类 20～50g，杀菌抑菌剂 0.1～1g，水加至 1L。

所述的保湿剂为乙二醇、丙二醇、丙三醇、聚乙二醇、吐温-40 之一或两种以上的混合物。该保湿剂具有高分子膜降低蒸腾作用，以封闭鲜花上的部分气孔，减少花中水分的蒸腾，延长花枯萎凋谢和调节保鲜液 pH 的作用，保持花色艳丽和延长花寿命。

所述的葡萄糖酸盐为葡萄糖酸锌、葡萄糖酸铁、葡萄糖酸铜之一或两种以上的混合物。将微量元素葡萄糖酸盐（铁盐、铜盐、锌盐）应用于鲜花保鲜中，发现葡萄糖酸化后更易被花卉所吸收，微量元素发挥作用更明显，在延长花期上明显好于单独应用葡萄糖、微量元素盐或者联合应用葡萄糖、微量元素盐，花期明显延长 5～10 天。铁是植物代谢上的活性化合物，在生物氧化还原作用中起催化作用。由于铁与叶绿素的合成有关，在维持切花茎叶中叶绿素含量、促进碳水化合物、维生素合成和一些金属酶的酶促中起着重要作用。铜使花株体中叶绿素和其他植物色素的稳定性增强。

所述的糖类为蔗糖、β-葡萄糖、果糖之一或两种以上的混合物。糖类为鲜花活体的能源物质，用以增补花体内糖分的储存，起到增强同化作用，抑制代谢过程中有害物质的产生和限制蒸腾量等作用。

所述的杀菌抑菌剂为 2-溴-2-硝基-1,3-丙二醇、3-碘-2-丙基丁基氨基甲酸盐（IBPC）之一或两者任意比例的混合物。杀菌抑菌剂是一种防腐剂，用以杀灭或抑制微生物的繁殖，减少花茎的生理性堵塞，促进水分平衡，抑制乙烯的产生。

◉ 产品应用

本品主要用作鲜花保鲜剂。直接或稀释后喷洒使用。

◉ 产品特性

(1) 本产品的主成分为保湿剂、葡萄糖酸盐、糖类和杀菌抑菌剂，避免了使用8-羟基喹啉和银盐类物质，不添加激素物质，杀菌抑菌效果好，避免微生物对花卉气孔堵塞。

（2）本产品的微量元素以鲜花更易吸收的葡萄糖酸盐形式，可以更有效补充鲜花的微量元素。

（3）本产品适用花卉类型广，如盆花鲜花、切花等多种花卉均可使用。

（4）本产品的保鲜效果好；改善鲜切花开花习性明显，提高花蕾开放率至少95％以上，鲜花寿命提高0.5～1倍。

（5）不污染环境，对花卉无损害，而且费用低廉，原料易得，配制方便，使用简便。

鲜花保鲜剂 (9)

◉ 原料配比

原　　料	配比（质量份）		
	1#	2#	3#
蔗糖	0.5	4.0	2.25
8-羟基喹啉硫酸盐	0.01	0.05	0.03
1-甲基环丙烯	0.001	0.004	0.0025
赤霉素	0.0005	0.002	0.00125
硝酸钙	0.01	0.06	0.05
大蒜提取物	0.05	0.3	0.175
橄榄叶提取物	0.05	0.2	0.125
柠檬酸	0.03	0.15	0.09
6-苄氨基嘌呤	0.001	0.004	0.0025
水	加至100	加至100	加至100

◉ 制备方法

分别称取上述组分，并将各组分混合均匀，即得到鲜花保鲜剂。

◎ 原料配伍

本品各组分质量份配比范围为：蔗糖 0.5～4.0，8-羟基喹啉硫酸盐 0.01～0.05，1-甲基环丙烯 0.001～0.004，赤霉素 0.0005～0.002，硝酸钙 0.01～0.06，大蒜提取物 0.05～0.3，橄榄叶提取物 0.05～0.2，柠檬酸 0.03～0.15，6-苄氨基嘌呤 0.001～0.004，水加至 100。

所述大蒜提取物是经由下述制备过程得到：取大蒜，洗净，加入大蒜 4～8 倍量的水进行打浆；调浆液 pH 值至 3.5～5.5，控温在 40～60℃，按每千克大蒜加入 20 万～60 万国际单位比活力的酶进行酶解，酶解时间为 180～360min，酶解结束后进行酶灭活；分离出清液，上色谱柱分离纯化，过超滤膜收集滤出液，浓缩，喷雾干燥，即得大蒜提取物。

所述酶由纤维素酶、淀粉酶、半纤维素酶和果胶酶按质量比 1～3∶1～2∶1～3∶1～2 复合而成。

所述色谱柱分离纯化过程为：清液上色谱柱后，用水清洗除杂，再用 20mmol/L 的 pH 值为 5.5～7.0 的磷酸盐缓冲液洗脱，收集磷酸盐洗脱液。

所述超滤膜为分子量 5 万～10 万的超滤膜。

所述色谱柱为羟基磷灰石色谱柱。

所述橄榄叶提取物是经下述制备过程得到：取干燥橄榄叶，粉碎，加入橄榄叶 6～12 倍质量的水进行微波提取，提取时间为 60～240min；离心过滤，取上清液，浓缩，喷雾干燥，得橄榄叶提取物。

◎ 产品应用

本品主要适用于百合花、玫瑰花、月季花、香石竹、菊花等鲜花剪切离体后的储存、运输、销售及插花。

◎ 产品特性

（1）本产品采用新型生物保鲜剂，如橄榄叶提取物，其中含有的肌肽加传统添加剂进行调配，克服了现有鲜花保鲜剂的缺点，利用生物保鲜剂的可降解性优点，是一种保鲜效果好、无毒害作用的鲜花保鲜剂产品，满足消费者对于精神文明的需求，为花卉保鲜难问题提供一种技术方案及产品。

（2）本鲜花保鲜剂的制作非常容易，只需将各组分按比例称取并混合均匀即可，整个过程简单易行。

鲜花保鲜剂 (10)

原料配比

原　料	配比（质量份）		
	1#	2#	3#
蔗糖	5	6	8
氯化钙	0.1	0.2	0.3
柠檬酸	0.2	0.3	0.4
聚乙二醇 4000	5	8	10
硼酸	0.1	0.2	0.3
GA3	0.002	0.0025	0.002
头孢氨苄	0.4	0.6	0.8
去离子水	加至 100	加至 100	加至 100

制备方法

将各组分原料混合均匀，溶于水。

原料配伍

本品各组分质量份配比范围为：蔗糖 5~8，氯化钙 0.1~0.3，柠檬酸 0.2~0.5，聚乙二醇 4000 5~10，硼酸 0.1~0.3，GA3 0.002~0.003，头孢氨苄 0.4~0.8，去离子水加至 100。

去离子水为 120℃高压灭菌 20~30min 的灭菌水。

产品应用

本品主要用作鲜花保鲜剂。用鲜花喷雾保鲜及鲜花枝干浸入保鲜。

◎ 产品特性

本产品操作方便，成本低，配制容易；鲜花保鲜时间长；无毒无害，绿色环保；该方法使用的头孢氨苄可选用医用胶囊或片制剂，安全方便且成本低，抑菌效果好。

鲜花保鲜剂 (11)

◎ 原料配比

原　　料	配比(质量份)	原　　料	配比(质量份)
柏木醇	0.08	液化二氧化碳气	79.92
甲壳素	8.5	硅藻土	5.5
木质素	6		

◎ 制备方法

取柏木醇甲壳素、木质素、硅藻土，放入小型高压瓶中，往其中充入液化二氧化碳气，充分摇动该高压瓶，使其在内部混合均一，即得。

◎ 原料配伍

本品各组分质量份配比范围为：柏木醇 0.05～0.12，甲壳素 5.5～10.5，木质素 5.5～8，液化二氧化碳气 78～92，硅藻土 3.5～8。

◎ 产品应用

本品主要用作鲜花保鲜剂。

◎ 产品特性

(1) 本品采用甲壳素、木质素为有效成分构筑坚固框架，阻碍有效成分流失，作用均匀持久，采用硅藻土提高保鲜剂分散度和覆盖度。

（2）本品原料均可采用天然提取物，不对花卉质量和人体造成任何危害。

（3）本品采用柏木醇、液化二氧化碳气，在保鲜过程中抑制被保鲜物的呼吸作用和乙烯生成的同时也抑制了真菌、细菌等微生物的产生，且对虫害有显著的驱避作用。

鲜花保鲜剂 (12)

▶ 原料配比

原　料	配比（质量份）			
	1#	2#	3#	4#
硫酸铝钾	8	10	12	8
葡萄糖	20	25	30	28
阿司匹林	2	3	4	4
钼酸铵	2	3	4	3
高锰酸钾	2	3	4	4
硫酸亚铁	3	4	5	5
尿素	6	7	8	8
苯甲酸钠	9	10	11	11
维生素 C	6	7	8	8
硫酸锌	6	7	8	6
硫酸镁	6	7	8	6
氯化钠	10	11	12	10
硝酸钾	5	6	7	5
碳酸钠	4	5	6	4
吲哚乙酸	6	7	8	8
乙醇	10	15	20	12
过磷酸钙	8	9	10	10
纯净水	400	450	500	480

制备方法

（1）按质量份分别称取各原料，并分别存放，对于固体物质，分别进行粉碎，并通过150～200目的筛后分别存放备用。

（2）将（1）中过筛后的硫酸锌、苯甲酸钠、硫酸铝钾、钼酸铵、过磷酸钙用混合机混合10～20min，得到第一混合物。

（3）将（1）中过筛后的硫酸亚铁、硫酸镁、氯化钠、硝酸钾、碳酸钠、尿素用混合机混合10～20min，得到第二混合物。

（4）将（1）中过筛后的葡萄糖、阿司匹林、维生素C用混合机混合10～20min，得到第三混合物。

（5）将第一混合物、第二混合物放在一起并用混合机混合10～20min，得到第四混合物；将第三混合物放入第四混合物中，并加入（1）中过筛后的高锰酸钾，采用混合机混合10～20min，得到第五混合物。

（6）将（1）中称量得到的吲哚乙酸放入乙醇中，充分溶解得到溶解液；再将（1）中称得的纯净水倒入溶解液中充分搅拌，并将（5）中所得第五混合物置入并搅拌使其溶解，静置得到鲜花保鲜剂。

原料配伍

本品各组分质量份配比范围为：硫酸铝钾8～12，葡萄糖20～30，阿司匹林2～4，钼酸铵2～4，高锰酸钾2～4，硫酸亚铁3～5，尿素6～8，苯甲酸钠9～11，维生素C 6～8，硫酸锌6～8，硫酸镁6～8，氯化钠10～12，硝酸钾5～7，碳酸钠4～6，吲哚乙酸6～8，乙醇10～20，过磷酸钙8～10，纯净水400～500。

产品应用

本品主要用作鲜花保鲜剂。

在用于未采摘的鲜花时，采用质量比为：鲜花保鲜剂：水＝1：40～50的比例，先进行稀释形成溶液，再进行喷雾，可连续使用2～3次，每次时间间隔为24h，能使鲜花更艳丽、整齐、更抗病；经过上述措施，使花开及花衰期普遍延长8～15天。

在用于已采摘的鲜花时，采用质量比为：鲜花保鲜剂：水＝

1：80～100 的比例，先进行稀释形成溶液；若是已成扎的花束，可将花秆的 1/3～1/2 插入溶液中，3～5h 后取出晾干即可，当然，持续放在溶液中的效果更佳；若是分散的花朵，则将花秆的 1/3～1/2 插入溶液中，在 5～10 天内，不需另外补充溶液，只需补充适量的清水；经过上述措施，使花衰期普遍延长 5～10 天。

◉ 产品特性

（1）采用本产品对花进行处理后，花衰期普遍延长 5 天以上，有效地保持了花卉的艳丽期，特别是对于需要运输期较长的花卉，起到了有效的保存作用。

（2）本产品制作方法简单、原料易购、成本低、无毒、保持效果好，鲜花的保质期更长久。

鲜切花保鲜剂 (1)

◉ 原料配比

原　料	配比（质量份）	原　料	配比（质量份）
葡萄糖	95	硼砂	0.2
硫酸钾	2	醋酸洗必泰	0.5
硫酸铝铵	1	柠檬酸	0.8
溴代十六烷基吡啶	0.5	水	1500

◉ 制备方法

将上述各原料按比例混合配制成水溶液。

◉ 原料配伍

本品各组分质量份配比范围为：葡萄糖 90～97，硫酸钾 1～3，硫酸铝铵 1～2，溴代十六烷基吡啶 0.4～1，硼砂 0.05～0.3，醋酸洗必泰 0.4～3，柠檬酸 0.2～0.8，水 1500。

◉ **产品应用**

本品主要用作鲜切花保鲜剂。

◉ **产品特性**

本产品原料来源充足、成本低，显著提高保鲜效果和延长鲜切花的观赏期。

鲜切花保鲜剂 (2)

◉ **原料配比**

原　料	配比(质量份)			
	1 #	2 #	3 #	4 #
硼酸	0.1	0.5	1.0	2.0
蔗糖	10	25	50	50
硝酸钙	0.5	1.0	1.0	2.0
8-羟基喹啉	0.5	1.0	1.0	2.0
水	1500	1500	1500	1500

◉ **制备方法**

将上述原料按配比混合均匀，即制得所述的鲜切花保鲜剂。

◉ **原料配伍**

本品各组分质量份配比范围为：蔗糖 $10\sim50$，8-羟基喹啉 $0.5\sim2.0$，硝酸钙 $0.5\sim2.0$，硼酸 $0.1\sim2.0$。

制剂是水溶液制剂或固体制剂。其中蔗糖的作用是提供碳水化合物和能量及维持细胞液渗透势，8-羟基喹啉的作用是维持无菌的溶液环境，硝酸钙的作用是维持溶液一定的渗透势及细胞膜稳定性，硼酸与糖形成硼糖复合物促进糖向花瓣的运输。

◉ **产品应用**

本品主要用作鲜切花保鲜剂。将新鲜的玫瑰花插进该溶液中即可。

⊙ **产品特性**

本产品具有显著提高鲜切花瓶插寿命和观赏价值的优点。

鲜切花保鲜剂 (3)

⊙ **原料配比**

原　料	配比（质量份）					
	1#	2#	3#	4#	5#	6#
8-羟基喹啉	0.01	0.01	0.04	0.04	0.02	0.02
柠檬酸	0.09	0.09	0.09	0.09	0.06	0.06
葡萄糖	50	50	50	50	35	35
氯化钠	0.01~0.1	—	0.01		0.08	
硝酸银	—	0.01~0.02		0.01	—	0.15
激动素KT	0.01~0.03	0.01~0.03	0.03	0.03	0.02	0.02
水	加至100	加至100	加至100	加至100	加至100	加至100

⊙ **制备方法**

先将8-羟基喹啉和柠檬酸在水中溶解，再依次加入葡萄糖、激动素KT、氯化钠或硝酸银，混合搅拌均匀定容即可。要求配方成分及用量准确，溶解彻底，搅拌均匀。

⊙ **原料配伍**

本品各组分质量份配比范围为：8-羟基喹啉0.01~0.04，柠檬酸0.02~0.09，葡萄糖1~50，氯化钠0.01~0.1或硝酸银0.01~0.02，激动素KT 0.01~0.03，水加至100。

⊙ **产品应用**

本品主要用作鲜切花保鲜剂。

产品特性

本产品工艺简单，操作方便，产品毒性小，可长期存放，不污染环境，对花卉和人畜基本无害。相对于大多数鲜切花保鲜剂使用蔗糖而言，本产品使用葡萄糖作为文心兰和石斛兰鲜切花的采后营养供给，大大促进了保鲜剂的吸收，不仅满足了它们的营养需求，同时也保持了鲜切花色泽鲜艳和催开花苞的效果。

鲜切花保鲜剂 (4)

原料配比

原　料	配比		
	1#	2#	3#
蔗糖	25mg	25mg	25mg
柠檬酸	200mg	200mg	200mg
8-HQ	200mg	200mg	200mg
吐温	50mg	100mg	200mg
水	加至1L	加至1L	加至1L

制备方法

以表面活性剂吐温（聚氧乙烯失水山梨醇脂肪酸酯）为原料，经化学混合处理，制成鲜切花保鲜剂。

原料配伍

本品各组分质量份配比范围为：蔗糖 25mg，柠檬酸 200mg，8-HQ 200mg，吐温 50～200mg，水加至 1L。

产品应用

本品主要用作鲜切花保鲜剂。使用方法：按所述鲜切花保鲜剂配方组成的物质配制、混合处理，制成鲜切花保鲜液；将待保鲜鲜花茎端斜切去 3～5cm，以增大花茎的吸水面积，花朵下部至少保留 5 片叶，剪切后切花长 20～30cm，每枝切花长度一致，花枝插入盛有 250mL 保鲜剂的塑料瓶中，瓶内保鲜液深为 8cm，每瓶 1 枝。

◎ 产品特性

本产品可以很好地延缓鲜花花枝失水，使花枝保持一定的膨压，达到延长瓶插寿命的目的，能延长鲜切花瓶插寿命 9～12 天。

鲜切花保鲜剂 (5)

◎ 原料配比

原　料	配比		
	1 #	2 #	3 #
多肽	2.0g	1.8g	1.5g
蔗糖	20.0g	15.0g	10.0g
无水柠檬酸	1.0g	2.0g	1.0g
1-甲基环丙烯	0.0008g	0.0007g	0.0006g
无水乙醇	1mL	1mL	1mL
水	加至 1L	加至 1L	加至 1L

◎ 制备方法

用无水乙醇溶解 1-甲基环丙烯后再用水稀释，然后加入用水稀释的多肽中，按照配比依次加入蔗糖、无水柠檬酸，用水定容。

◎ 原料配伍

本品各组分配比范围为：多肽 1.5～2.0g，1-甲基环丙烯 0.5～0.8mg，蔗糖 10.0～20.0g，无水柠檬酸 1.0～2.0g，无水乙醇 1mL，水加至 1L。

所述多肽是指重均分子量在 3000～5000 的聚天冬氨酸同源多肽。

◉ **产品应用**

本品主要用作鲜切花保鲜剂。使用方法：插瓶浸泡。

◉ **产品特性**

（1）本产品利用聚天冬氨酸分子含有大量酰胺基和羧基等亲水基团，而具有的较强吸水和保水功能。植物吸收聚天冬氨酸同源多肽达到一定量后，使植物细胞保持较高的水分含量，维持高度的膨压紧张状态，从而延长鲜切花保鲜期。同时，有机结合了乙烯发生和乙烯发生作用的抑制剂 1-甲基环丙烯在延缓衰老和保鲜中的作用。利用了辅助成分蔗糖作为呼吸能量消耗碳源，柠檬酸抑制微生物的作用，对鲜切花保鲜效果明显优于单用聚天冬氨酸同源多肽和 1-甲基环丙烯。

（2）本产品以能完全生物降解的聚天冬氨酸同源多肽和 1-甲基环丙烯为主要成分，克服了现有保鲜剂生理毒性高、易对环境造成污染等缺点，具有保鲜效果好、无污染等特点，可有效延长鲜切花的保鲜期。

洋桔梗切花瓶插保鲜剂

◉ **原料配比**

原　料	配比（质量份）	原　料	配比（质量份）
蔗糖	3	柠檬酸	0.2
氯化钙（$CaCl_2$）	0.04	水	加至 100
8-羟基喹啉柠檬酸盐（8-HQC）	0.03		

◉ **制备方法**

按配比称取蔗糖、8-羟基喹啉柠檬酸盐、柠檬酸用水分别溶解后加入 $CaCl_2$，待所有固体充分溶解，定容至 1L，即得成品保鲜剂。

◉ **原料配伍**

本品各组分质量份配比范围为：蔗糖 3，氯化钙（$CaCl_2$）0.04，

8-羟基喹啉柠檬酸盐（8-HQC）0.03，柠檬酸 0.2，水加至 100。

◉ 产品应用

本品主要用作洋桔梗切花瓶插保鲜剂。

使用方法：

（1）洋桔梗切花处理：花店大批量购进的洋桔梗切花，保留原有花枝长度，不去叶，先用本保鲜剂浸泡基部 3～4h，再取出放于清水，避光存放。

（2）保鲜保存：保存过程中，每天更换一次清水，注意环境的相对湿度保持在 70% 以上。

（3）切花销售前处理：销售前可把花枝按销售要求进行剪短，除去下部叶片，浸于本保鲜剂 1h，再进行插花、捧花、花束等商品花的包装。

（4）本保鲜剂亦可制备成小包装产品，一般为 200～400mL 袋装或瓶装，于顾客买花时随花销售。

◉ 产品特性

该保鲜剂能延缓花枝失水、降低花瓣呼吸速率、延缓切花衰老、促进花朵充分开放，并能防止微生物滋生、延长洋桔梗切花瓶插寿命 4～7 天；同时费用低廉、制作简单、便于推广；不含一般保鲜剂中常见的银离子，对环境友好，无污染，使用方便。

优质鲜花保鲜剂

◉ 原料配比

原　料	配比（质量份）		原　料	配比（质量份）	
	1#	2#		1#	2#
蔗糖	1500	1000～2000	硼酸	0.1	0.1～0.3
焦亚硫酸钠	18	5～20	苯甲酸钠	0.3	0.1～1
硫酸钾	22	10～30	水	50000	50000～60000

◎ **制备方法**

将各组分原料混合均匀即可。

◎ **原料配伍**

本品各组分质量份配比范围为：蔗糖 1000～2000，焦亚硫酸钠 5～20，硫酸钾 10～30，硼酸 0.1～0.3，苯甲酸钠 0.1～1，水 50000～60000。

◎ **产品应用**

本品主要用作优质鲜花保鲜剂。

◎ **产品特性**

本产品配方合理，使用效果好，生产成本低。

长效鲜花保鲜剂

◎ **原料配比**

原　　料	配比（质量份）	
	1#	2#
硝酸银	0.03	0.05
蔗糖	2	3
柠檬酸	0.1	0.2
赤霉素	0.2	0.1
氧化钴	0.004	0.005
水	加至 100	加至 100

◎ **制备方法**

将各组分原料混合均匀即可。

◎ **原料配伍**

本品各组分质量份配比范围为：硝酸银 0.03～0.05，蔗糖 1～

3，柠檬酸 0.1～0.3，赤霉素 0.1～0.2，氧化钴 0.003～0.005，水加至 100。

▶ **产品应用**

本品主要用作鲜花保鲜剂。

▶ **产品特性**

本产品配方合理，制作方便，生产成本低，保鲜效果好。

蔗糖插花保鲜剂

原　料	配比（质量份）		
	1 #	2 #	3 #
蔗糖	50	100	50
柠檬酸	2	4	2
氯化钠	0.2	0.4	0.2
自来水	50	100	50

▶ **制备方法**

（1）准确称取蔗糖、柠檬酸、氯化钠溶于水中，搅拌至完全溶解。

（2）将上述溶液加热至 100℃，冷却至常温。

（3）将步骤（2）制备的溶液过滤，将滤液装入容器，蔗糖插花保鲜剂制成。

▶ **原料配伍**

本品各组分质量份配比范围为：蔗糖 40～50，柠檬酸 2，氯化钠 0.2，水 50～60。

使用的蔗糖为植物甘蔗、甜菜中提取的二糖，易溶于水。使用的氯化钠为精制食盐，柠檬酸为白色晶体或粉末、易溶于水。

▶ **产品应用**

本品主要用于室内装饰插花使用的蔗糖插花保鲜剂。

　　本品的使用方法简单，将蔗糖插花保鲜剂加水稀释成 2%～10%的溶液，即可直接使用。也可将蔗糖插花保鲜剂以花瓶水量的1/10 加入花瓶中。

◎ **产品特性**

　　本产品的要点是：以蔗糖为主要原料，提供插花营养，延长插花寿命；以氯化钠抑制细菌繁殖，同时又可增加植物细胞液的离子浓度，增强植物抗性；添加柠檬酸调节保鲜剂的 pH 值为酸性，使保鲜剂长期使用，不变质。由于上述物质的综合作用，本品蔗糖插花保鲜剂具有增加植物营养、增强抗性、使用时间长、延长插花寿命的特点。

　　本产品的优点是：

　　（1）保持插花鲜艳，延长鲜花开放时间。

　　（2）增加插花营养，促进插花生长。

　　（3）保鲜剂生产容易、使用方便、成本低。

　　（4）保鲜剂保管运输方便。

百子莲切花保鲜剂

◎ **原料配比**

原　　料	配比（质量份）		
	1#	2#	3#
蔗糖	50g	30g	60g
溴代十六烷基吡啶（CPB）	0.2g	0.1g	0.3g
6-苄氨基嘌呤（6-BA）	0.001g	0.0008g	0.0015g
赤霉素（GA3）	0.05g	0.04g	0.06g
氯化钴	0.1g	0.07g	0.2g
柠檬酸（CA）	0.15g	0.1g	0.2g
冰醋酸	50mL	50mL	50mL
水	加至 1L	加至 1L	加至 1L

◎ 制备方法

（1）将柠檬酸完全溶解于 500mL 水中，然后加入溴代十六烷基吡啶，并搅拌使其充分溶解，此溶液为 1。

（2）将赤霉素加入到 100mL 蒸馏水中，搅拌使其充分溶解，此溶液为 2。

（3）将氯化钴加入到 100mL 蒸馏水中，搅拌使其充分溶解，此溶液为 3。

（4）将 6-苄氨基嘌呤加入到 50mL 冰醋酸中，并搅拌使其充分溶解，此溶液为 4。

（5）将溶液 2、3、4 依次倒入溶液 1 中，并在前一溶液与溶液 1 充分混匀后再加入后一种溶液。

（6）最后加入蔗糖，定容至 1L 后搅拌均匀即可。

◎ 原料配伍

本品各组分质量份配比范围为：蔗糖 20～80g，溴代十六烷基吡啶 0.05～0.5g，6-苄氨基嘌呤（6-BA）0.0003～0.005g，赤霉素 0.01～0.1g，氯化钴 0.01～0.5g，柠檬酸 0.05～0.5g，冰醋酸 50mL，水加至 1L。

◎ 产品应用

本品主要用作百子莲切花采后保鲜。

◎ 产品特性

（1）本产品的保鲜剂中，蔗糖是切花开放所需的营养来源，能够促进花瓣伸长，增进切花的水分平衡和渗透势，保持花色鲜艳。但蔗糖浓度需根据不同的切花种类具体确定，如用量不恰当容易发生糖伤害，引起花朵褪色、叶片烧伤等。溴代十六烷基吡啶（CPB）是一种季铵盐结构的表面活性剂，为广谱性杀菌剂，在水中解离成阳离子活性基团，环境中降解率为 100%，可抑制保鲜剂中微生物的繁殖速率，性状稳定、持久，对花材不产生毒害，是一种环保的保鲜剂成分。6-BA 是植物生长调节剂，细胞分裂素的一种，主要是可抑制蛋白酶、核酸酶、水解酶的合成，另外还可以促进叶绿素及可溶性蛋白质合成并延缓其瓶插后期的降解，提高花冠的观赏品质，使花径扩大，花型更加饱满，花色更加鲜艳。赤霉素（GA3）是植物生长调节剂，主要作用是作为催花剂，促进茎的延长及 RNA 与蛋白质的合成，抑制成熟与衰老。无机盐 Co^{2+} 对切花保鲜也有重要影响，可以减少乙烯生成量和延迟衰老，对维持切花的鲜重及水分平衡有促进作用。柠檬酸（CA）可以降低 pH 值，调节生理代谢，而且使其他成分充分溶在一起。

（2）本产品的保鲜剂根据百子莲植物的开花衰老特征，以细胞分裂素、生长调节剂、杀菌剂等为原料，用科学的方法配制而成，具有调节植物体内酸碱度、拮抗衰老激素作用、杀菌或抗菌、延缓花朵褪色、补充糖源、改善水分平衡作用，经大量试验表明，本产品的保鲜剂处理后对促进花朵充分开放、延长花朵盛开期等都有显著效果。

多齿红山茶鲜切花保鲜剂

⊙ 原料配比

原　料	配比		原　料	配比	
	1#	2#		1#	2#
蔗糖	20g	—	柠檬酸	—	0.15g
葡萄糖	—	20g	CaCl₂	2g	2g
8-羟基喹啉柠檬酸盐	0.2g	—	水	加至 1L	加至 1L
8-羟基喹啉	—	0.1g			

⊙ 制备方法

按配比分别称取呼吸碳源、抑菌剂用水分别溶解后加入 $CaCl_2$，待所有固体充分溶解后得到成品保鲜液。

⊙ 原料配伍

本品各组分配比范围为：呼吸碳源 20g，抑菌保护剂 200～

260mg，$CaCl_2$ 2g，水定容至 1L。

所述的呼吸碳源为蔗糖、葡萄糖、果糖中任一种。

所述的抑菌保护剂为 8-羟基喹啉（8-HQ）、8-羟基喹啉柠檬酸盐（8-HQC）或 8-羟基喹啉硫酸盐（8-HQS）、柠檬酸中任一种。

所述的水为自来水、蒸馏水、纯净水或矿泉水。

◎ 产品应用

本品主要用作多齿红山茶鲜切花保鲜剂。

◎ 产品特性

本品以山茶科山茶属植物多齿红山茶鲜切花为研究对象，克服了地理分布和栽培手段的限制，使其能以商品形式进入北方地区。本品可有效延长鲜切花寿命，较对照延长 1.6 倍以上，能显著维持花色且具有操作简单，省时省力；成本低，便于推广；所用药品安全、无毒等特点。

防止佛手失水、褐变的保鲜剂

◎ 原料配比

原　料		配比	
		1#	2#
A	维生素 C（粉末）：氯化钙（粉末）：多菌灵（粉末）：壳聚糖（粉末）	1：2：5：2	1：3：3：3
	A 剂	10g	10g
	B 剂	100mL	100mL

◎ 制备方法

将 A 剂和 B 剂混合均匀即可用作防止佛手失水、褐变的保鲜剂。

原料配伍

本品各组分质量份配比范围如下。A剂：粉末状，为抑制失水和褐变的保鲜干粉。分为两种：一、A1剂，是适用于盆栽观赏用佛手的保鲜剂，其中，维生素C（粉末）、氯化钙（粉末）、多菌灵（粉末）和壳聚糖（粉末）按照1:1.5～3:5～10:1～3；二、A2剂，是适用于采后观赏用佛手的保鲜剂，其中，维生素C（粉末）、氯化钙（粉末）、多菌灵（粉末）和壳聚糖（粉末）按照1:2～3:0.5～3:2～3。

B剂：液状，A试剂的溶解液，成分为3%～5%的醋酸溶液。

产品应用

本品主要用作防止佛手失水、褐变的保鲜剂。1#用于盆栽观赏用佛手的保鲜剂；2#用于采后的单个金华佛手果实。

使用方法：

（1）对于盆栽观赏用佛手，在暗处用B剂溶解A1剂4～6h，A1剂浓度10%～20%，然后在室温喷洒于盆栽佛手果实及叶子表面。每7～10天处理一次，每次处理结束后，农户和经销商可将盆栽植株及佛手果实晾干后运输、销售，消费者则将佛手置于通风处即可。

（2）对于采后观赏用佛手，在暗处用B剂溶解A2剂1～3h，A2剂浓度10%～20%，然后在室温喷洒于佛手果实表面，或者直接将佛手果实浸泡于保鲜剂中维持3～5min。每10～14天处理一次，每次处理结束后，农户和经销商可将佛手果实晾干后包装、运输、销售，消费者则将佛手置于通风处晾干即可。

产品特性

（1）本方法涉及的保鲜剂在制作和方法应用上都很简便，不但便于从事相关产业的人员使用，还便于产业链终端的消费者使用，操作十分简单，可行性强。

（2）针对性强，效率高，成本低廉。佛手果实形状很不规则，用浸蘸或喷洒保鲜液的方法能有效提高佛手果实与保鲜剂的接触面，减少处理死角。同时，由于佛手表面覆有致密的蜡质成分，普通保鲜剂不容易附着于其上，在保鲜剂中添加成膜成分，有利于此问题的解决。另外，将保鲜剂做成干粉状，利于保护试剂成分。最后，本产品涉及的干粉状保鲜剂组成简单，成分价格低廉，市场前景广阔。

（3）适用范围广，对于其他果蔬来说，同样存在储藏期间容易失水、褐变的问题。本方法及其涉及的保鲜剂同样适用于有类似问题的农产品，特别是蔬菜产品。

康乃馨保鲜剂

◎ 原料配比

原　料	配比（质量份）	
	1#	2#
8-羟基喹啉	0.02	0.03
赤霉素	0.1	0.2
水	加至 100	加至 100

◎ 制备方法

将各组分原料按配比混合均匀，溶于水，即为所述的康乃馨保鲜剂。

◎ 原料配伍

本品各组分质量份配比范围为：8-羟基喹啉 0.01～0.03，赤霉素 0.1～0.3，水加至 100。

◎ 产品应用

本品主要用作康乃馨的保鲜剂。

◎ 产品特性

本产品配方合理，制作方便，生产成本低，保鲜效果好。

满天星保鲜剂

▶ 原料配比

原　料	配比（质量份）		原　料	配比（质量份）	
	1#	2#		1#	2#
硝酸银	0.03	0.05	异抗坏血酸	1	0.3
蔗糖	2	1	水	加至100	加至100

▶ 制备方法

将各组分原料混合均匀，溶于水，即为满天星保鲜剂。

▶ 原料配伍

本品各组分质量份配比范围为：硝酸银0.03～0.05，蔗糖1～3，异抗坏血酸0.3～1，水加至100。

▶ 产品应用

本品主要用于满天星的保鲜。

▶ 产品特性

本产品配方合理，制作方便，生产成本低，保鲜效果好。

牡丹、芍药切花保鲜剂

▶ 原料配比

原　料	配比			
	1#	2#	3#	4#
蔗糖	5～20g	5g	20g	12.5g

原　料	配比			
	1#	2#	3#	4#
8-羟基喹啉	0.05～0.1mg	0.05mg	0.1mg	0.075mg
柠檬酸	0.1～0.2mg	0.1mg	0.2mg	0.15mg
水杨酸	0.015～0.025mg	0.015mg	0.025mg	0.02mg
二氧化氯	0.005～0.01mg	0.005mg	0.01mg	0.0075mg
硫代硫酸银（STS）	1～2mmol	1mmol	1mmol	1.5mmol
水	加至1L	加至1L	加至1L	加至1L

⊙ **制备方法**

将各组分溶于水混合均匀即可。

⊙ **原料配伍**

本品各组分质量份配比范围为：蔗糖5～20g，8-羟基喹啉0.05～0.1mg，柠檬酸0.1～0.2mg，水杨酸0.015～0.025mg，二氧化氯0.005～0.01mg，STS 1～2mmol，水加至1L。

⊙ **产品应用**

本品主要用作是牡丹（芍药）切花保鲜剂。可用于迎宾、庆典，以及办公室、会议室、宾馆、家庭环境的美化等。

使用方法：田间切取松散期的牡丹（芍药）花蕾，经自然降温散去田间余热，用自来水冲洗叶面泥土，晾干表面水分，将花枝基部水切0.5～1.0cm，将牡丹（芍药）切花插入该牡丹（芍药）切花保鲜剂，处理20～30min，取出花枝后20～30℃室温条件下进行瓶插。

⊙ **产品特性**

本产品所提供的牡丹（芍药）切花保鲜剂及其使用方法，能够防止微生物滋生，延长牡丹（芍药）切花保鲜期，改善切花的观赏品质，并且具有用量少，成本低，使用方便的特点；本产品提供的牡丹（芍药）切花保鲜剂不仅使用于牡丹（芍药）切花的采后预处理液，也可用于其他植物切花的保鲜。试验结果表明，瓶插寿命比对照延长 50%～150% 以上，并且开花质量显著提高。使用了本产品的切花，开花期较长，可制作成花篮、花束，用于迎宾、庆典，以及办公室、会议室、宾馆、家庭环境的美化等。

牡丹鲜切花保鲜剂

原料配比

原　料	配比（质量份）		
	1#	2#	3#
壳聚糖	2	8	4
氯化钙	15	5	8
柠檬酸	5	10	18
聚乙烯醇	20	13	10
OP-10 乳化剂	3	4	5
水	加至 100	加至 100	加至 100

制备方法

首先将柠檬酸在水中溶解，然后往柠檬酸溶液中搅拌加入壳聚糖，待壳聚糖完全溶解后，再搅拌加入氯化钙、聚乙烯醇和 OP-10 乳化剂，最后定容至 1L 再搅拌均匀，最后在 2000r/min 下将配制好的溶液离心脱气 30min 即可。

原料配伍

本品各组分质量份配比范围为：壳聚糖 2～8，氯化钙 5～15，柠檬酸 5～18，聚乙烯醇 10～20，OP-10 乳化剂 1～5，水加至 100。

产品应用

本品主要用作牡丹鲜切花保鲜液。

使用方法为：将牡丹切花置于自来水或 50g/L 的蔗糖瓶插液中，待牡丹切花开花达到破绽期，使用喷雾器将本保鲜液喷涂于切花表面，使其在花瓣上形成一层薄膜，待切花完全绽开，再使用喷雾器将本保鲜液喷涂一次于切花所有花瓣表面即可。

产品特性

（1）本产品的牡丹鲜切花保鲜剂，针对牡丹花花瓣大、花色鲜艳、花期短暂的特点，采用壳聚糖、聚乙烯醇、氯化钙、柠檬酸和 OP-10 乳化剂为原料制成的保鲜剂，使用时将各组分制成保鲜液，喷施在牡丹鲜切花的花瓣表面，在花瓣下形成一层薄膜，可有效地抑制牡丹切花水分的蒸腾，使花瓣的失水量下降，延缓花枝失水而导致的萎蔫；并有效地遏制了花瓣中可溶性蛋白的降解和细胞质膜的损伤，从而延缓了牡丹切花的衰老过程，可使其瓶插寿命延长 3～4 天，并保证切花的品质。

（2）本产品中壳聚糖具有良好的杀菌抑菌性、保湿性和成膜性，为主要保鲜组分，壳聚糖的有效基团—NH_2 可以与细菌细胞膜下的类脂、蛋白质复合物反应，使蛋白质变性，损坏细胞壁的完整性或使细胞壁趋于溶解。壳聚糖还会吸附细胞体内带阴离子的细胞质，发生絮凝作用，使细胞死亡，从而杀灭细菌。壳聚糖的成膜可阻塞部分切花花瓣下的气孔，减少了组织水分的蒸发，使花瓣的失水量下降，延缓花枝失水而导致的萎蔫；且壳聚糖分子中极性基团氨基和羟基的存在，对水分子有很高的亲和力和持久性，在切花表面形成良好稳定的湿度环境。壳聚糖膜还具有良好的气体选择透性，可限制切花与大气的 O_2 和 CO_2 气体交换，抑制切花的呼吸作用，从而延缓了牡丹切花的衰老过程。本保鲜剂中柠檬酸的加入，是为了得到壳聚糖的溶液。单纯的壳聚糖溶液成膜性差且保水性差，在此处加入聚乙烯醇与其交联提高其成膜的致密性和保湿性。由于切花表面有绒毛和蜡质层，壳聚糖溶液在鲜切花表面成膜困难，需要加入乳化剂利于其成膜。本保鲜剂中的氯化钙的加入是由于钙离子可以结合细胞膜下的磷脂头部，稳定细胞膜，减少自由基的形成和乙烯的释放，从而延缓牡丹切花的衰败。另外，选用 OP-10 乳化剂，可降低乳化剂所带来的异味，提高切花的欣赏品质。

木门百合切花瓶插液保鲜剂

◉ 原料配比

原　料	配比（质量份）			
	1#	2#	3#	4#
糖	25	30	35	30
柠檬酸	0.3	0.4	0.5	0.4
苯甲酸钾	0.4	0.5	0.6	0.5
赤霉素	0.05	0.20	0.25	0.20
蒸馏水	1000	1000	1000	1000
硫酸铜	—	—	—	0.5

◉ 制备方法

将各组分原料混合均匀即可。

◉ 原料配伍

本品各组分质量份配比范围为：糖 25～35，柠檬酸 0.3～0.5，苯甲酸钾 0.4～0.6，赤霉素 0.05～0.25，蒸馏水 1000。

还包括硫酸铜 0.4～0.6 份。

糖作为碳源，是不可缺少的营养源和能量来源。

◉ 产品应用

本品主要用作木门百合切花瓶插液保鲜剂。

使用方法：取鲜切花，于清晨挑选花苞成熟度一致、花蕾长度为 8～10cm、每支至少有 3 个花蕾的花枝 75 支，切取花枝长度为 70cm，叶片 5 片，每 15 支装入有一个装有瓶插液保鲜剂的塑料桶内，在保鲜剂内的长度为 40cm。

◎ 产品特性

本产品保鲜寿命长，无毒无刺激性气味，百合切花花色和叶色都不容易丢失，延长切花的观赏时间，提高其经济价值。

唐菖蒲切花保鲜剂

◎ 原料配比

原　　料	配比（质量份）		
	1#	2#	3#
蔗糖	50	65	60
草酸钙	0.3	0.8	0.6
水杨酸	0.008	0.06	0.02
柠檬酸	0.06	0.6	0.22
氯化钴	0.03	0.6	0.3
水	1000	1000	1000

◎ 制备方法

首先将草酸钙溶于500份水中，水杨酸、柠檬酸和氯化钴分别溶于100份水中，再将已在水中充分溶解的水杨酸溶液、柠檬酸溶液和氯化钴溶液倒入草酸钙溶液中，搅拌均匀后加入蔗糖，最后定容至1000再搅拌均匀即可。

◎ 原料配伍

本品各组分质量份配比范围为：蔗糖50～65，草酸钙0.3～0.8，水杨酸0.008～0.06，柠檬酸0.06～0.6，氯化钴0.03～0.6，水1000。

◎ 产品应用

本品主要用作唐菖蒲切花保鲜剂。使用方法：花基部水切

1.0～2.0cm 后，将表面的水分晾干，把切花插入上述保鲜剂中处理 1h，取出来放在光照不大于 150lx，温度在 20～22℃，相对湿度为 85%～87%的环境进行瓶插。

产品特性

本产品解决了唐菖蒲采后过程中花朵衰老、细胞膜破坏的问题，使切花颜色鲜艳；不脱落、萎蔫；水分充足，养分均衡；也可以延缓花朵的衰老，延长开花时间，保证了唐菖蒲切花的品质，大大满足了市场的需求。

2

通用食品保鲜剂

保鲜剂 (1)

原料配比

原料	配比(质量份)		
	1#	2#	3#
氯化钠	5	22	38
葡萄糖酸-δ-内酯	10	35	55
脱氢醋酸钠	12	38	56
乳酸链球菌素	3	11	18
异维生素 C 钠	9	19	35
三聚磷酸钠	8	28	45

制备方法

将各组分原料混合均匀即可。

原料配伍

本品各组分质量份配比范围为：氯化钠 5～38，葡萄糖酸-δ-内酯 10～55，脱氢醋酸钠 12～56，乳酸链球菌素 3～18，异维生素 C 钠 9～35，三聚磷酸钠 8～45。

◉ **产品应用**

本品主要用作食品保鲜剂。

◉ **产品特性**

本产品优点是安全无害、保鲜效果好。

保鲜剂 (2)

◉ **原料配比**

原　料		配比(质量份)			
		1#	2#	3#	4#
防腐剂	芥籽	30	60	35	—
	芥籽、丁香和肉桂的混合物	—	—	—	30
抑菌剂	高良姜和大蒜素的混合物	40	20	25	40
保鲜载体	食用淀粉	30	20	40	30

◉ **制备方法**

(1) 防腐剂的制备：称取芥籽、丁香、肉桂、柑橘中的一种或者几种，将称量好的物料碾碎，加入水煮沸熬汁，煮 30min，冷却过滤，制得防腐汁液备用。

(2) 抑菌剂的制备

① 称取高良姜、肉桂、香芹、丁香、百里香、柠檬中的一种或者几种，加水煮 1h，在煮沸过程中随时添加水，煮好后趁热过滤，冷却备用。

② 称取新鲜大蒜，切片，在冷水中浸泡 12h，然后煎熬至沸，过滤得到大蒜提取液，冷却备用。

③ 将上述步骤①和步骤②制成的汁液混合，制成抑菌汁液备用。

(3) 将步骤 (1) 和步骤 (2) 中制备的防腐汁液和抑菌汁液混

合，制成保鲜汁液。

（4）将食用淀粉、硅藻土、纤维中的至少一种浸入步骤（3）中制得的保鲜汁液，充分混合后，浸泡24h，晾干，制成固状物。

（5）在包装机上将步骤（4）制成的固状物封装入透气性包装袋内，即制成本产品。

> **原料配伍**

本品各组分质量份配比范围为：防腐剂30～60，抑菌剂20～40，保鲜载体10～30。

所述防腐剂包括：芥籽、丁香、肉桂、柑橘中的一种或者几种。

所述抑菌剂包括：食用酒精、高良姜、大蒜素、肉桂醛、肉桂酸、香芹酚、丁香酚、百里香酚、柠檬醛的一种或者几种。

所述保鲜载体包括：食用淀粉、硅藻土、纤维中的至少一种。

> **产品应用**

本品主要用作食品的保鲜剂。

> **产品特性**

本产品利用植物本身的防腐和抑菌的特性制成保鲜剂，安全、无毒性，且不出现工业异味；防腐剂和抑菌剂附着在保鲜载体内，并与所述保鲜载体相互渗透，释放缓慢，效果持久，使用范围更大。

纯天然保鲜剂

> **原料配比**

原　　料	配比					
	1#	2#	3#	4#	5#	6#
迷迭香酸	0.2g	1.5g	1.0g	0.5g	1.0g	0.5g
壳聚糖	0.5g	0.5g	2.0g	0.5g	2.0g	0.5g
乳酸	0.5mL	1.0mL	1.0mL	0.5mL	1.0mL	—
水	加至100mL	加至100mL	加至100mL	加至100mL	加至100mL	加至100mL

制备方法

按比例称取迷迭香酸和壳聚糖，均匀混合后，加入有机酸，充分搅拌后溶胀 5～10min，再加入水至规定体积，即得本产品保鲜剂。

原料配伍

本品各组分质量份配比范围为：迷迭香酸 0.2～2.0g，壳聚糖 0.5～5.0g，有机酸 0～1.0mL，水加至 100mL。

所述的有机酸为乳酸、冰醋酸或柠檬酸中的一种或几种。

产品应用

本品主要用作食品与水产品保鲜剂。也可将一定比例的迷迭香酸和壳聚糖混合溶胀后直接用于一些需避免高温烘焙的食品加工，在防腐败的同时可以改善食品风味。

产品特性

本产品保鲜效果明显优于普通的低温保藏方法，不但可有效抑菌、抗氧化，较好地保持产品的原有品质，显著地延长了产品的货架寿命，而且其组成成分均为天然来源，与化学防腐剂相比，安全性更高，同时使用方法简单，便于推广使用。

纯天然食品防腐保鲜剂

原料配比

原　料	配比（质量份）					
	1#	2#	3#	4#	5#	6#
黄荆籽	50	—	60	—	—	90
黄荆叶	20	60	30	90	—	—
黄荆茎	5	20	—	—	90	—
大蒜	15	20	15	10	20	20

原　料	配比（质量份）					
	1#	2#	3#	4#	5#	6#
花椒	5	2	6	8	2	5
肉桂	5	6	6	8	2	5

◎ **制备方法**

(1) 将所有原料去杂，清洗，晾干，并将其中的黄荆叶、黄荆茎、大蒜和肉桂粉碎成 2～4mm 的颗粒；将夏秋季采集的黄荆叶洗净后经沸水煮烫，过凉水定色，放入含盐量 6%～10% 的盐水内浸泡 8～10h，再将黄荆叶烘干或晒干，然后进行粉碎。

(2) 按比例将各原料混合均匀，放入烘箱，并使烘箱温度在 3～4h 内由 40℃升至 65℃，然后将烘烤后的原料取出，晾凉；在烘烤过程中要经常翻动原料，使其均匀受热。

(3) 将晾凉的原料粉碎至 40～60 目即成。

◎ **原料配伍**

本品各组分质量份配比范围为：黄荆籽、黄荆叶和黄荆茎中的至少一种 60～90g，大蒜 10～20，花椒 2～8，肉桂 2～8。

◎ **产品应用**

本品主要应用于腌菜、酱产品的生产，也可用于熟制食品（如卤制品）或快餐食品（如罐头、微波食品）的防腐保鲜。

用于腌菜的使用方法：把 50kg 的水烧开倒入腌菜缸里，按防腐保鲜剂/水等于 0.1% 的比例把防腐保鲜剂倒入缸里，再加入 6% 食盐，待盐溶化水凉以后再把菜胚放于缸里，让水淹没菜胚。

用于酱品生产的使用方法：熬制酱料时，酱料的含盐量可调低至 6%～10%，待酱熬至出锅时按 0.2% 比例直接加入防腐保鲜剂，然后装瓶，常温下加盖保存。

◎ **产品特性**

(1) 采用纯天然植物药材，黄荆叶提取物是一种良好的天然抗菌剂。黄荆籽提取物有显著的抗氧化效果，能与 BHT 媲美。但黄荆植物特殊的气味不符合人们的口味，与食材混合后会改变食品原有的风味，影响人的食欲。大蒜、花椒和肉桂既是具有较强杀菌、抑菌作用的药物又是常用的食品调味料。上述四种天然植物混合使用既可充分发挥各自的杀菌、抑菌作用，增强防腐保鲜效果，又可较好地调整并中和黄荆的异味，提升食品的香味。食用后在消化道中很快被蛋白水解酶分解成氨基酸，同时分解代谢为人体无毒无害的物质排出体外，不会改变肠道内正常菌群，也不会引起其他抗生素所出现的抗药性，更不会与其他抗生素出现交叉抗性。对人体无任何毒副作用，使用安全可靠。

（2）防腐保鲜效果好，黄荆叶、籽、茎具有很强的抑制酵母菌、霉菌、细菌生长的作用，尤其是对引起食品腐败的酵母菌、霉菌、细菌抑制作用最强。大蒜、花椒和肉桂也是效果极好的广谱性杀菌、抑菌药物。所制成的防腐保鲜剂完全可以替代现有的化学防腐剂，而且还可提升食品的香气和风味。

（3）方便实用，制备工艺简单，成本较低，符合食用者的口味要求，既可用于腌菜、酱产品的生产，也可用于熟制食品（如卤制品）或快餐食品（如罐头、微波食品）的防腐保鲜，不仅可作为防腐剂使用，也可作为食品调味剂使用，适用范围广。

复合保鲜剂

▶ 原料配比

原　　料	配比（质量份）				
	1#	2#	3#	4#	5#
0.5%海藻酸钠溶液	100	—	—	—	—
2.5%海藻酸钠溶液	—	100	—	—	—
2%海藻酸钠溶液	—	—	100	—	—
1.5%海藻酸钠溶液	—	—	—	100	100
明胶	0.2	7.5	3	5	5

续表

原　料	配比（质量份）				
	1 #	2 #	3 #	4 #	5 #
卡拉胶	0.2	7.5	2	5	5
黄原胶	0.2	7.5	4	6	6
0.5%五味子木脂素提取液	5	—	—		
1%五味子木脂素提取液	—	20	—	1	1
0.8%五味子木脂素提取液	—	—	15		
8%亚麻籽木脂素提取液	5	—	—	1	1
10%亚麻籽木脂素提取液	—	20			
9%亚麻籽木脂素提取液	—	—	10		
蛋清溶菌酶	0.1				
萝卜溶菌酶	—	1.5	0.5	—	
大麦溶菌酶			0.5	1	
无花果溶菌酶					1.5

◉ **制备方法**

（1）配制海藻酸钠溶液，向所述海藻酸钠溶液中加入明胶、卡拉胶和黄原胶混合形成溶胶。

（2）将五味子木脂素提取物配制成五味子木脂素提取液，将亚麻籽木质素提取物配制为亚麻籽木脂素提取液，将所述五味子木脂素提取液和亚麻籽木脂素提取液混合均匀后加入溶菌酶形成混合物。

（3）将所述混合物缓慢加入所述溶胶中混合形成悬浮液即可。

◉ **原料配伍**

本品各组分质量份配比范围为：海藻酸钠 100，明胶 0.2～7.5，卡拉胶 0.2～7.5，黄原胶 0.2～7.5，溶菌酶 0.1～1.5，五味子木脂素提取物 5～20，亚麻籽木脂素提取物 5～20。

所述五味子木脂素提取物中五味子木脂素的含量为 $10\%\sim95\%$，所述亚麻籽木脂素提取物中亚麻籽木脂素的含量为 $10\%\sim95\%$。

所述五味子木脂素提取物的提取方法为：向五味子中加入水或醇混合煎煮，煎煮至混合物的固含量小于 50%，过滤混合物得到滤液，将所述滤液浓缩成液体或者将所述滤液浓缩并干燥成固体即可。

所述亚麻籽木脂素提取物的提取方法为：向亚麻籽中加入水或醇混合煎煮，煎煮至混合物的固含量小于 50%，过滤混合物得到滤液，将所述滤液浓缩成液体或者将所述滤液浓缩并干燥成固体即可。

所述溶菌酶为蛋清溶菌酶和植物溶菌酶中的一种或多种的混合物。

所述植物溶菌酶可以为从木瓜、无花果、芜菁、大麦、萝卜、黄瓜等植物中分离出的溶菌酶，优选使用萝卜溶菌酶或大麦溶菌酶。

◉ 产品应用

本品主要用于食品保鲜。使用方法：将食品浸渍于复合保鲜剂中 $5\sim30\text{min}$ 后干燥即可。

◉ 产品特性

(1) 本产品所述复合保鲜剂的主要原料为天然提取物——亚麻籽木脂素提取物和五味子木脂素提取物，不会影响人体健康。本产品具有显著的保鲜效果，这主要是由于上述含量的亚麻籽木脂素提取物和五味子木脂素提取物与溶菌酶形成的物质具有显著的防腐效果。

(2) 本产品五味子木脂素提取物和亚麻籽木脂素提取物可以为液态或固态，其提取方法很多，现有任何可提取五味子木脂素提取物和亚麻籽木脂素提取物的方法均适用于本产品。

(3) 本产品所述溶菌酶为蛋清溶菌酶或植物溶菌酶，其中优选植物溶菌酶为萝卜溶菌酶或大麦溶菌酶，即从萝卜或大麦中提取出的溶菌酶，所得保鲜剂的保鲜效果更佳。

复合麻辣食品保鲜剂

◎ 原料配比

原　　料	配比（质量份）				
	1#	2#	3#	4#	5#
单月桂酸甘油酯	20	15	15	28	10
脱氢乙酸钠	18	17	15	10	27
山梨酸钾	10	15	19.4	28	12
尼泊金乙酯	10	15	15	23.8	35
双乙酸钠	40	35	32	10	15
纳他霉素	1	1.5	1.8	0.1	0.5
乳酸链球菌素	1	1.5	1.8	0.1	0.5

◎ 制备方法

（1）将山梨酸钾、尼泊金乙酯按比例混合，用粉碎机粉碎至60～100目。

（2）将单月桂酸甘油酯、脱氢乙酸钠、双乙酸钠、纳他霉素和乳酸链球菌素与上述混合物倒入搅拌机内混合搅拌，搅拌10～20min，得到保鲜剂。

（3）按照要求分装，包装成袋装。

◎ 原料配伍

本品各组分质量份配比范围为：单月桂酸甘油酯10～30，脱氢乙酸钠10～30，山梨酸钾10～30，尼泊金乙酯10～40，双乙酸钠10～50，纳他霉素0.1～2，乳酸链球菌素0.1～2。

◎ 产品应用

本品主要用于防止麻辣食品因微生物引起的变质，提高麻辣食品的保存性能。

▶ 产品特性

本品采用对人体安全的生物和化学保鲜成分复配而成，可用于防止麻辣食品因微生物引起的变质，提高麻辣食品的保存性能，较市售同类保鲜剂可延长麻辣食品的保质期至少一倍以上。

复合生物防腐保鲜剂

▶ 原料配比

原 料	配比(质量份)			原 料	配比(质量份)		
	1#	2#	3#		1#	2#	3#
ε-聚赖氨酸	10	20	10	抗坏血酸	5	10	5
乳酸链球菌素	5	20	15	红辣椒提取物	0.5	1	1
纳他霉素	1	6	5	茶多酚	1	5	2
溶菌酶	0.01	0.1	0.1	壳聚糖	2	6	6

▶ 制备方法

将各组分原料混合均匀即可。

▶ 原料配伍

本品各组分质量份配比范围为：ε-聚赖氨酸10～40，乳酸链球菌素5～30，纳他霉素1～10，溶菌酶0.01～0.5，抗坏血酸5～20，红辣椒提取物0.5～2，茶多酚1～10，壳聚糖2～10。

▶ 产品应用

本品主要应用于食品、水产品、水果蔬菜及其加工制品中的防腐保鲜。

▶ 产品特性

本产品中各成分可根据具体食品中微生物的多少和种类以及所需保质期的长短，加以调整选用。

复合食品防腐保鲜剂

◎ 原料配比

原 料	配比(质量份)		原 料	配比(质量份)	
	1#	2#		1#	2#
纳他霉素	2	3	黄原胶	8	10
异维生素 C 钠	5	3	山梨酸钾	72	70
脱氢醋酸钠	6	5	氯化钠	7	9

◎ 制备方法

将上述各组分按比例混合均匀。

◎ 原料配伍

本品各组分质量份配比范围为：纳他霉素 1.5～3，异维生素 C 钠 3～7，脱氢醋酸钠 5～8.5，黄原胶 7～10，山梨酸钾 70～76，氯化钠 6～9。

所述的纳他霉素是不同有效含量的纳他霉素析纯以后的有效纳他霉素含量，所述黄原胶为食品级黄原胶。

◎ 产品应用

本品主要应用于红枣、葡萄干、干木耳、橄榄、各种果脯的防腐保鲜，特别适合应用于枣类系列产品的防腐保鲜。

使用方法：选择未霉烂变质的红枣，要求水分含量在 30% 以上，称取本保鲜剂 650g，浸洗槽中加入 50～100L 水，具体加水量依据枣的质量及储藏条件而定，将已称量好的防腐保鲜剂加入浸洗槽水中，充分搅拌均匀，得本保鲜剂混悬液，将水洗干净的红枣放入浸洗槽，浸泡 2～3min，将浸泡后的红枣捞出沥净再进入烘箱，使红枣的水分含量小于 30%，烘干后包装上市可使红枣的保质期达到 6 个月以上。

将此产品应用于葡萄干保鲜时，一般情况下，每 260～400g 本产品用 20~40L 水溶解后，可处理约 1t 葡萄干，使用时先将葡萄干在此水溶液里浸泡 2~3min，经自然晾干或小于 40℃热风吹干后包装上市，应用本方法保存葡萄干，可使保质期在原来基础上再延长 3~5 个月。

本产品使用注意事项：配好的防腐保鲜液应密闭冷藏在 0~4℃下，并在 7 天内用完。应遮光密闭储藏在阴凉干燥的环境下。产品不宜在 100℃以上高温环境下使用。

◉ **产品特性**

（1）本产品从不同类型的微生物、呼吸机理及氧化变质等方面着手，全面地抑制或推迟引起食品变质的各种原因，本产品的复合防腐保鲜剂对食品的安全性以及食品在储藏期间的色、香、味的形成及营养成分的保持有很好的促进作用。

（2）本产品具有安全、高效、广谱、实用、效果好、成本低等特点，不但能对多种同时存在的微生物起作用，降低果类的呼吸作用，而且能防止食品的氧化变质，大量实验表明，本专利申请的复合食品防腐保鲜剂的不同组分之间有较好的协同作用。本产品可有效防止红枣等产品储藏期间变色、胀袋、抑制呼吸作用等，还可起到亮色增香的辅助作用。

含葡萄糖酸内酯的保鲜剂

◉ **原料配比**

原　料	配比（质量份）			
	1#	2#	3#	4#
葡萄糖酸内酯	50	50	50	50
山梨酸钾	30	30	30	30
脱氢乙酸钠	20	20	20	20
迷迭香酸	—	40	—	20
美洲花椒素	—	—	40	20

◎ **制备方法**

称取各原料，搅拌混合均匀，即可制得该含葡萄糖酸内酯的保鲜剂。

◎ **原料配伍**

本品各组分质量份配比范围为：葡萄糖酸内酯 40～70，山梨酸和山梨酸盐中的一种或其混合物 10～40，脱氢乙酸和脱氢乙酸盐中的一种或其混合物 10～30。

所述含葡萄糖酸内酯的保鲜剂，还包括 20～60 份生物保鲜剂。

所述生物保鲜剂为由迷迭香酸和美洲花椒素中的一种或其混合物。

迷迭香酸是一种天然多功能酚酸类化合物。美洲花椒素存在于花椒树皮中。

◎ **产品应用**

本品主要用作保鲜剂。

◎ **产品特性**

本产品的含葡萄糖酸内酯的保鲜剂，添加天然安全原料迷迭香酸和美洲花椒素，协同增效，稳定性好，可在避光处长期保存。不受温度、pH 影响，可显著延长产品保质期，提高食品安全性。

含有茶多酚类的食品保鲜剂

◎ **原料配比**

原　　料	配比(质量份)		
	1#	2#	3#
茶多酚类	0.5	1.5	1
天然维生素 E	1.5	0.5	1

续表

原　　料	配比(质量份)		
	1#	2#	3#
山梨糖醇	4	—	—
麦芽糖醇	—	3	5
水	加至 100	加至 100	加至 100

▶ 制备方法

（1）按照质量分数称量茶多酚类、天然维生素 E、糖醇及水，其中的茶多酚类为 0.5%～1.5%、天然维生素 E 为 0.5%～1.5%、糖醇为 3%～5%，其余为水。

（2）将步骤（1）称量的糖醇倒入水中，均匀搅拌 10～30min。

（3）将步骤（1）称量的天然维生素 E 倒入步骤（2）得到的混合物中，均匀搅拌 10～30min。

（4）将步骤（1）称量的茶多酚类倒入步骤（3）得到的混合物中，均匀搅拌 10～30min，即成。

▶ 原料配伍

本品各组分质量份配比范围为：茶多酚类为 0.5～1.5，天然维生素 E 为 0.5～1.5，糖醇为 3～5，水加至 100。

茶多酚类是一种从茶叶中提取的抗氧化物质，对人体无毒，其中含有 4 种组分：表没食子儿茶素、表没食子儿茶素没食子酸酯、表儿茶素没食子酸酯以及儿茶素。它的抗氧化能力比维生素 E、维生素 C 强几倍。

天然维生素 E（又称生育酚混合物），天然维生素 E 大量存在于植物油脂中，无毒，且存在状态通常比较稳定。在油脂精制过程中，可回收大量的精制维生素 E 混合物。该成分抗氧化性较好，使用安全，在食品保鲜中已得到大量使用。限用于脂肪和含油食品，由于价格较高，一般场合适用较少，主要用于保健食品、婴儿食品和其他高价值食品。

糖类从化学结构上可分为单糖类、双糖类、三糖类、四糖类等，均为低分子碳水化合物。其中五碳糖和六碳糖单糖促进氧化，双糖略有抗氧化作用，果糖和糖醇则具有较强的抗氧化能力。食品中广泛使用的抗氧化剂是山梨糖醇和麦芽糖醇。木糖醇也是抗氧化剂，具有和天然维生素 E 协同增效的作用。

所述的糖醇选用山梨糖醇或麦芽糖醇。

◎ **产品应用**

本品主要用作食品保鲜剂。

◎ **产品特性**

本产品采用天然物质，毒性低，不会在人体内产生化学残留，不会对人体健康产生危害；制作工艺简单，生产成本适当。本产品的含有茶多酚类的食品保鲜剂，配制方便，效果显著，无毒性，满足食品安全的规定。

含有蜂胶提取物的食品保鲜剂

◎ **原料配比**

原　料	配比(质量份)		
	1#	2#	3#
蜂胶提取物	3	2	2.5
天然维生素 E	3	2	2.5
山梨糖醇	5	—	4
麦芽糖醇	—	3	—
水	加至 100	加至 100	加至 100

◎ **制备方法**

(1) 按照质量分数称量蜂胶提取物、天然维生素 E、糖醇及水，其中的蜂胶提取物为 2%～3%、天然维生素 E 为 2%～3%、糖醇为 3%～5%，其余为水。

(2) 将步骤 (1) 称量的糖醇倒入水中，均匀搅拌 10～30min。

（3）将步骤（1）称量的天然维生素 E 倒入步骤（2）得到的混合物中，均匀搅拌 10～30min。

（4）将步骤（1）称量的蜂胶提取物倒入步骤（3）得到的混合物中，均匀搅拌 10～30min，即成。

◎ **原料配伍**

本品各组分质量份配比范围为：蜂胶提取物为 2～3、天然维生素 E 为 2～3、糖醇为 3～5，水加至 100。

蜂胶提取物，该提取物具有抗菌、消炎、抑制病毒、增强抗体免疫等作用。将蜂胶精提物直接加入牛奶、咖啡、保健口服液，以及饮料乳制品、流质食品中具有很好的保鲜作用。

天然维生素 E（又称生育酚混合物），天然维生素 E 大量存在于植物油脂中，无毒，且存在状态通常比较稳定。在油脂精制过程中，可回收大量的精制维生素 E 混合物。该成分抗氧化性较好，使用安全，在食品保鲜中已得到大量使用。限用于脂肪和含油食品，由于价格较高，一般场合适用较少，主要用于保健食品、婴儿食品和其他高价值食品。

糖类从化学结构上可分为单糖类、双糖类、三糖类、四糖类等，均为低分子碳水化合物。其中五碳糖和六碳糖单糖促进氧化，双糖略有抗氧化作用，果糖和糖醇则具有较强的抗氧化能力。食品中广泛使用的抗氧化剂是山梨糖醇和麦芽糖醇。木糖醇也是抗氧化剂，它具有和天然维生素 E 协同增效的作用。

所述的糖醇选用山梨糖醇或麦芽糖醇。

◎ **产品应用**

本品主要用作食品保鲜剂。

◎ **产品特性**

本产品采用天然物质，毒性低，不会在人体内产生化学残留，不会对人体健康产生危害；制作工艺简单，生产成本适当。本产品配制步骤简便，制作成本低，效果显著，无毒性，满足食品安全的规定。

含有类黑精类的食品保鲜剂(1)

◎ 原料配比

原　料	配比（质量份）		
	1 #	2 #	3 #
类黑精类	0.5	0.75	1
天然维生素 E	1.5	2	1
山梨糖醇	5	3	4
水	加至 100	加至 100	加至 100

◎ 制备方法

（1）按照配比称量类黑精类、天然维生素 E、山梨糖醇及水。

（2）将步骤（1）称量的糖醇倒入水中，均匀搅拌 10～30min。

（3）将步骤（1）称量的天然维生素 E 倒入步骤（2）得到的混合物中，均匀搅拌 10～30min。

（4）将步骤（1）称量的类黑精类倒入步骤（3）得到的混合物中，均匀搅拌 10～30min，即成。

◎ 原料配伍

本品各组分质量份配比范围为：类黑精类为 0.5～1，天然维生素 E 为 1～2，山梨糖醇为 3～5，水加至 100。

类黑精类（melanoidins），是氨基化合物和羰基化合物加热后的产物，其抗氧化能力相当于 BHA 和 BHT，且具有抗菌作用。耐热性很强，可赋予食品良好的香味。

天然维生素 E（又称生育酚混合物），天然维生素 E 大量存在于植物油脂中，无毒，且存在状态通常比较稳定。在油脂精制过程中，可回收大量的精制维生素 E 混合物。该成分抗氧化性较好，使用安全，在食品保鲜中已得到大量使用。限用于脂肪和含油食品，由于价格较高，一般场合适用较少，主要用于保健食品、婴儿食品和其他高价值食品。

糖类从化学结构上可分为单糖类、双糖类、三糖类、四糖类等，均为低分子碳水化合物。其中五碳糖和六碳糖单糖促进氧化，双糖略有抗氧化作用，果糖和糖醇则具有较强的抗氧化能力。食品中广泛使用的抗氧化剂是山梨糖醇和麦芽糖醇。木糖醇也是抗氧化剂，它具有和天然维生素 E 协同增效的作用。

◉ **产品应用**

本品主要用于保健食品、婴儿食品和其他高价值食品。

◉ **产品特性**

本产品制作工艺简单，生产成本适当，采用天然物质，毒性低，不会在人体内产生化学残留，不会对人体健康产生危害。本产品含有的类黑精类食品保鲜剂制备方法步骤简便，生产成本低，效果显著，无毒性，满足食品安全的规定。

含有类黑精类的食品保鲜剂 (2)

◉ **原料配比**

原　料	配比（质量份）		
	1#	2#	3#
类黑精类	0.5	0.75	1
天然维生素 E	1.5	2	1
山梨糖醇	5	—	—
麦芽糖醇	—	3	4
水	加至 100	加至 100	加至 100

◉ **制备方法**

（1）按照质量分数称量类黑精类、天然维生素 E、山梨糖醇和麦芽糖醇及水，其中的类黑精类为 0.5%～1%、天然维生素 E 为

1%～2%、糖醇为 3%～5%，其余为水。

（2）将步骤（1）称量的糖醇倒入水中，均匀搅拌 10～30min。

（3）将步骤（1）称量的天然维生素 E 倒入步骤（2）得到的混合物中，均匀搅拌 10～30min。

（4）将步骤（1）称量的类黑精类倒入步骤（3）得到的混合物中，均匀搅拌 10～30min，即成。

▶ 原料配伍

本品各组分质量份配比范围为：类黑精类为 0.5～1，天然维生素 E 为 1～2，糖醇为 3～5，其余为水加至 100。

类黑精类，是氨基化合物和羰基化合物加热后的产物，其抗氧化能力相当于 BHA 和 BHT，且具有抗菌作用。耐热性很强，可赋予食品良好的香味。

天然维生素 E（又称生育酚混合物），天然维生素 E 大量存在于植物油脂中，无毒，且存在状态通常比较稳定。在油脂精制过程中，可回收大量的精制维生素 E 混合物。该成分抗氧化性较好，使用安全，在食品保鲜中已得到大量使用。限用于脂肪和含油食品，由于价格较高，一般场合适用较少，主要用于保健食品、婴儿食品和其他高价值食品。

糖类从化学结构上可分为单糖类、双糖类、三糖类、四糖类等，均为低分子碳水化合物。其中五碳糖和六碳糖单糖促进氧化，双糖略有抗氧化作用，果糖和糖醇则具有较强的抗氧化能力。食品中广泛使用的抗氧化剂是山梨糖醇和麦芽糖醇。木糖醇也是抗氧化剂，它具有和天然维生素 E 协同增效的作用。

所述的糖醇选用山梨糖醇或麦芽糖醇。

▶ 产品应用

本品主要用作食品保鲜剂。

▶ 产品特性

本产品采用天然物质，毒性低，不会在人体内产生化学残留，不会对人体健康产生危害；制作工艺简单，生产成本适当。本产品配制方便，效果显著，无毒性，满足食品安全的规定。

含有迷迭香干叶粉的食品保鲜剂

原料配比

原　料	配比(质量份)		
	1#	2#	3#
迷迭香酚	—	1	—
鼠尾草酚	0.5	—	1.5
天然维生素 E	2	2.5	3
山梨糖醇	3	—	5
麦芽糖醇	—	4	—
水	加至 100	加至 100	加至 100

制备方法

（1）按照质量分数称量迷迭香干叶粉、天然维生素 E、糖醇及水，其中的迷迭香干叶粉为 0.5%～1.5%、天然维生素 E 为 2%～3%、糖醇为 3%～5%，其余为水。

（2）将步骤（1）称量的糖醇倒入水中，均匀搅拌 10～30min。

（3）将步骤（1）称量的天然维生素 E 倒入步骤（2）得到的混合物中，均匀搅拌 10～30min。

（4）将步骤（1）称量的迷迭香干叶粉倒入步骤（3）得到的混合物中，均匀搅拌 10～30min，即成。

原料配伍

本品各组分质量份配比范围为：迷迭香干叶粉为 0.5～1.5，天然维生素 E 为 2～3，糖醇为 3～5，水加至 100。

迷迭香干叶粉中提取出两种晶体抗氧化物质，即鼠尾草酚和迷迭香酚，它们比人工合成的氧化剂 BHT 和 BHA 的抗氧化能力强 4 倍多。

天然维生素 E（又称生育酚混合物），天然维生素 E 大量存在于植物油脂中，无毒，且存在状态通常比较稳定。在油脂精制过程中，可回收大量的精制维生素 E 混合物。该成分抗氧化性较好，使用安全，在食品保鲜中已得到大量使用。限用于脂肪和含油食品，由于价格较高，一般场合适用较少，主要用于保健食品、婴儿食品和其他高价值食品。

糖类从化学结构上可分为单糖类、双糖类、三糖类、四糖类等，均为低分子碳水化合物。其中五碳糖和六碳糖单糖促进氧化，双糖略有抗氧化作用，果糖和糖醇则具有较强的抗氧化能力。食品中广泛使用的抗氧化剂是山梨糖醇和麦芽糖醇。木糖醇也是抗氧化剂，具有和天然维生素 E 协同增效的作用。所述的糖醇选用山梨糖醇和麦芽糖醇。

◉ **产品应用**

本品主要用作食品保鲜剂。

◉ **产品特性**

本产品采用天然物质，毒性低，不会在人体内产生化学残留，不会对人体健康产生危害；制作工艺简单，生产成本低。本产品配制方便，效果显著，无毒性，满足食品安全的规定。

含有普鲁蓝多糖的防腐保鲜剂

◉ **原料配比**

原　　料	配比（质量份）
普鲁蓝多糖	2～8
甘露聚糖	1～3
助溶剂	97～89

◉ **制备方法**

（1）在食用淀粉内加入水均匀搅拌为糊状，淀粉和水的比例为 1：2。

（2）在淀粉糊内加入 0.05%～0.1% 的出芽短梗霉进行培育，

培育湿度为 90%～98%，温度 25～30℃，pH 值为 5～8。

（3）待淀粉糊完全转化为普鲁蓝多糖以后，采用 70℃ 温度加热 1.5h。

（4）将制得的普鲁蓝多糖内按比例添加甘露聚糖以及助溶剂，调节 pH 值为 7，搅拌均匀即可。

◎ **原料配伍**

本品各组分质量份配比范围为：普鲁蓝多糖 2～8，甘露聚糖 1～3，助溶剂 97～89。

本产品使用的助溶剂为甘油或丙二醇。

◎ **产品应用**

本品主要应用于农产品的防腐保鲜。

◎ **产品特性**

本品采用生物炼制方法进行制作，从原料到成品，都没有涉及到对人体有害的化学物质，取之天然，成之天然，应用于食品，无残留，无毒害，使农作物资源化，起到保护环境与改善生态、实现能源多元化和保障国家能源安全的积极意义。另外，本产品在制作的过程中添加助溶剂，使得防腐保鲜剂具有很强的水溶性，能广泛应用于农产品的防腐保鲜上，由于本产品价格低廉，对多种细菌、霉菌有高效的抑制作用，可代替冷冻食品的低温保存。

含有植酸的食品保鲜剂

◎ **原料配比**

原　　料	配比（质量份）		
	1#	2#	3#
植酸	1	2	1.5
天然维生素 E	3	2.5	2
山梨糖醇	2.5	—	—

续表

原　料	配比（质量份）		
	1#	2#	3#
麦芽糖醇	—	2	3
水	加至 100	加至 100	加至 100

◎ 制备方法

（1）按照质量分数称量植酸、天然维生素 E、糖醇及水，其中的植酸为 1%～2%、天然维生素 E 为 2%～3%、糖醇为 2%～3%，其余为水。

（2）将步骤（1）称量的糖醇倒入水中，均匀搅拌 10～30min。

（3）将步骤（1）称量的天然维生素 E 倒入步骤（2）得到的混合物中，均匀搅拌 10～30min。

（4）将步骤（1）称量的植酸倒入步骤（3）得到的混合物中，均匀搅拌 10～30min，即成。

◎ 原料配伍

本品各组分质量份配比范围为：植酸为 1～2，天然维生素 E 为 2～3，糖醇为 2～3，其余为水加至 100。

植酸（PA），浅黄色液体或褐色浆状液体，来源于米糠、玉米及食品加工中的废液。植酸与金属的螯合作用，可防止有毒金属在消化道内吸收。

天然维生素 E（又称生育酚混合物），天然维生素 E 大量存在于植物油脂中，无毒，且存在状态通常比较稳定。在油脂精制过程中，可回收大量的精制维生素 E 混合物。该成分抗氧化性较好，使用安全，在食品保鲜中已得到大量使用。限用于脂肪和含油食品，由于价格较高，一般场合适用较少，主要用于保健食品、婴儿食品和其他高价值食品。

糖类从化学结构上可分为单糖类、双糖类、三糖类、四糖类等，均为低分子碳水化合物。其中五碳糖和六碳糖单糖促进氧化，双糖略有抗氧化作用，果糖和糖醇则具有较强的抗氧化能力。食品中广泛使用的抗氧化剂是山梨糖醇和麦芽糖醇。木糖醇也是抗氧化剂，具有和天然维生素 E 协同增效的作用。

◎ **产品应用**

本品主要用作食品保鲜剂。

◎ **产品特性**

本产品采用天然物质，毒性低，不会在人体内产生化学残留，不会对人体健康产生危害；制作工艺简单，生产成本适当。本产品的含有植酸的食品保鲜剂，配制方便，效果显著，无毒性，满足食品安全的规定。

缓释型乙醇保鲜剂

◎ **原料配比**

原　料	配比(质量份)			
	1#	2#	3#	4#
蒙脱石	50	—	—	25
分子筛	—	20	25	—
海泡石	—	30	—	30
滑石粉	30	—	40	15
高岭土	—	20	—	—
食用乙醇	15	20	15	10
水	5	10	20	20

◎ **制备方法**

（1）将水和食用乙醇混合制成溶液。

（2）将载体按比例加入到步骤（1）制备的食用乙醇水溶液中，并搅拌混合均匀。

（3）用透气袋包装，或制成颗粒后用透气袋包装，即得成品。

◎ **原料配伍**

本品各组分质量份配比范围为：载体 50～90，食用乙醇水溶液 10~50。

所述载体为蒙脱石、分子筛、海泡石、滑石粉、高岭土中的一种或多种。

所述各载体在缓释型乙醇保鲜剂中的质量分数分别为：蒙脱石 20%~90%，分子筛 20%~60%，海泡石 20%~50%，滑石粉 10%~70%，高岭土 10%~80%。

所述载体的平均粒度为 200~500 目。

所述食用乙醇水溶液中乙醇的质量分数为 30%~90%。

◎ **产品应用**

本品主要应用于水果、蔬菜、糕点、肉类、水产品的保鲜。

◎ **产品特性**

本品有效解决了液体乙醇使用不便的缺点，同时该保鲜剂还具有控制释放的作用，可以长效持久地发挥抑制微生物作用，提高了乙醇在果蔬等保鲜领域的实际应用效果和范围。另外在本品中水也是缓释型乙醇保鲜剂的重要成分，在各种果蔬、糕点、肉类、水产品中稳定的水分含量对保证其鲜度、口感、风味等方面均起到了不可忽视的作用。本品明确要求了加入水分的比例，使水与载体协同作用，可使各种果蔬、糕点、肉类、水产品包装中的相对湿度平衡和维持在一定范围，更好地保证了果蔬、糕点、肉类、水产品的鲜度、口感、风味。

食品保鲜剂 (1)

◎ **原料配比**

原　　料	配比（质量份）		
	1#	2#	3#
蜂胶超临界 CO_2 提取物	10	25	20
蔗糖脂肪酸酯（SE-11）	5	2	4.8

续表

原　料	配比（质量份）		
	1#	2#	3#
卵磷脂	2.5	1	2.4
乙醇（体积分数 75%～95%）或 1,2-丙二醇	81	72	72.8

制备方法

将上述原料按配比混合均匀。

原料配伍

本品各组分质量份配比范围为：蜂胶超临界 CO_2 提取物 10～25，蔗糖脂肪酸酯（SE-11）2～5，卵磷脂 1～2.5，乙醇或 1,2-丙二醇 72～82.5。

所述乙醇的体积分数为 75%～95%，所述蜂胶超临界 CO_2 提取物按总黄酮计相当于食品保鲜剂质量分数 0.5%～1.8%。

所述蜂胶超临界 CO_2 提取物是通过超临界 CO_2 萃取制备而成的，具体步骤为：将蜂胶原料，即毛胶冷冻粉碎后，用超临界 CO_2 萃取，萃取塔压力 29～32MPa，萃取温度 29～58℃，萃取时间 3～6h，夹带剂为萃取塔进料量的 5%～17% 乙醇（体积浓度 75%～95%），分离塔压力 6～8MPa，分离温度 40～50℃，从分离塔出料得蜂胶超临界 CO_2 提取物。

产品应用

本品主要用作食品保鲜剂和香肠的保鲜剂。使用方法：将制备好的各保鲜剂的水乳液以 3.0% 添加量分别加入 300g 鲜肉料混合物（肉料先与盐、糖、白酒等其他辅料一起混合拌匀腌制）中，加入剩余的白酒，混合拌匀，即可灌肠、针刺、扎绳等，按香肠传统工艺加工完成后，挂晾 2～3 天，待表面水汽晾干后，再用 10% 的水乳液浸渍香肠或喷雾香肠表面，晾干后装袋（敞口散装），转入 26℃±1℃ 恒温箱中作强化保藏。

产品特性

本产品保鲜效果好，具有高效抗菌、防霉、抗氧化及成膜性能，水溶性好，使用方便，经济实用，应用广泛，天然安全无毒副作用，且制备方法简单易行。添加本保鲜剂的香肠能明显提高保鲜效果，保持良好的后熟腊香风味和口感，延长保质期。

食品保鲜剂 (2)

◎ 原料配比

原　料	配比（质量份）	原　料	配比（质量份）
纳他霉素	0.25	单甘油酯类	4
壳聚糖	3	果胶分解物	2
竹叶抗氧化物	4	甘草黄酮类	3
异抗坏血酸钠	2		

◎ 制备方法

将各组分原料混合均匀即可。

◎ 原料配伍

本品各组分质量份配比范围为：纳他霉素 0.2～0.3，壳聚糖 2～4，竹叶抗氧化物 3～5，异抗坏血酸钠 1～3，单甘油酯类 2～5，果胶分解物 1～3，甘草黄酮类 2～4。

◎ 产品应用

本品主要用作食品保鲜剂。可广泛适用于各类食品及饮料中。

使用方法如下：需要发酵的食品在发酵后加入（或中温末期进入低温阶段的初期加入也可）；其他食品在消毒前或消毒后加入搅拌均匀即可。

◎ 产品特性

（1）本产品采用多溶多元素生物技术，把不能溶于水的天然防腐剂和易溶于水的生物防腐剂合二为一，使杀菌效果更广谱、更优质、更超越、安全更可靠，它是利用生物提取物为原料，根据其各种防腐剂的单项抑菌作用，经过物理复配和扩大菌母的特定工艺再混合，使其抑菌杀菌能力广泛，效果显著。

（2）本产品中的纳他霉素、壳聚糖、竹叶抗氧化物、异抗坏血酸钠、单甘油酯类对人体完全无毒、无害；在消化道内降解为食品的正常成分；对食品进行热处理时降解为无害成分；不影响人体消化道菌群；不影响药用抗生素的使用；保质期后分解为碳水化合物，无毒无害，保护环境；抑菌范围广，并且具有很强的杀灭和抑制酵母菌、霉菌、细菌的作用。

（3）本产品对食品加热温度稳定，适应范围广（－5～180℃）。在 180℃加热 20min 不影响其抗菌防腐活效。可用于熟制食品和焙烤食品。

食品保鲜剂（3）

◉ 原料配比

原　料	配比(质量份)
活性炭	20～30
丁基羟基茴香醚	20～30
聚丙烯酸钠	40～60

◉ 制备方法

（1）将活性炭烘干，备用。

（2）将烘干后的活性炭与丁基羟基茴香醚和聚丙烯酸钠混合粉碎成粉末后，均匀搅拌，即得。

◉ 原料配伍

本品各组分质量份配比范围为：活性炭 20～30，丁基羟基茴香醚 20～30，聚丙烯酸钠 40～60。

◉ 产品应用

本品主要用作食品保鲜剂。

▷ **产品特性**

本产品绿色环保，可回收再利用，无色无味，无毒无害，保鲜效果好。

食品保鲜剂 (4)

▷ **原料配比**

原料	配比（质量份）		
	1#	2#	3#
脱氢乙酸钠	50	30	35
山梨酸钾	10	30	33
纳他霉素	3	5	5
异抗坏血酸钠	2	10	15
柠檬酸钠	20	10	10
甘氨酸	10	20	15
溶菌酶	至100	至100	至100

▷ **制备方法**

（1）将山梨酸钾、柠檬酸钠分别用粉碎机粉碎至20～50目。

（2）将纳他霉素、溶菌酶、柠檬酸钠倒入混合机中混合10min。

（3）将脱氢乙酸钠、山梨酸钾、异抗坏血酸钠及甘氨酸与上述混合物倒入反应釜内混合搅拌；搅拌10～20min，得到水果保鲜剂。

（4）按照要求分装，包装成袋装，得产品。

▷ **原料配伍**

本品各组分质量份配比范围为：脱氢乙酸钠30～50，山梨酸钾10～33，纳他霉素3～5，异抗坏血酸钠2～15，柠檬酸钠10～

20，甘氨酸 10～20，溶菌酶至 100。

所述的馅料是果仁、蔬菜或豆蓉类食品。

◎ **产品应用**

本品主要用作食品保鲜剂。

◎ **产品特性**

（1）本产品针对馅料的微生物菌群特点，采用对人体安全的保鲜成分复配而成，具有破坏馅料中微生物的细胞壁、改变细胞膜的通透性，保鲜效果好。

（2）本产品能够阻止微生物细胞分裂繁殖的作用，它对馅料的微生物菌群具有较强的抑制作用，保鲜效果好，特别是针对豆沙馅、水果馅等蓉沙类、果仁类或果蔬类馅料比常规保鲜剂可有效延长保鲜时间 2 倍以上。

食品保鲜剂 (5)

◎ **原料配比**

原料	配比（质量份）		
	1 #	2 #	3 #
海藻酸钠	0.5	1.25	2
氯化钙	1	3	5
柠檬酸	0.15	0.17	0.2
壳聚糖	0.05	0.1	0.2
水	加至 100	加至 100	加至 100

◎ **制备方法**

将各组分的原料混合均匀，溶于水。

◎ **原料配伍**

本品各组分质量份配比范围为：海藻酸钠 0.5～2，氯化钙 1～

5，柠檬酸 0.15~0.2，壳聚糖 0.05~0.2，水加至 100。

◉ 产品应用

本品主要用作食品保鲜剂。

◉ 产品特性

本产品的优点是保鲜效果显著、生产成本低廉。

食品保鲜剂 (6)

◉ 原料配比

原料	配比(质量份)		
	1 #	2 #	3 #
磷脂酰胆碱	6	18	9
苯甲酸钠	6	11	8
清凉茶酸	2	9	7
琥珀酸	9	13	12
明胶	4	14	9
硬脂酸钙	5	8	6
苯甲酸钾	1	9	5

◉ 制备方法

将各组分的原料混合均匀即可。

◉ 原料配伍

本品各组分质量份配比范围为：磷脂酰胆碱 6~18，苯甲酸钠 6~11，清凉茶酸 2~9，琥珀酸 9~13，明胶 4~14，硬脂酸钙 5~8，苯甲酸钾 1~9。

◉ 产品应用

本品主要用作食品保鲜剂。

产品特性

本产品保鲜期长，无毒无害，可作为食品添加剂，防腐效果亦显著。

食品防腐保鲜剂 (1)

原料配比

原料	配比（质量份）			
	1 #	2 #	3 #	4 #
ε-聚赖氨酸	10	20	12	13
L-抗坏血酸钠	8	20	10	12
清凉茶酸	2	12	4	6
柠檬酸	5	15	7	10
维生素 E	10	20	13	15
冬酰胺	10	20	13	16
壳聚糖	30	40	32	35

制备方法

将各组分原料混合均匀即可。

原料配伍

本品各组分质量份配比范围为：ε-聚赖氨酸 10～20，L-抗坏血酸钠 8～20，清凉茶酸 2～12，柠檬酸 5～15，维生素 E 10～20，冬酰胺 10～20，壳聚糖 30～40。

产品应用

本品主要用作食品防腐保鲜剂。

产品特性

本产品保鲜期长，无毒无害，防腐效果亦显著。

食品防腐保鲜剂 (2)

原料配比

原料	配比(质量份)		原料	配比(质量份)	
	1#	2#		1#	2#
乙醇	60	70	维生素 E	6	8
苹果酸	0.3	0.2	水	加至 100	加至 100

制备方法

将各组分原料混合均匀，溶于水，即为食品防腐保鲜剂。

原料配伍

本品各组分质量份配比范围为：乙醇 50～70，苹果酸 0.2～0.5，维生素 E 5～10，水加至 100。

产品应用

本品主要用于食品防腐保鲜。

产品特性

本产品配方合理，使用效果好，生产成本低。

食品抗氧保鲜剂

原料配比

原料	配比(质量份)		
	1#	2#	3#
二丁基羟基甲苯	30	40	35
丁基羟基茴香醚	40	30	35

续表

原料	配比(质量份)		
	1#	2#	3#
吐温-80	30	40	35
茶多酚	30	20	25

▶ **制备方法**

将各组分原料混合均匀即可。

▶ **原料配伍**

本品各组分质量份配比范围为：二丁基羟基甲苯 30～40，丁基羟基茴香醚 30～40，吐温-80 30～40，茶多酚 20～30。

▶ **产品应用**

本品主要用作食品抗氧保鲜剂。可用于长期保存油脂和含油脂较高的食品。

▶ **产品特性**

本产品抗氧化效果显著。

天然食品保鲜剂 (1)

▶ **原料配比**

原料	配比(质量份)		
	1#	2#	3#
醋	5	22	40
鼠尾草酚	10	10	15
迷迭香酚	10	15	15
乳酸链球菌素	1	1.25	1.5
甘草黄酮	1	2	3

续表

原料	配比(质量份)		
	1 #	2 #	3 #
柠檬酸钠	1	5	10
茶多酚	0.1	0.25	0.5
水	加至 100	加至 100	加至 100

◎ **制备方法**

将各组分原料混合均匀即可。

◎ **原料配伍**

本品各组分质量份配比范围为：醋 5～40，鼠尾草酚 10～15，迷迭香酚 10～15，乳酸链球菌素 1～1.5，甘草黄酮 1～3，柠檬酸钠 1～10，茶多酚 0.1～0.5，水加至 100。

◎ **产品应用**

本品主要用作食品保鲜剂。

◎ **产品特性**

本产品的优点是具有良好协同增效抑菌效果，该系列食品保鲜剂具有抑菌谱广、高效的特点，使用方便，用量小，减少乳酸链球菌素、茶多酚、低聚壳聚糖的含量，从而降低成本。

天然食品保鲜剂 (2)

◎ **原料配比**

原料	配比(质量份)	原料	配比(质量份)
茴香	0.5～1	干姜	0.3～0.5
丁香	0.5～1	糖	2～3
甘草	2～2.5	盐	2～4
金银花	1.2～1.8	酱油	0.2～0.4
附子	0.2～1		

💿 制备方法

（1）将金银花、甘草洗净，研磨制成粉末以备用。

（2）将茴香、丁香、附子、干姜、盐、酱油放入容器中，兑入水，静置 3～5 天后，将甘草粉、金银花粉加入容器中搅拌。

（3）取少许附子、干姜、茴香、糖混合煮沸，待冷却后，加入（2）中，封口，约 8～12 天可制成。

💿 原料配伍

本品各组分质量份配比范围为：茴香 0.5～1，丁香 0.5～1，甘草 2～2.5，金银花 1.2～1.8，附子 0.2～1，干姜 0.3～0.5，糖 2～3，盐 2～4，酱油 0.2～0.4。

💿 产品应用

本品主要用作食品保鲜剂。

💿 产品特性

天然食品保鲜剂具有保鲜效果好、低成本、环保且有益于人体健康等优点。广泛应用于天然食品中。

安全高效馅料保鲜剂

💿 原料配比

原料	配比（质量份）		
	1#	2#	3#
脱氢乙酸钠	10	30	50
山梨酸钾	10	30	50
纳他霉素	1	3	5
异抗坏血酸钠	10	20	40
柠檬酸钠	10	20	40
甘氨酸	10	20	30
溶菌酶	1	5	10

制备方法

（1）将山梨酸钾、柠檬酸钠分别用粉碎机粉碎至 60～100 目。

（2）将纳他霉素、溶菌酶、柠檬酸钠倒入混合机中混合 10min。

（3）将脱氢乙酸钠、山梨酸钾、异抗坏血酸钠及甘氨酸与上述混合物倒入搅拌机内混合搅拌，搅拌 10～20min，得到保鲜剂。

（4）按照要求分装，包装成袋装，得产品。

原料配伍

本品各组分质量份配比范围为：脱氢乙酸钠 10～50，山梨酸钾 10～50，纳他霉素 0.5～5，异抗坏血酸钠 10～40，柠檬酸钠 10～40，甘氨酸 10～30，溶菌酶 1～10。

所述馅料为蓉沙类、果仁类或果蔬类。

产品应用

本品主要用作馅料保鲜剂。

产品特性

本产品针对馅料的微生物菌群特点，采用对人体安全的保鲜成分复配而成，具有破坏馅料中微生物的细胞壁、改变细胞膜的通透性，阻止微生物细胞分裂繁殖的作用，它对馅料的微生物菌群具有较强的抑制作用，保鲜效果好，特别是针对豆沙馅、水果馅等蓉沙类、果仁类或果蔬类馅料比常规保鲜剂可有效延长保鲜时间一倍以上。

微乳化食用保鲜剂

原料配比

原料		配比（质量份）			
		1#	2#	3#	4#
食用保鲜剂	乳酸链球菌素	10	—	—	5
	纳他霉素	—	—	—	10

续表

原　　料		配比（质量份）			
		1#	2#	3#	4#
食用保鲜剂	尼泊金酯	—	10		
	山梨酸	—	100		
	苯甲酸	—		250	
助表面活性剂	1,3-丙二醇	250		—	
	乙醇			400	
	丁醇	—	300	—	
	甘油			100	
复合食用表面活性剂	Triton165	250			
	Brij58	—	—	250	—
	吐温-80	—	250		
	吐温-40	—	250		200
	蔗糖硬脂酸酯				100
水		490	90		400
食用油脂	辛癸酸甘油酯	—			250

◉ 制备方法

　　选择常用的可在食品中使用的保鲜（防腐）剂作为抑菌功效成分，在搅拌（100～500r/min）条件下添加到由食用表面活性剂、助表面活性剂、水和/或食用油脂组成、温度维持在 30～70℃ 的混合材料中，制备出液滴直径在 5～100nm 的透明或半透明状乳液，作为食品加工的保鲜剂使用。所说的各种成分的加入顺序可以调整，比如可以先将表面活性剂、助表面活性剂混合后，与食用油和/或水混合，最后再与保鲜剂混合；可以先将表面活性剂、助表面活性剂混合后，加入食用保鲜剂，混合均匀后，再与食用油和/或水混合；可以先将表面活性剂与保鲜剂混合后，加入助表面活性剂并混合均匀，最后与食用油和/或水混合；也可以先将助表面活性剂与保鲜剂混合，加入表面活性剂并混合均匀，最后与食用油和/或水混合。

◉ **原料配伍**

本品各组分质量份配比范围为：食用保鲜剂 10～250，表面活性剂 50～500，助表面活性剂 50～500，食用油脂 0～250，水 0～500。

所说的食用保鲜剂指苯甲酸、山梨酸、乳酸链球菌素、尼泊金酯、纳他霉素中的一种或几种。

所说的表面活性剂主要指常用的食品级表面活性剂，包括吐温系列（吐温-20、吐温-40、吐温-60、吐温-65、吐温-80、吐温-85），蔗糖酯系列（蔗糖月桂酸酯、蔗糖肉豆蔻酸酯、蔗糖棕榈酸酯、蔗糖硬脂酸酯），曲拉通（Triton）系列（Triton100、Triton114、Triton165、Triton405），聚氧乙烯月桂醚（Brij）系列（Brij52、Brij56、Brij58、Brij78），卵磷脂中的一种或复配物。

所说的助表面活性剂主要指短链醇，包括乙醇、1,2-丙二醇、1,3-丙二醇、丙三醇（甘油）、丁醇、正戊醇，可单独使用其中的一种，也可以同时使用。

所说的食用油脂包括花生油、大豆油、菜籽油、中等脂肪链长度（C_8～C_{18}）的甘油三酯类。

◉ **产品应用**

本品主要用于各种食品的防腐保鲜。

◉ **产品特性**

（1）本产品所制备的微乳化食用保鲜剂热力学稳定，可长期储存而不分层。

（2）本产品所制备的微乳化食用保鲜剂可在油、水性介质中均匀分散，克服了保鲜剂主要成分（苯甲酸、山梨酸、乳酸链球菌素、尼泊金酯、纳他霉素）在油、水性介质中都不能溶解或均匀分散，不能有效发挥抑菌作用的缺陷，可以很方便地添加到油性、水性食品体系中。

全天然食品防腐保鲜剂

原料配比

原　料		配比(质量份)
柚皮和松针的提取物	柚皮	45
	松针	25
	75%的乙醇溶液	100
	75%的乙醇水溶液	80
柚皮和松针的提取物		15
D-异抗坏血酸钠		2
壳聚糖		6
葡萄糖		2
食盐		2

制备方法

（1）取质量份数为 30～50 份的柚皮去融质，洗净晾干，用粉碎机粉碎。

（2）取质量份数为 20～30 份松针洗净晾干，用粉碎机粉碎。

（3）将（1）和（2）所得粉碎物质混合，加入乙醇溶液回流6～12h 左右，过滤，滤渣再次加入乙醇水溶液回流 6～12h 左右，过滤，所得滤液减压浓缩回收溶剂得浸膏，将浸膏真空干燥得到一种粉末状提取物。

（4）取提取物 10～20 份，D-异抗坏血酸钠 1～3 份，壳聚糖3～8 份，葡萄糖 1～3 份，食盐 1～3 份，混合均匀，得到一种新型全天然植物型食品防腐保鲜剂。

原料配伍

本品各组分质量份配比范围为：柚皮和松针的提取物 10～20，D-异抗坏血酸钠 1～3，壳聚糖 3～8，葡萄糖 1～3，食盐 1～3。

⊚ **产品应用**

本品主要应用于全天然食品防腐保鲜剂。

⊚ **产品特性**

本品安全无毒，广谱抑菌杀菌性能好，防腐防虫效果佳；原材料易得，生产工艺简单，可广泛推广应用。

抑菌脱氧双效食品保鲜剂

⊚ **原料配比**

原　料		配比（质量份）			
		1#	2#	3#	4#
脱氧剂	铁粉	85	80	80	80
	氯化钠	2	2	2	2
	吸水树脂	20	1	1	1
	活性炭	1	1	1	1
	硅藻土	—	10	10	10
	水	10	6	6	6
抑菌剂	异硫氰酸烯丙酯	0.3	0.5	0.4	0.2
	二氧化硅	40	50	—	50
	蛭石	—	—	50	—
	大蒜素	—	—	—	0.3
	抑菌溶液	60	50	50	50
脱氧剂		70	75	60	78
抑菌剂		30	25	40	22

⊚ **制备方法**

（1）脱氧剂组分制备：按配方配比，将各成分混合加工；密封。

（2）抑菌剂组分制备。

① 抑菌溶液制备，按食用酒精、丙二醇其中一种或其混合物的质量计，加入 0～1％抑菌增效剂（即控制抑菌溶液中的抑菌增效剂含量在 0～1％范围）；搅拌混合均匀，备用。

② 吸附载体备料加工。

③ 将步骤①产品与步骤②产品以质量分数计，其中吸附载体在 30％～50％范围，抑菌溶液在 50％～70％范围混合；密封。

（3）脱氧剂组分与抑菌剂组分，在包装机上按比例封装入透气性包装袋内，即得本产品。

◎ 原料配伍

本品各组分质量份配比范围为：脱氧剂组分 60～90，抑菌剂组分 10～40。

其抑菌剂组分包括吸附载体和抑菌溶液。

其吸附载体包括：食用淀粉、二氧化硅、蛭石、硅藻土、沸石、膨润土、纤维等。其抑菌溶液包括：食用酒精、丙二醇其中一种或两种组合的混合物和抑菌增效剂。抑菌增效剂包括：异硫氰酸烯丙酯、大蒜素、肉桂醛、香芹酚、丁香酚、百里香酚、柠檬醛等。其中吸附载体占抑菌剂组分的 30％～50％，抑菌溶液占50％～70％；其抑菌溶液中含有 0～1％的抑菌增效剂。即抑菌增效剂量，以食用酒精、丙二醇其中一种或其混合物的质量计，为0～1％。也可按食用酒精、丙二醇其中一种或其混合物的质量计，加入 0～1％的抑菌增效剂的计量配比方式，均可获得满意效果。

◎ 产品应用

本品主要用作食品的保鲜剂。

◎ 产品特性

本产品采用高效安全性物质作为抑菌成分，用量少也可以得到显著效果，且不出现明显异味。与一般脱氧剂或酒精保鲜剂相比，本产品抑菌范围更广，使用范围更大。本产品涉及一种具有抑菌功能的脱氧保鲜剂，具有吸氧与杀菌抑菌的双重保护作用，保鲜效果更有保障。

油溶性防腐保鲜剂

原料配比

原料	配比（质量份）		
	1#	2#	3#
西兰花籽油	80	85	90
米糠油	加至 100	加至 100	加至 100

制备方法

由西兰花籽油和米糠油混合均匀后得到。

原料配伍

本品各组分质量份配比范围为：西兰花籽油 80～90，米糠油加至 100。

西兰花籽油的制备过程如下。

（1）溶剂萃取法：将干燥后的西兰花籽粉碎并过筛得到西兰花籽粉料，将西兰花籽粉料在 80℃下用正己烷回流提取 5h，料液比 1g：8.5mL，提取液用真空低温（40～50℃）浓缩至无正己烷残留即可。

（2）压榨法：将干燥后的西兰花籽粉碎并过筛得到西兰花籽粉料，用液压榨油机进行低温（50～60℃）压榨制取毛油，毛油再经过 24h 沉淀，过滤后得到西兰花籽油。

（3）超临界 CO_2 萃取法：将干燥后的西兰花籽粉碎并过筛得到西兰花籽粉料，将西兰花籽粉料投入萃取釜萃取，萃取参数为萃取釜温度 40℃，压力 15MPa，分离釜 1 压力 5.2MPa，分离釜 2 压力 5.0MPa，分离温度 50℃，CO_2 气体流量 20L/h，萃取时间 2h。

米糠油的制备过程如下。

（1）溶剂萃取法：将干燥后的米糠粉碎并过筛得到米糠粉料，将米糠粉料在 80℃下用正丁醇回流提取 5h，料液比 1g：6mL，提取液用真空低温（40～50℃）浓缩至无正己烷残留即可。

（2）压榨法：将干燥后的米糠粉碎并过筛得到米糠粉料，用液压榨油机进行低温（50～60℃）压榨制取毛油，毛油再经过24h沉淀，过滤后得到米糠油。

（3）超临界 CO_2 萃取法：将干燥后的米糠粉碎并过筛得到米糠粉料，将米糠粉料投入萃取釜萃取，萃取参数为萃取釜温度40℃，压力 15MPa，分离釜 1 压力 5.2MPa，分离釜 2 压力 5.0MPa，分离温度 50℃，CO_2 气体流量 20L/h，萃取时间 2h。

西兰花为十字花科植物，属于甘蓝的变种。西兰花籽油是以西兰花籽为原料提取出的植物油。米糠油中亚油酸含量为 38%，油酸为 42%，还含有谷维素、维生素 E、植物甾醇、磷脂等营养物质，这两种均具备良好的抗氧化功效。

❻ **产品应用**

本品主要应用于食品、化妆品、药品的防腐保鲜。

❻ **产品特性**

本产品防腐保鲜剂具有良好的防腐保鲜效果，所用的原料均安全、无刺激，其抑菌谱广，对各类细菌、酵母菌、霉菌有较强的抑菌效果，且具有低毒、高效、添加量较少的特点。采用该方法制备的防腐剂工艺简单，制备时间短，可广泛用于食品、化妆品、药品的防腐保鲜。

长效缓释型微胶囊食品保鲜剂

❻ **原料配比**

原　　料		配比（质量份）			
		1#	2#	3#	4#
壳聚糖醋酸溶液	脱乙酰度为80%，分子量为20万的壳聚糖	0.5	—	—	—

续表

原　料		配比(质量份)			
		1#	2#	3#	4#
壳聚糖醋酸溶液	脱乙酰度为90%，分子量为30万的壳聚糖	—	0.5	—	—
	脱乙酰度为96%，分子量为50万的壳聚糖	—	—	1.0	1.0
	1%的醋酸溶液	99.5	99.5	99.0	99.0
明胶溶液	B型明胶	1.0	2.0	3.0	2.0
	蒸馏水	99.0	98.0	97.0	98.0
广藿香油		1.5	5.0	8.0	9.0
乳化剂山梨醇酐倍半油酸酯		2.0	4.0	6.0	8.0
10%香草醛乙醇溶液		3.0	6.0	12.0	8.0

◉ **制备方法**

(1) 将壳聚糖溶于1.0%的醋酸溶液中配成壳聚糖醋酸溶液；将明胶溶于蒸馏水中配成明胶溶液，并用10%醋酸溶液调节其pH值至3.0～4.5。

(2) 取(1)配成的壳聚糖醋酸溶液和明胶溶液混合均匀，加入芯材和乳化剂在2000～10000r/min的搅拌速度下搅拌乳化5～20min，制成稳定的乳液。

(3) 将(2)的搅拌速度降低至400～800r/min，然后用10%氢氧化钠溶液调节体系的pH值至5.0～6.0，于50℃水浴搅拌反应15～30min；移开水浴，冰浴冷却至0～5℃后用10% NaOH溶液调节pH值至7.0～8.0，加入交联剂固化交联2～5h；停止搅拌，抽滤，用蒸馏水洗涤，真空冷冻干燥15～30h得到粉末状长效缓释型微胶囊保鲜剂产品。微胶囊保鲜剂粒径为1～10μm，球形度和分散性良好，包埋率为85%～92%，载药量为30%～40%。

◉ **原料配伍**

本品各组分质量份配比范围为：作为壁材，可选天然聚合物壳聚糖和明胶，其中，作为壳聚糖，优选脱乙酰度为 $80\%\sim96\%$、分子量为 20 万～50 万的壳聚糖；作为明胶，优选碱水解法制备的 B 型明胶，其用量与壳聚糖用量比为 1：2～1：3；作为芯材，可选天然抗菌剂广藿香油，其用量与壁材用量比（即芯壁比）为 1：1～3：1；作为乳化剂，可选十二烷基硫酸钠或山梨醇酐倍半油酸酯中的一种，优选山梨醇酐倍半油酸酯，其用量为体系总质量的 $1\%\sim4\%$；作为交联剂，优选质量分数为 10% 的香草醛乙醇溶液，其用量为壁材用量的 2～3 倍。

⊙ **产品应用**

本品主要用作食品保鲜剂。

⊙ **产品特性**

（1）本产品具有缓释特性，可大大延长保鲜剂的作用时间，减少保鲜剂的用量；对人畜无毒害，保证了食品加工过程中使用的安全性；保鲜剂经过微胶囊包埋后，隔离物料间的相互作用，改变物料形态，便于运输、储存和添加。

（2）本产品以壳聚糖和明胶为壁材，以广藿香油为芯材，采用复凝聚法制备得到的微胶囊食品保鲜剂具有载药量高、球形度好，粒径大小均匀，分散性好等特点，微胶囊具有长效的缓释效果。

（3）本产品所使用的原材料均对人体无毒安全，来源广泛，成本较低，制备工艺简单易行，设备要求低，容易工业化生产。

植物食品保鲜剂

⊙ **原料配比**

原　料	配比（质量份）	原　料	配比（质量份）
山梨酸	7～11	L-抗坏血酸钠	8～11
甘草	6～8	ε-聚赖氨酸	7～9
陈皮	3～5	琥珀酸	5～9

续表

原　料	配比(质量份)	原　料	配比(质量份)
焦磷酸铁	4～10	蔗糖脂肪酸酯	4～10
银杏叶	3～6	聚乙二醇	2～8
食盐	1～5		

⊙ 制备方法

将各组分原料混合均匀即可。

⊙ 原料配伍

本品各组分质量配比范围为：山梨酸 7～11，甘草 6～8，陈皮 3～5，L-抗坏血酸钠 8～11，ε-聚赖氨酸 7～9，琥珀酸 5～9，焦磷酸铁 4～10，银杏叶 3～6，食盐 1～5，蔗糖脂肪酸酯 4～10，聚乙二醇 2～8。

⊙ 产品应用

本品主要用作食品保鲜剂。

⊙ 产品特性

本产品保鲜的时间长，同时防腐效果好，绿色环保。

植物食品保鲜剂

⊙ 原料配比

原料	配比(质量份)				
	1 #	2 #	3 #	4 #	5 #
大蒜	10	40	20	20	30
迷迭香	50	20	40	30	40
丁香	20	20	5	10	5
甘草	20	20	10	10	5

原料	配比(质量份)				
	1#	2#	3#	4#	5#
肉桂	—	—	5	10	5
高良姜	—	—	10	10	5
胡椒	—	—	5	7	5
花椒	—	—	5	8	5
酒精	适量	适量	适量	适量	适量

制备方法

（1）原料选取：选取迷迭香 20～50 份、丁香 5～20 份，也可以同时加入调味剂肉桂 5～15 份、高良姜 5～10 份、胡椒 5～10 份、花椒 5～10 份洗净干燥后粉碎至 120 目以上，置于经过消毒灭菌后的密闭容器内备用。

（2）酒制：在密闭容器内按原料：食用酒精＝1～10：5～50 的质量分数加入浓度为 70％～75％ 的食用酒精，在室温下密封浸泡至少 7 天后过滤备用。

（3）煎煮、过滤甘草

① 选取甘草 5～20 份洗净后以甘草：水＝1～5：5～20 的比例微火煎煮至甘草：煎煮液＝1：1 后过滤，保存滤液。

② 将过滤后的甘草按照①的程序再重复煎煮、过滤两次，分别保存滤液。

③ 将三次过滤后取得的滤液混合备用。

（4）成品制取：取大蒜 10～40 份去皮，洗净沥干，将大蒜和上述步骤（2）取得的滤液以及上述步骤（3）制得的混合滤液按照质量分数比为 1：3：4～10：4～10 的比例混合后浸泡，室温下静置 40～60h 后，用消毒灭菌后的不锈钢粉碎机磨成浆液，将磨得的浆液置于灭菌容器内密封。

原料配伍

本品各组分质量份配比范围为：大蒜 10～40，迷迭香 20～50，丁香5～20，甘草5～20，肉桂5～15，高良姜5～10，胡椒5～10，花椒5～10。

所述迷迭香学名 *Rosmarinus officinalis L*，系唇形科迷迭香属植物，是目前公认的具有较高抗氧化作用的一种植物。其中的抗氧化成分主要为迷迭香酚、表迷迭香酚、异迷迭香酚、迷迭香酸及黄酮、黄酮苷等。

所述丁香为香料植物，木樨科，丁香属，亦名丁子香、鸡舌。

所述甘草，系豆科多年生草本植物甘草的根及根茎。

所述肉桂为樟科植物肉桂的树皮。含挥发油，油中含桂皮醛（cinnamaldehyde）、醋酸桂皮酯（cinnamyl acetate）、丁香酚、桂皮酸、桂二萜醇（cinnzeylanol）、乙酰桂二萜（cinnzeylanine）。

所述的高良姜为姜科植物高良姜的干燥根茎。

所述大蒜为食用蒜，所述胡椒和花椒为日常食用调味剂胡椒和花椒。

产品应用

本品是一种植物食品保鲜剂。

产品特性

（1）本产品完全采用天然植物，而且分别具有药用效果，集大蒜的杀菌效果、迷迭香的抗氧化效果、丁香的天然香料、肉桂的降温降压抗放射和抗补体作用、高良姜的温中散寒效果、花椒与胡椒的调味以及去湿作用，以甘草调和诸药，在具备强抗氧化效果的同时不但保持植物食品的天然营养成分，而且使经过保鲜作用后的食品具备对人体有益的药用价值。

（2）本产品工艺简单，操作简便，适于规模生产、批量应用。

（3）本产品采用的酒精使原料快速与后续步骤中的甘草和大蒜调和融合，加快了成品制作效率，而且酒精的存在加强了保鲜剂与植物食品的契合适配，加强了保鲜剂的保鲜作用，增强了保鲜剂的稳定性。

植物源复合杀菌保鲜剂

原料配比

原料	配比(质量份)		原料	配比(质量份)	
	1 #	2 #		1 #	2 #
防腐剂	30	60	保鲜载体	10	30
植物源复合杀菌剂	10	15			

制备方法

(1) 防腐剂的制备：称取芥籽、丁香、肉桂、柑橘中的一种或者几种，将称量好的物料碾碎，加入水煮沸熬汁，冷却过滤，制得防腐汁液备用。

(2) 植物源复合杀菌剂的制备：按比例称取马尾松叶、飞机草、五信子、鱼腥草、艾叶、银胶菊、高良姜、香芹、丁香、百里香，加水煮沸，在煮沸过程中，随时添加水，煮好后趁热过滤，冷却备用。

(3) 称取新鲜大蒜，切片，在冷水中浸泡后煎熬至沸，过滤得到大蒜提取液，冷却备用。

(4) 将上述步骤中制成的汁液混合，制成抑菌汁液备用。

(5) 将上述制备的防腐汁液和抑菌汁液混合，制成保鲜汁液。

(6) 将至少食用淀粉、硅藻土、纤维中的一种浸入制得的保鲜汁液，充分混合后，浸泡24h，晾干，制成固状物。

(7) 在包装机上将制成的固状物封装入透气性包装袋内。

原料配伍

本品各组分质量份配比范围为：防腐剂 30～60，植物源复合杀菌剂 10～15，保鲜载体 10～30。

所述防腐剂包括芥籽、丁香、肉桂、柑橘中的一种或几种。

所述植物源复合杀菌剂的质量配比为：1:2:1:3:2:1:

3：2：1：1：1 的马尾松叶、飞机草、五倍子、鱼腥草、艾叶、银胶菊、高良姜、大蒜、香芹、丁香、百里香。

所述保鲜载体包括食用淀粉、硅藻土、纤维中的一种。

产品应用

本品是一种植物源复合杀菌保鲜剂。

产品特性

本产品利用植物本身的防腐和抑菌的特性制成保鲜剂，安全、无毒性，且不出现工业异味；防腐剂和植物源复合杀菌剂附着在保鲜载体内，并与所述保鲜载体相互渗透，释放缓慢，效果持久，使用范围更大。

3

肉制品保鲜剂

纯天然冷鲜肉固态保鲜剂 (1)

原料配比

原　　料	配比(质量份)		
	1#	2#	3#
茶多酚	25	35	30
海藻糖	40	30	35
乳酸链球菌素	30	40	35

制备方法

将各组分原料混合均匀即可。

原料配伍

本品各组分质量份配比范围为：茶多酚 25～35，海藻糖 30～40 和乳酸链球菌素 30～40。

产品应用

本品主要用作冷鲜肉保鲜剂。

产品特性

（1）保持色泽和风味：色泽纯正，风味良好，无哈味。

（2）保证货架期：鲜猪肉的货架期保持在 10 天以上，熟肉制品达到 120 天以上。

（3）卫生安全：用天然植物原料代替化学添加剂，符合绿色食品加工工艺的需要。

纯天然冷鲜肉固态保鲜剂 (2)

⊙ 原料配比

原　　料	配比（质量份）		
	1 #	2 #	3 #
儿茶酚	25	20	30
甘露聚糖	25	30	20
芦笋提取物	35	30	40

⊙ 制备方法

将各组分原料混合均匀即可。

⊙ 原料配伍

本品各组分质量份配比范围为：儿茶酚 20～30，甘露聚糖 20～30 和芦笋提取物 30～40。

⊙ 产品应用

本品主要用作冷鲜肉保鲜剂。

⊙ 产品特性

（1）保持色泽和风味：色泽纯正，风味良好，无哈味。

（2）保证货架期：鲜猪肉的货架期保持在 10 天以上，熟肉制品达到 120 天以上。

（3）卫生安全：用天然植物原料代替化学添加剂，符合绿色食品加工工艺的需要。

纯天然冷鲜肉液态保鲜剂 (1)

▶ 原料配比

原　料	配比(质量份)		
	1 #	2 #	3 #
溶菌酶	10~15	10~15	10~15
山梨酸钾(或山梨酸)	15~20	15~20	15~20
柠檬酸	25~30	25~30	25~30
大蒜挥发油	30	35	25
肉桂挥发油	40	45	35
鲜姜挥发油	35	40	30

▶ 制备方法

将各组分原料混合均匀即可。

▶ 原料配伍

本品各组分质量份配比范围为：溶菌酶 10~15，山梨酸钾
(或山梨酸) 15~20，柠檬酸 25~30，大蒜挥发油 25~35，肉桂挥
发油 35~45 和鲜姜挥发油 30~40。

▶ 产品应用

本品主要用作冷鲜肉保鲜剂。

▶ 产品特性

(1) 保持色泽和风味：色泽纯正，风味良好，无哈味。

(2) 保证货架期：鲜猪肉的货架期保持在 10 天以上，熟肉制

品达到 120 天以上。

（3）卫生安全：用天然植物原料代替化学添加剂，符合绿色食品加工工艺的需要。

纯天然冷鲜肉液态保鲜剂（2）

◎ 原料配比

原　　料	配比（质量份）		
	1#	2#	3#
大蒜挥发油	30	35	25
肉桂挥发油	40	45	35
鲜姜挥发油	35	40	30

◎ 制备方法

将各组分原料混合均匀即可。

◎ 原料配伍

本品各组分质量份配比范围为：大蒜挥发油 25～35，肉桂挥发油 35～45 和鲜姜挥发油 30～40。

◎ 产品应用

本品主要用作冷鲜肉保鲜剂。

◎ 产品特性

（1）保持色泽和风味：色泽纯正，风味良好，无哈味。

（2）保证货架期：鲜猪肉的货架期保持在 10 天以上，熟肉制品达到 120 天以上。

（3）卫生安全：用天然植物原料代替化学添加剂，符合绿色食品加工工艺的需要。

纯天然冷鲜肉液态保鲜剂 (3)

◎ 原料配比

原　　料	配比（质量份）		
	1#	2#	3#
丁香油	35	30	40
天竺桂挥发油	35	40	30
白豆蔻挥发油	30	35	25

◎ 制备方法

将各组分原料混合均匀即可。

◎ 原料配伍

本品各组分质量份配比范围为：丁香油 30～40，天竺桂挥发油 30～40 和白豆蔻挥发油 25～35。

◎ 产品应用

本品主要用作冷鲜肉保鲜剂。

◎ 产品特性

（1）保持色泽和风味：色泽纯正，风味良好，无哈味。

（2）保证货架期：鲜猪肉的货架期保持在 10 天以上，熟肉制品达到 120 天以上。

（3）卫生安全：用天然植物原料代替化学添加剂，符合绿色食品加工工艺的需要。

复合肉制品保鲜剂

原料配比

原　　料	配比(质量份)				
	1#	2#	3#	4#	5#
脱氢乙酸钠	30	30	28	10	50
山梨酸钾	30	25.5	26	50	10
异维生素C钠	10	10	14	25	10
双乙酸钠	27	30	26	10	18
溶菌酶	1	1.5	2	3.5	4
纳他霉素	1	1.5	2	0.5	4
乳酸链球菌素	1	1.5	2	1	4

制备方法

（1）将山梨酸钾、异维生素C钠按比例混合，用粉碎机粉碎至60～100目。

（2）将脱氢乙酸钠、双乙酸钠、溶菌酶、纳他霉素和乳酸链球菌素与上述混合物倒入搅拌机内混合搅拌，搅拌10～20min，得到保鲜剂。

（3）按照要求分装，包装成袋装。

原料配伍

本品各组分质量份配比范围为：脱氢乙酸钠10～60，山梨酸钾10～60，异维生素C钠10～30，双乙酸钠10～40，溶菌酶0.5～5，纳他霉素0.5～5，乳酸链球菌素0.5～5。

产品应用

本品主要用作肉制品保鲜剂。

▶ 产品特性

本产品针对肉制品微生物菌群特性，采用对人体安全的生物和化学保鲜成分复配而成，具有破坏肉制品中微生物的细胞壁、改变细胞膜的通透性、阻止微生物细胞分裂繁殖的作用。它对肉制品中的微生物菌群具有较强的抑制作用，保鲜效果好，较市售同类保鲜剂可有效延长肉制品的货架寿命至少一倍以上。

高效生物复合性冷鲜肉保鲜剂

▶ 原料配比

原　料	配比（质量份）		
	1#	2#	3#
溶菌酶	0.05	0.01	5
丙酸钙	1	0.01	5
壳聚糖	0.2	0.05	5
抗坏血酸	0.2	10	0.1
甘氨酸	—	0.1	4
柠檬酸	—	0.1	2
甘油	—	0.1	2
蒸馏水	98.5	89.5	80

▶ 制备方法

先将溶菌酶、丙酸钙、抗坏血酸按所需比例溶解于蒸馏水中以形成混合溶液，再对混合溶液边搅拌边添加壳聚糖以得到溶菌酶保鲜液，最后调节溶菌酶保鲜液的 pH 值至 3～6 以得到保鲜剂。

▶ 原料配伍

本品各组分质量份配比范围为：溶菌酶、丙酸钙、壳聚糖、抗坏血酸、蒸馏水的质量比为 0.01～5∶0.01～5∶0.05～5∶0.1～10∶80～99；所述保鲜剂的 pH 值为 3～6。

所述溶菌酶为蛋清溶菌酶，其活性≥25000U/mg。

所述丙酸钙为蛋壳源丙酸钙。

所述壳聚糖为脱乙酰度≥90％的 N,O-羧甲基壳聚糖。

所述保鲜剂的原料组成还包括甘氨酸，所述甘氨酸与溶菌酶的质量比为 0.1～10∶0.01～5。

所述保鲜剂的原料组成还包括柠檬酸，所述柠檬酸与溶菌酶的质量比为 0.1～8∶0.01～5。

所述保鲜剂的原料组成还包括甘油，所述甘油与溶菌酶的质量比为 0.1～5∶0.01～5。

◎ 产品应用

本品主要用冷鲜肉保鲜剂。使用方法：先将切好的冷鲜肉于保鲜剂中浸泡 0.5～3min 或者将保鲜剂喷淋在冷鲜肉的表面，然后依次沥干 2～8min，包装，最后将包装好的冷鲜肉于 0～4℃下冷藏。

◎ 产品特性

（1）本产品的原料组成包括溶菌酶、丙酸钙、壳聚糖、抗坏血酸和蒸馏水，溶菌酶、丙酸钙均属于酸型防腐剂，它们在酸性条件下的稳定性以及抑菌能力均较强，同时，该 pH 范围不仅保证了保鲜剂的抑菌能力较强，而且与鲜肉的 pH 比较接近，能够使得保鲜剂与肉质有效结合，并且具有更好的护色效果，另外，溶菌酶、丙酸钙、壳聚糖、抗坏血酸均无异味，不会影响鲜肉的口感。因此，本产品不仅抑菌能力较强、护色效果较佳，而且对鲜肉的口感无影响。

（2）本产品中溶菌酶优选蛋清溶菌酶，丙酸钙优选蛋壳源丙酸钙，与其他溶菌酶相比，蛋清溶菌酶具有更高的热稳定性，而蛋壳源丙酸钙比市售碳酸钙制丙酸钙的热稳定性更高，产品活性、纯度等更为理想。因此，本产品的抑菌效果更持久。

冷却肉复合保鲜剂

原料配比

原　　料	配比(质量份)							
	1#	2#	3#	4#	5#	6#	7#	8#
丁香粉	0.4	0.6	0.4	0.6	0.4	0.4	0.6	0.5
松针粉	0.2	0.3	0.25	0.25	0.2	0.3	0.2	0.25
乳酸	0.25	0.3	0.3	0.3	0.3	0.25	0.3	0.28
水	加至100	加至100	加至100	加至100	加至100	加至100	加至100	加至100

制备方法

将丁香粉、松针粉和乳酸与水混合均匀，即得。

原料配伍

本品各组分质量份配比范围为：丁香粉 0.4～0.6，松针粉 0.2～0.3，乳酸 0.25～0.3，水加至 100。

产品应用

本品主要适用于鹿肉保鲜。在排酸前和排酸后，将保鲜剂喷雾到冷却鹿肉表面，按照质量体积配比，每 200g 冷却肉喷雾保鲜剂 30mL，即可真空包装、低温冷藏。

产品特性

（1）本产品采用天然植物提取物与其他防腐、抗氧化试剂的组合，绿色、安全。

（2）本产品使鹿肉保鲜期达到 50 天以上，且抗菌、护色、保鲜效果好。保鲜以后其肉色正常，肉质触感柔软，有弹性。

冷却肉涂膜保鲜剂

原料配比

原　料	配比（质量份）			
	1＃	2＃	3＃	4＃
普鲁蓝糖	25	10	50	5
乳酸链球菌素	1.5	1.8	3	0.2
ε-聚赖氨酸	2	4	1.6	0.4
维生素 C	1	2	1.3	0.2
甘油	5	2	8	1
蔗糖脂肪酸酯	1	0.8	5	0.5
油酸	10	6	20	1
乙醇-水溶液（乙醇与水的体积比为1∶1）	加至1000	—	—	—
乙醇-水溶液（乙醇与水的体积比为5∶1）	—	加至1000	—	—
乙醇-水溶液（乙醇与水的体积比为1∶5）	—	—	加至1000	—
乙醇-水溶液（乙醇与水的体积比为1∶2）	—	—	—	加至1000

制备方法

　　称量上述质量份的普鲁蓝糖、乳酸链球菌素、ε-聚赖氨酸、维生素 C、甘油、蔗糖脂肪酸酯、油酸混合后加入少量的乙醇-水溶液，搅拌至完全溶解后，再用乙醇-水溶液稀释至1L。

原料配伍

　　本品各组分质量份配比范围为：普鲁蓝糖5～50，乳酸链球菌素0.2～3，ε-聚赖氨酸0.4～4，维生素 C 0.2～2，甘油1～8，蔗糖脂肪酸酯0.5～5，油酸1～20，其余为溶剂加至1000。

所述的溶剂为乙醇与水的混合物，乙醇与水的体积比为5：1～1：5。

产品应用

本品主要用于冷却肉涂膜保鲜。

用于冷却肉涂膜保鲜处理工艺：先将冷却肉切成适当大小的块状，再将涂膜剂均匀喷涂于冷却肉表面，沥干水分后托盘包装。

产品特性

（1）本产品无毒、安全、可食。

（2）本产品保鲜效果好，明显延长冷却肉货架期。本产品的涂膜保鲜剂用于冷却肉涂膜后，能在其表面形成一层薄膜，不仅对外界气体、水分和微生物起到阻隔作用，而且乳酸链球菌素和ε-聚赖氨酸通过在膜材料与冷却肉之间的扩散而不断进入肉中，起到持久抑菌作用，使冷却肉货架期比相同温度下普通冷藏方法延长25％～50％。

（3）涂膜剂制备及涂膜操作步骤简单，可操作性强。本产品涂膜保鲜剂应用于冷却肉的保鲜处理，处理工艺简单：先将冷却肉切成适当大小的块状，再将冷却肉放于涂膜剂中浸渍10～200s，或将涂膜剂均匀喷涂于冷却肉表面，沥干水分后托盘包装。

冷鲜肉复配型保鲜剂

原料配比

原　料	配比（质量份）
乳酸链球菌素	0.2
ε-聚赖氨酸	0.4
山梨酸钾	1.2
LAE（L-月桂酰胺精氨酸盐酸盐乙醇酯）	0.08
苯多酚	2.5
无菌蒸馏水	加至1000

⊙ **制备方法**

　　首先在容器中加入适量的无菌蒸馏水，加入 0.1～0.4 的乳酸链球菌素，0.3～0.6 的 ε-聚赖氨酸，1～2 的山梨酸钾、0.05～0.2 的 LAE（L-月桂酰胺精氨酸盐酸盐乙醇脂）、1～4 的苯多酚，从而形成保鲜液。

⊙ **原料配伍**

　　本品各组分质量份配比范围为：乳酸链球菌素 0.1～0.4，ε-聚赖氨酸 0.3～0.6，山梨酸钾 1～2，LAE 0.05～0.2，苯多酚 1～4，纯水加至 1000。

⊙ **产品应用**

　　本品主要用作冷鲜肉保鲜剂。

　　使用方法：将预冷 48h 以上的五花猪肉切成大小相同的块状，在 4℃下并分别浸入上述保鲜液中浸泡 1min 后，取出沥干，并用保鲜膜包好，放入冷库中冷藏备用。

⊙ **产品特性**

　　本产品通过复配天然保鲜活性成分，对冷鲜肉具有更佳的保鲜效果。

绿色安全的冷却肉保鲜剂 (1)

⊙ **原料配比**

原料	配比（质量份）		
	1#	2#	3#
大蒜挥发油	30	40	35
甘露聚糖	20	30	25
天竺桂挥发油	40	30	35

◉ **制备方法**

将各组分原料混合均匀即可。

◉ **原料配伍**

本品各组分质量份配比范围为：大蒜挥发油 30～40，甘露聚糖 20～30 和天竺桂挥发油 30～40。

◉ **产品应用**

本品主要用作冷却肉保鲜剂。

◉ **产品特性**

(1) 保持色泽和风味：色泽纯正，风味良好，无哈味。

(2) 保证货架期：冷却肉的货架期保持在 10 天以上，熟肉制品达到 120 天以上。

(3) 卫生安全：用天然植物原料代替化学添加剂，符合绿色食品加工工艺的需要。

绿色安全的冷却肉保鲜剂 (2)

◉ **原料配比**

原料	配比（质量份）		
	1#	2#	3#
肉豆蔻挥发油	45	35	40
壳聚糖	35	25	30
大蒜挥发油	30	20	25

◉ **制备方法**

将各组分混合均匀即可。

◉ **原料配伍**

本品各组分质量份配比范围为：肉豆蔻挥发油 35～45，壳聚糖 25～35，大蒜挥发油 20～30。

> ▶ 产品应用

本品是一种绿色安全的冷却肉保鲜剂。

> ▶ 产品特性

（1）保持色泽和风味：色泽纯正，风味良好，无哈味。

（2）保证货架期：冷却肉的货架期保持在 10 天以上，熟肉制品达到 120 天以上。

（3）卫生安全：用天然植物原料代替化学添加剂，符合绿色食品加上工艺的需要。

绿色安全的冷却肉保鲜剂 (3)

> ▶ 原料配比

原料	配比（质量份）				
	1#	2#	3#	4#	5#
芦笋提取物	25	30	20	25	20
大蒜挥发油	20	22	25	25	22
乳酸链球菌素	15	18	18	20	20
丁香油	25	20	25	15	24
鲜姜挥发油	15	10	12	15	14

> ▶ 制备方法

将各组分原料混合均匀即可。

> ▶ 原料配伍

本品各组分质量份配比范围为：芦笋提取物 20～30，大蒜挥发油 20～25，乳酸链球菌素 15～20，丁香油 15～25，鲜姜挥发油 10～15。

> ▶ 产品应用

本品主要用作冷却肉保鲜剂。

产品特性

（1）本产品中所述的天然植物原料，其功用效果如下：芦笋属多年生草本植物，其蛋白质组成具有人体所必需的各种氨基酸，含量比例恰当，无机盐元素中有较多的硒、钼、镁、锰等微量元素，还含有大量以天门冬酰胺为主体的非蛋白质含氮物质和天门冬氨酸。具有调节机体代谢，提高身体免疫力的功效。大蒜提取物是一种无化学污染的天然防腐剂，大蒜提取物主要就是大蒜素，大蒜素含天然杀菌成分，在动物体内以原形代谢，区别于其他抗菌素的主要特点是无毒、无副作用、无药物残留、无耐药性。对多种腐败细菌或真菌，均具有强抑杀力，具有防腐保鲜作用。乳链菌肽也称乳酸链球菌素，乳酸链球菌素对革兰阳性菌，包括葡萄球菌、链球菌、微球菌等引起食品腐败和对人体健康有害的病菌有较强的抑制作用，是一种高效、无毒的天然食品防腐剂。姜具有解毒杀菌的作用，生姜中的姜辣素进入体内，能产生一种抗氧化本酶，它有很强的对付氧自由基的本领，比维生素 E 还要强得多。

（2）能保持鲜肉的色泽和风味：色泽纯正，风味良好，无哈味。

（3）具有卫生安全作用：用天然植物原料代替化学添加剂，符合绿色食品加工工艺的需要。

肉类保鲜剂 (1)

原料配比

原　料	配比（质量份）				
	1#	2#	3#	4#	5#
醋酸钠	20～30	20	30	20	30
硬脂酸钙	1～5	1	5	5	1
蔗糖脂肪酸酯	2～5	5	5	2	5
山梨醇酐脂肪酸酯	3～8	3	8	8	3
食盐	10～20	10	20	10	20

制备方法

将全部原料混合，搅拌均匀，即得产品。

原料配伍

本品各组分质量份配比范围为：醋酸钠 20～30，硬脂酸钙 1～5，蔗糖脂肪酸酯 2～5，山梨醇酐脂肪酸酯 3～8，食盐 10～20。

产品应用

本品主要用作肉类保鲜剂。使用时，配制成 1‰～2‰ 的水溶液，将肉浸入 1～2min 后，提起存放，即可起到防腐、保鲜作用。

产品特性

本产品具有原料易得，成本低，绿色环保，使用方便，效果好的优点。

肉类保鲜剂 (2)

原料配比

原料	配比（质量份）		原料	配比（质量份）	
	1#	2#		1#	2#
氯化钠	3	6	甘露糖	1	2
葡萄糖	3	5	水	加至 100	加至 100
柠檬酸	1	2			

制备方法

将各组分原料混合均匀即可。

原料配伍

本品各组分质量份配比范围为：氯化钠 3～6，葡萄糖 3～5，柠檬酸 1～2，甘露糖 1～2，水加至 100。

产品应用

本品主要用作肉类保鲜剂。

⊙ 产品特性

本品的肉类保鲜剂制法简单、成本低廉、使用时操作方便，具有安全、环保、无毒、保鲜效果好的优点，且保鲜时间长，不需对保鲜的肉类食品进行冷藏处理。

肉类产品生物保鲜剂

⊙ 原料配比

原　料	配比(质量份)	原　料	配比(质量份)
壳聚糖	15	水	加至1000
ε-聚赖氨酸	0.5	冰醋酸	10
茶多酚	2		

⊙ 制备方法

将壳聚糖、ε-聚赖氨酸和茶多酚快速均匀混合后，加入水，搅拌均匀，加入冰醋酸，充分搅拌后溶胀5~10min，即得肉类产品生物保鲜剂。

⊙ 原料配伍

本品各组分质量份配比范围为：壳聚糖5~25，ε-聚赖氨酸0.1~1，茶多酚0.5~4，冰醋酸5~20，水加至1000。

⊙ 产品应用

本品主要用作肉类产品生物保鲜剂。

⊙ 产品特性

本产品的保鲜方法优点在于操作简单、成本低，适应于肉类产品包装前的预处理，并且该保鲜剂还具有安全、营养、高效等优点；采用该方法对冷却猪肉进行保鲜，比常规冷藏下猪肉的货架期延长10天左右，并能够有效地保持猪肉的营养和风味。

肉类复合保鲜剂

◎ 原料配比

原料	配比（质量份）					
	1#	2#	3#	4#	5#	6#
壳聚糖	2	2	4	4	5	5
茶多酚	1	2	1	2	1	2
绿茶粉	1	2	1	2	1	2
花椒提取物	8	8	10	10	15	15
花椒叶提取物	5	10	8	8	10	10
竹醋液	15	20	20	15	15	20
水	80	80	80	60	60	80

◎ 制备方法

将各组分原料混合均匀溶于水即可。

◎ 原料配伍

本品各组分质量份配比范围为：壳聚糖 2~5，茶多酚 1~2，绿茶粉 1~2，花椒提取物 8~15，花椒叶提取物 5~10，竹醋液 15~20，水 50~80。

所述的竹醋液是竹材高温加热分解的气化液经冷却后的产物。竹醋液是用竹材烧炭的过程中，收集竹材高温分解中产生的气体，并将这种气体在常温下冷却得到的液体物质，竹醋液的收集应当在炭窑的烟囱口温度为 80~150℃进行。粗萃取的竹醋液为咖啡色，有焦味和酸味，成分中 80%~90% 为水，醋酸占 3%，焦油占 1%，其他尚有多种有机成分，包括羧酸类 6 种，芳香环类 19 种，醛类 2 种，酮类 16 种，酯类 7 种，醇及醚类 4 种等。将粗萃取的竹醋液静置 3~6 个月后，受重力影响，竹醋液分为三层，最重的焦油在最底层，中间为竹醋水，上层为轻质焦油。取中间的竹醋水进行数次蒸馏后，颜色由淡黄色转变为透明的竹醋液。

所述花椒叶提取物的制备方法：将红花椒叶粉碎，按料液比

1g∶25mL加入浓度50%的甲醇作为提取剂,在室温下振荡,分离上清液,并将上清液浓缩干燥后获得浸膏,将浸膏分散于纯化水中,料液比为1g∶40mL,然后加入正己烷振荡萃取,收集水相萃取物;再将水相萃余物加入氯仿,振荡萃取,收集水相萃余物;然后将水相萃余物加入乙酸乙酯,振荡萃取,浓缩干燥得花椒叶提取物。

所述花椒提取物的制备方法如下:将花椒干燥果实在-20～-65℃温度下预冷冻0.5～1h,然后在0～5℃温度下粉碎,过30～50目筛,将粉碎后的花椒果实进行超临界二氧化碳萃取,以乙醇为夹带剂,其使用量为上样量的5～10倍,收集提取物,通过减压45℃水浴旋转蒸发浓缩得提取物,4℃密封保存备用。

◎ 产品应用

本品主要用作肉类复合保鲜剂。使用方法:将新鲜肉类切成质量为100～150g的块状,将所述肉类复合保鲜剂均匀喷洒于肉块表面后预先在-22～-18℃下冷冻20～40min,然后用气调包装机抽真空、充气和热封口进行气调包装。

◎ 产品特性

本产品采用纯天然植物成分,不含抗生素和常规杀菌剂,组分安全环保,使用后,需清洗,可直接食用。采用本产品对新鲜猪肉处理后,能够有效抑制猪肉中微生物的生长,并保持猪肉的营养和风味,在冷藏条件下能够较未处理的常规冷藏猪肉延长8～11天左右的货架期。

肉类食品保鲜剂

◎ 原料配比

原料	配比(质量份)		
	1#	2#	3#
魔芋精粉	11	10	12
瓜尔豆胶	18	15	20

续表

原料	配比(质量份)		
	1#	2#	3#
羧甲基纤维素钠	9	10	8
蔗糖酯	5	6	4
交联淀粉	9	10	8
三聚磷酸钠	2.5	2	3
山梨醇脂肪酸酯	1.5	1	2
食糖	0.6	0.8	0.5

◎ **制备方法**

将各组分原料混合均匀即可。

◎ **原料配伍**

本品各组分质量份配比范围为：魔芋精粉 10～12，瓜尔豆胶 15～20，羧甲基纤维素钠 8～10，蔗糖酯 4～6，交联淀粉 8～10，三聚磷酸钠 2～3，山梨醇脂肪酸酯 1～2，食糖 0.5～0.8。

◎ **产品应用**

本品主要用作肉类食品保鲜剂。

◎ **产品特性**

应用本产品冷冻保藏肉类，肉类在 200 天内风味和营养无变化。

肉制品保鲜剂

◎ **原料配比**

原料	配比(质量份)					
	1#	2#	3#	4#	5#	6#
香果	15	40	20	30	25	25
广砂仁	10	30	15	25	20	20

原料	配比(质量份)					
	1 #	2 #	3 #	4 #	5 #	6 #
白蔻	5	25	10	20	15	15
花椒	20	80	30	60	50	50
蜂蜜	100	150	110	140	125	125
料酒	100	150	110	140	125	125
白砂糖	150	300	200	250	225	225
生姜	100	200	130	170	150	150
草果	20	50	30	40	35	35
桂皮	150	200	160	180	175	175
罗汉果	50	100	60	80	75	75

◉ 制备方法

(1) 按配方比例取香果、广砂仁、白蔻、花椒、蜂蜜、料酒、白砂糖、生姜、草果，洗净干燥后备用。

(2) 按配方比例取桂皮、罗汉果，洗净干燥后备用。

(3) 将步骤（1）所得混合原料包装好，或者按照常规方法，制成粉剂、精油、汤剂、酒剂、酱剂、微胶囊后，包装好。

(4) 将步骤（2）所得混合原料按步骤（3）的方法处理后，包装好。

◉ 原料配伍

本品各组分质量份配比范围为：香果 15～40，广砂仁 10～30，白蔻 5～25，桂皮 150～200，花椒 20～80，蜂蜜 100～150，料酒 100～150，罗汉果 50～100，白砂糖 150～300，生姜 100～200，草果 20～50。

◉ 产品应用

本品主要用作肉制品保鲜剂。保鲜方法：将肉置于沸水中，并将桂皮和罗汉果以外的其他原料或由其制得的保鲜剂一同放入，待煮 90min 后，放入桂皮和罗汉果或由其制得的保鲜剂，直至肉煮熟后，将肉捞起、晾干，3～5min后真空包装。

❯ 产品特性

（1）本产品中，各原料不仅具有食疗作用，还具有抗氧化的保鲜、防腐作用。

（2）本产品稳定性好，具有长期保鲜、防腐作用，在无任何食品添加剂的情况下，能保证肉制品保质期在180～270天，原料天然，对人体健康有益。

肉制品表面喷涂用保鲜剂 (1)

❯ 原料配比

原　料	配比（质量份）				
	1 #	2 #	3 #	4 #	5 #
脱氢乙酸钠	30	28	28	10	50
山梨酸钾	30	25.5	28	50	10
异维生素 C 钠	12	12	15	25	10
双乙酸钠	25	30	23	10	18
溶菌酶	1	1.5	2	3.5	4
纳他霉素	1	1.5	2	0.5	4
乳酸链球菌素	1	1.5	2	1	4

❯ 制备方法

（1）将山梨酸钾、异维生素 C 钠按比例混合，用粉碎机粉碎至 60～100 目。

（2）将脱氢乙酸钠、双乙酸钠、溶菌酶、纳他霉素和乳酸链球菌素与上述混合物倒入搅拌机内混合搅拌，搅拌 10～20min，得到保鲜剂。

（3）按照要求分装，包装成袋装。

❯ 原料配伍

本品各组分质量份配比范围为：脱氢乙酸钠 10～60，山梨酸钾 10～60，异维生素 C 钠 10～30，双乙酸钠 10～40，溶菌酶 0.5～5，纳他霉素 0.5～5，乳酸链球菌素 0.5～5。

产品应用

本品主要用作肉制品表面喷涂用的保鲜剂。

使用方法：用 75%食用酒精按比例将上述保鲜剂溶解后喷涂在肉制品表面即可，使用方便。

产品特性

本产品针对肉制品微生物菌群特性，采用对人体安全的生物和化学保鲜成分复配而成，具有破坏肉制品中微生物的细胞壁、改变细胞膜的通透性、阻止微生物细胞分裂繁殖的作用。它对肉制品中的微生物菌群具有较强的抑制作用，保鲜效果好。

肉制品表面喷涂用保鲜剂（2）

原料配比

原料	配比（质量份）			
	1#	2#	3#	4#
脱氧乙酸钠	30	30	30	30
山梨酸钾	30	30	30	30
异维生素 C 钠	20	20	20	20
双乙酸钠	20	20	20	20
迷迭香酸	—	30	—	15
美洲花椒素	—	—	30	15

制备方法

将各原料简单混合均匀，即可制得所述肉制品表面喷涂用保鲜剂。

原料配伍

本品各组分质量份配比范围为：脱氢乙酸钠 20～40，山梨酸钾 20~40，异维生素 C 钠 10~30，双乙酸钠 10~30，生物防腐剂 20~40。

所述生物防腐剂为由迷迭香酸和美洲花椒素中的一种或其混合物。或者由 30%~70% 迷迭香酸和 30%~70% 美洲花椒素组成。

▶ 产品应用

本品主要用作肉制品表面喷洒用保鲜剂。

使用时，用食用酒精将所述肉制品表面喷涂用保鲜剂溶解，喷洒在肉制品表面即可，使用方便。

▶ 产品特性

本品针对肉制品微生物菌群特性，采用特定配方复配而成，能够破坏肉制品中微生物的细胞壁、改变细胞膜的通透性、阻止微生物细胞分裂繁殖的作用，对肉制品中的微生物菌群具有较强的抑制作用，保鲜效果好。

肉制品可食复合成膜保鲜剂

▶ 原料配比

原　料		配比（质量份）					
		1#	2#	3#	4#	5#	6#
壳聚糖（脱乙酰度≥85%）		0.3	0.3	0.3	0.3	0.6	0.3
乳酸		2	2	2	2	2	2
生物防腐剂	乳酸链球菌素	0.5	0.5	0.5	0.5	0.5	0.5
	聚赖氨酸	0.5	—	—	—	—	—
化学防腐剂	山梨酸钾	—	1	—	—	0.5	0.5
	苯甲酸钠	—	—	1	—	0.5	—
	对羟基苯甲酸酯	—	—	—	0.1	—	0.5
水		加至100	加至100	加至100	加至100	加至100	加至100

原　料		配比(质量份)						
		7#	8#	9#	10#	11#	12#	13#
壳聚糖(脱乙酰度≥85%)		0.6	0.3	0.3	0.6	0.6	0.6	0.9
乳酸		2	2	2	2	2	2	2
生物防腐剂	乳酸链球菌素	0.5	—	—	0.5	0.5	0.5	0.5
	聚赖氨酸	—	—	—	—	—	0.5	0.5
化学防腐剂	山梨酸钾	0.5	1	—	—	1	1	1
	苯甲酸钠	—	—	1	—	—	—	—
	对羟基苯甲酸酯	0.3	—	—	—	—	—	—
水		加至100	加至100	加至100	加至100	加至100	加至100	加至100

◉ 制备方法

取壳聚糖（脱乙酰度≥85%），加入乳酸溶解，然后加入乳酸链球菌素、聚赖氨酸和化学防腐剂；充分溶解后，制成稳定的溶液，即可得到肉制品可食复合成膜保鲜剂溶液。

◉ 原料配伍

本品各组分质量份配比范围为：壳聚糖0.3～0.9，乳酸2，化学防腐剂和生物防腐剂0.5～2，水加至100。

所述的化学防腐剂至少是山梨酸钾、苯甲酸钠、对羟基苯甲酸酯中的一种。

所述的生物防腐剂至少是乳酸链球菌素、聚赖氨酸中的一种。

◉ 产品应用

本品主要用作肉制品可食复合成膜保鲜剂。

使用方法：将得到的肉制品可食复合成膜保鲜剂溶液，可经喷洒或20～30s浸泡后，在冷却原料肉表面均匀成膜。

◉ 产品特性

（1）有效降低冷却原料肉的汁液损失：通过将冷却原料肉表面喷洒壳聚糖溶液或浸泡于壳聚糖溶液中，在肉表面形成均匀的可食性薄膜，有效降低汁液损失，根据分割肉的部位不同、质量不同，选择不同浓度的壳聚糖进行成膜，可降低汁液损失 0.5%～1.5%，提高企业的经济效益，并提高或有效保持冷却肉的品质。

（2）显著延长冷却肉货架期：根据冷却肉加工环境的卫生状况，通过在壳聚糖基质中加入不同种类、不同浓度的生物性、化学性食品防腐剂，有效延长冷却肉货架期 3～5 天，抑制或延缓微生物的增殖，确保冷却原料肉的微生物安全，提高人们的食品安全水平。通过货架期的延长，减少企业的产品返厂率，提高企业的经济效益。

（3）可食用性：在冷却原料肉表面成膜后，在后期的肉品加工过程中不需要特殊处理，可直接加工。另外，本产品成膜后，对冷却原料肉的外观无不良影响，成膜后，稳定性好，能够长途运输；符合食品卫生标准，对人体无毒、无害。

（4）本产品采用壳聚糖作为成膜材料，和防腐剂按照一定的比例混合后制成的复合可食成膜材料，形成了具有持水、抑菌、稳定的可食性复合保鲜膜。既可以减少原料肉的汁液损失，又可以抑制微生物的繁殖，旨在解决原料肉，特别是冷却肉失水损失严重、货架期短的缺陷，其成膜后降低了冷却肉的汁液损失，又适当地延长了其货架期。

肉制品涂料保鲜剂

原料配比

原料	配比（质量份）		原料	配比（质量份）	
	1#	2#		1#	2#
牛脂	32	39	苯甲酸钠	0.3	0.5
猪油	19	19	卵磷脂	0.7	0.5

制备方法

将各组分原料混合均匀即可。

◉ 原料配伍

本品各组分质量份配比范围为：牛脂 30～40，猪油 15～25，苯甲酸钠 0.2～0.5，卵磷脂 0.5～1。

◉ 产品应用

本品主要用作肉制品涂料保鲜剂。

◉ 产品特性

本产品配方合理，使用效果好，生产成本低。

散装熟食保鲜剂

◉ 原料配比

原料	配比（质量份）					
	1#	2#	3#	4#	5#	6#
蜂胶	2	5	3	4	5	4
纳他霉素	0.1	0.3	0.2	0.5	0.2	0.1
乳酸链球菌素	0.3	0.4	0.2	0.3	0.3	0.3
水溶性壳聚糖	5	3	4	4	3	4
无菌水	加至1000	加至1000	加至1000	加至1000	加至1000	加至1000

◉ 制备方法

将乳酸链球菌素和纳他霉素用无菌水溶解后，加入醋酸调整混合溶液的 pH 值至 5；蜂胶经冷冻、粉碎后，用 95％乙醇溶解，获得蜂胶含量为 30％的乙醇溶液，过滤后加入前述混合溶液中；然后再加入水溶性壳聚糖，充分溶解后即得到散装熟食保鲜剂。

◉ 原料配伍

本品各组分质量份配比范围为：蜂胶 2～5，水溶性壳聚糖 3～5，乳酸链球菌素 0.2～0.4，纳他霉素 0.1～0.5。

　　该保鲜剂的剩余组分为水、乙醇和用于调节 pH 的醋酸（醋酸还有帮助保鲜剂成分溶解的作用）；其中，乙醇来源于溶解蜂胶所用的 95％乙醇，溶解后得到的是蜂胶含量为 30％的乙醇溶液。

▶ 产品应用

　　本品主要用作散装熟食保鲜剂。可用于散装熟食牛肚、烤鸡、动物内脏等。

　　使用时，将散装熟食牛肚等熟食放在保鲜液中浸泡 30s。随后取出并沥干 5min，或将保鲜剂均匀喷于熟食之上。

▶ 产品特性

　　本产品通过利用水溶性壳聚糖和蜂胶的广谱抗菌性、抗氧化性和成膜性，配合高效抑制霉菌和酵母菌的纳他霉素，以及高效抑制革兰阳性细菌的乳酸链球菌素。复合的保鲜剂优势互补，形成广谱高效的保鲜剂，可以明显延长散装熟食牛肚的货架期，能有效延长散装熟食在 36℃的高温条件下货架期。

生鲜肉天然保鲜剂

▶ 原料配比

原　料	配比（质量份）		
	1#	2#	3#
新鲜芦荟	4.5	4.0	5.0
新鲜黄姜	1.2	1.0	1.5
水	28.5	25	32.5

▶ 制备方法

　　(1) 按质量比分别称取芦荟和黄姜洗净、切碎后混合。

　　(2) 将混合物置入多功能提取罐中，加入 5 倍于混合物质量的水，调节提取罐压力为 2MPa、温度为 30～40℃，提取 2 次，每次 2h，合并提取液。

　　(3) 将提取液静置沉淀 24h，取上层清液依次通过孔径为 60

目、100 目、200 目和 400 目的多层丝网过滤。

（4）将过滤液置入真空浓缩罐中，在 4℃下进行浓缩，得浸膏。

（5）将浸膏通过干燥塔进行干燥，干燥后通过万能粉碎机进行粉碎到 150 目，即可。

原料配伍

本品各组分质量份配比范围为：芦荟和黄姜质量比为：4.0～5.0∶1.0～1.5。

产品应用

本品主要用于生鲜肉的保鲜。使用方法，包括将保鲜剂、壳聚糖、食盐与无水乙醇以 50～65∶5～10∶3～7∶5～10 的质量比混合，然后加入无菌水，配制成 0.05%～0.2% 的保鲜剂溶液，均匀地喷在鲜肉的表面，或将鲜肉放入配制好的溶液中，使鲜肉表面都沾上保鲜液，捞起鲜肉风干或沥干即可。

产品特性

（1）从天然药食两用植物芦荟和黄姜进行提取制备的保鲜剂，安全无毒，符合目前国家倡导的食品安全性。

（2）使用该保鲜剂的生鲜肉类，在一定时间内，能保持鲜肉原有食品价值和商品价值，在有效保鲜期内以满足供销时间要求，克服冷藏鲜肉需用冷藏设备而增加的成本及其容易产生质变的问题。

（3）生鲜肉类获得较长的保鲜期后，更方便肉品的流通和货价期的延长，而且纯植物提取成本低。

熟肉制品保鲜剂

原料配比

原　料	配比（质量份）		
	1#	2#	3#
双乙酸钠	50	40	60
柠檬酸钠	49.5	59.5	39.5
乳酸链球菌素	0.5	0.6	0.4

◎ 制备方法

（1）取以下质量份的原料：双乙酸钠 40～60、柠檬酸钠 39.5～59.5、乳酸链球菌素 0.4～0.6。

（2）将上述的原料投入混合机内混合 25min，出料，再称量。

（3）将步骤（2）生产出来的物料使用食品级 PVC 袋进行内包装和瓦楞纸箱进行外包装。

◎ 原料配伍

本品各组分质量份配比范围为：双乙酸钠 40～60，柠檬酸钠 39.5～59.5，乳酸链球菌素 0.4～0.6。

◎ 产品应用

本品主要用作熟肉制品保鲜剂。

◎ 产品特性

本产品采用三种保鲜剂的混配使用，比各保鲜剂单独使用时效果好，同时可以相应地降低食盐的用量，使产品成为中低盐食品，更有利于人体健康；保留肉制品的营养成分和鲜美的口感。

天然纳米精油保鲜剂

◎ 原料配比

原　料	配比（质量份）				
	1#	2#	3#	4#	5#
复配精油	0.15	0.41	0.26	0.21	0.26
多聚磷酸钠	0.02	0.10	0.10	0.02	0.06
脂肪醇聚氧乙烯醚-9	0.07	0.15	0.11	0.11	0.11
壳聚糖	0.14	0.26	0.14	0.26	0.18
冰醋酸	0.24	0.60	0.60	0.24	0.30
去离子水	99.38	98.48	98.79	99.16	99.09

原　料		配比（质量份）				
		1#	2#	3#	4#	5#
复配精油	肉桂精油	30	50	40	35	35
	百里香精油	10	10	20	15	15
	生姜精油	60	40	40	50	50

制备方法

（1）将多聚磷酸钠溶解于 15～30 份去离子水中得到多聚磷酸钠溶液，并将复配精油、脂肪醇聚氧乙烯醚-9 加入其中，控制搅拌速度为 300r/min 下搅拌 30min，然后超声均质 10min 得复配精油乳液。

（2）将冰醋酸加入到壳聚糖和 68.48～84.44 份去离子水中，在搅拌速度为 300r/min 下搅拌 10min 得壳聚糖溶液，然后超声均质 10min，并用 3mol/L 氢氧化钠调节 pH 值至 5～6。

（3）控制温度为 25～30℃，转速为 300～500r/min 的条件下将步骤（1）得到的复配精油乳液控制滴加速率为 20～30mL/h 将其加入到步骤（2）得到的 pH 值为 5～6 的壳聚糖溶液中，滴加完毕后，继续搅拌反应 1～2h，即得到天然纳米精油保鲜剂。

原料配伍

本品各组分质量份配比范围为：复配精油 0.15～0.41，多聚磷酸钠 0.02～0.10，脂肪醇聚氧乙烯醚-9 0.07～0.15，壳聚糖 0.14～0.26，冰醋酸 0.18～0.60，去离子水加至 100。

所述的复配精油其组成及含量如下：肉桂精油 30～50 份，百里香精油 10～20 份，生姜精油 40～60 份。

所述的复配精油的制备方法，即将肉桂精油、百里香精油和生姜精油混合，在搅拌速度为 200～400r/min 下搅拌 20min 即得复配精油。

所述的壳聚糖分子量为 450000。

产品应用

本品主要用作对肉类进行包覆，于 4℃下储藏以实现肉类的保鲜；其中所述肉类为猪肉、牛肉或羊肉。

所述的天然纳米精油保鲜剂对低密度聚乙烯膜的表面进行涂覆，以形成保鲜膜的方法，其步骤如下：无菌条件下，将天然纳米精油保鲜液以 $7.8\sim16g/m^2$ 的用量均匀涂覆于低密度聚乙烯膜表面，用功率为 30W 的紫外灯对低密度聚乙烯膜照射 $20\sim30min$，利用壳聚糖的成膜特性，使其在低密度聚乙烯膜表面自然干燥成膜，所得的涂覆有天然纳米精油保鲜液的低密度聚乙烯膜即为保鲜膜。

> ◎ **产品特性**

本产品由于含有天然复配精油，因此利用本产品对低密度聚乙烯膜的表面进行涂覆，形成的保鲜膜对冷鲜肉具有更佳的保鲜效果，鲜肉的保鲜期更长。

鲜肉保鲜剂

> ◎ **原料配比**

原料	配比（质量份）				
	1#	2#	3#	4#	5#
姜汁	7.5	5	10	6	9
L-抗坏血酸	0.5	1	0.1	0.8	0.3
D-山梨糖醇	0.5	1	0.1	0.9	0.2
磷酸钙	5	8	2	7	3
磷酸盐	1	1.5	0.1	1.2	0.7
柠檬酸	2	3	1	2.5	1.5
蒸馏水	105	120	90	110	100

> ◎ **制备方法**

制取生姜汁可用生姜经匀浆后压滤取其滤液，还可以将滤液浓缩成浓缩液后待用，用时稀释为原滤液倍数即可。将上述 L-抗坏血酸、D-山梨糖醇、磷酸钙、磷酸盐和柠檬酸原料按配方配比混合后，加入蒸馏水，搅拌后即成鲜肉保鲜剂。

◉ **原料配伍**

本品各组分质量份配比范围为：生姜汁 5～10，L-抗坏血酸 0.1～1，D-山梨糖醇 0.1～1，磷酸钙 2～8.0，磷酸盐 0.5～1.5，柠檬酸 1～3，蒸馏水 90～120。

◉ **产品应用**

本品主要用于各种鲜肉的保鲜。

◉ **产品特性**

本产品配方科学、合理，制造成本低，保鲜效果好，在一定时间内，能保持各种鲜肉原有食品价值和商品价值，特别是能在有效保鲜期内以满足供销时间要求，克服了冷藏鲜肉需用冷藏设备而增加成本及容易产生质变的问题，从而极大限度地提高了各种鲜肉的食品价值和商品价值。

香肠保鲜剂

◉ **原料配比**

原料	配比（质量份）		
	1#	2#	3#
卵磷脂	1	3	5
蔗糖脂肪酸酯	2	5	8
蜂胶超临界 CO_2 提取物	11	15	19
乙醇或 1,2-丙二醇	70	75	80

◉ **制备方法**

将各组分原料混合均匀即可。

> **原料配伍**

本品各组分质量份配比范围为：卵磷脂1～5，蔗糖脂肪酸酯2～8，蜂胶超临界 CO_2 提取物 11～19，乙醇或 1,2-丙二醇 70～80。

> **产品应用**

本品主要用于香肠的保鲜。

> **产品特性**

本产品优点是不影响人们健康，保鲜时间长。

中草药保鲜剂

> **原料配比**

原料		配比（质量份）			
		1#	2#	3#	4#
天然中草药混合提取液	高良姜提取液	0.5～30	—	—	0.5～30
	大蒜提取液	0.5～30	—	—	0.5～30
	枸杞提取液	—	1～20	—	—
	胡椒提取液	—	0.5～30	—	—
	丁香提取液	—	3～30	—	—
	茴香提取液	—	—	3～30	—
	栀子提取液	—	—	1～20	—
	大黄提取液	—	—	2～28	—
天然中草药混合提取液		35	22	10	18
蜂胶提取液		8	6	3	5
纯净水		加至 100	加至 100	加至 100	加至 100

> **制备方法**

（1）天然中草药混合提取液的制备。以下列的中草药中一种或几种为原料，采用常规提取方法，分别制备提取液：枸杞、高良姜、大蒜、胡椒、茴香、丁香、栀子、大黄，提取液的浓度以其占提取液的质量分数计，如下：枸杞1％～20％、高良姜0.5％～30％、大蒜0.5％～30％、胡椒0.5％～30％、茴香3％～30％、丁香3％～30％、栀子1％～20％、大黄2％～28％，然后分别将提取液浓缩至浓度为其母液的0.05～0.1倍，然后将分别浓缩后的提取液混合均匀，得到混合提取液。

（2）蜂胶提取液的制备。以乙醇为提取溶剂，采用常规方法，制备浓度0.5％～5％的蜂胶提取液。

（3）将天然中草药混合提取液与蜂胶提取液混合，搅拌，再加入纯净水，搅拌均匀，即可制得产品。

◎ **原料配伍**

本品各组分质量份配比范围为：天然中草药的混合提取液10～35，蜂胶提取液3～8，纯净水加至100。

所述天然中草药的混合提取液是以下中草药中的一种或几种制备得到：枸杞、高良姜、大蒜、胡椒、茴香、丁香、栀子、大黄。

所述蜂胶提取液是以乙醇作为提取溶剂，采用常规提取方法制备得到。

所述蜂胶提取液浓度为0.5％～5％。

◎ **产品应用**

本品主要用作食品的保鲜，尤其是适合于对肉类食品或肉制品的保鲜加工。

◎ **产品特性**

本产品采用纯天然的植物型中草药原料，通过中草药中所含有的天然杀菌、灭菌和抑制微生物的有效成分，实现对肉类食品或肉制品的保鲜，可保持肉类食品或肉制品的色香味和组织状态、保鲜时间长、无毒副作用，经保鲜再烹煮的肉类，还具有中草药中清淡的天然香气，风味独特，具有营养保健价值。此保鲜剂制作方法简单、纯天然、环保，对人体和环境无毒副作用，进入人体也容易分解。原料来源丰富，价格低，可进行工业化生产。

保水保鲜剂

原料配比

原料	配比(质量份)		
	1#	2#	3#
单甘油月桂酸酯	0.5	1	1
乳酸	1	0.5	1
水	加至 100	加至 100	加至 100

制备方法

将单甘油月桂酸酯和乳酸溶解于 70～90℃的水中，搅拌均匀，得到保水保鲜剂。

原料配伍

本品各组分质量份配比范围为：单甘油月桂酸酯 0.2～2，食用有机酸 0.2～2，水加至 100。

所述的食用有机酸为乳酸、柠檬酸、醋酸、苹果酸、酒石酸中的一种或多种；更优选为乳酸。乳酸是冷鲜肉中允许使用的食用有机酸，能调节食品酸度，且具有一定的防腐保鲜功效。

产品应用

本品主要应用于生猪屠宰线上，于劈半后进行处理；也可用于冷链保藏中，于肉块分割后进行处理。

在冷鲜肉保水保鲜中的应用：采用保水保鲜剂对冷鲜肉进行喷淋处理，沥干后置于 0～4℃的环境下储藏。所述的保水保鲜剂的温度为 70～90℃。使用热的保水保鲜剂对冷鲜肉进行处理，能起到更好的抑制微生物生长的效果。

产品特性

本产品具有较好的保水、抑菌效果。应用于冷鲜肉的储藏，可以使冷鲜肉在排酸期或储藏期过程中有效减少水分的损失、延缓肉红色的褪去、抑制微生物的生长，使保鲜期从普通热水处理的 3 天延长至 7 天以上，实现冷鲜肉在排酸期或储藏期同时保水、保鲜的目的。同时，本产品原料成本低廉，原料组分少，工艺简单，操作方便，安全性高，保水保鲜效果好，适用于实际生产。采用本产品对储藏期的冷鲜肉进行处理，可以显著提高冷鲜肉的保水性，延缓冷鲜肉红度值的降低和挥发性盐基氮的升高，抑制微生物的生长繁殖。有利于减少冷鲜肉生产中的经济损失，保持肉红色和新鲜度，延长保鲜期。

复合保鲜剂 (1)

◉ 原料配比

原料	配比（质量份）					
	1#	2#	3#	4#	5#	6#
壳聚糖	2	2	4	4	5	5
茶多酚	1	2	1	2	1	2
绿茶粉	1	2	1	2	1	2
甘油	0.5	0.5	1	1	0.8	0.8
乳酸链球菌素	0.1	0.1	0.3	0.3	0.5	0.5
花椒提取物	8	8	10	10	15	15
花椒叶提取物	5	10	8	8	10	10
竹醋液	15	20	20	15	15	20
水	80	80	80	60	60	80

◉ 制备方法

将各组分原料混合均匀，溶于水。

◉ 原料配伍

本品各组分质量份配比范围为：壳聚糖 2～5，茶多酚 1～2，绿茶粉 1～2，甘油 0.5～1，乳酸链球菌素 0.1～0.5，花椒提取物 8～15，花椒叶提取物 5～10，竹醋液 10～15，水 50～80。

所述的竹醋液是竹材高温加热分解的气化液经冷却后的产物。竹醋液是用竹材烧炭的过程中，收集竹材在高温分解中产生的气体，并将这种气体在常温下冷却得到的液体物质，竹醋液的收集应当在炭窑的烟囱口温度为80～150℃进行。粗萃取的竹醋液为咖啡色，有焦味和酸味，成分中80%～90%为水，醋酸占3%，焦油占1%，其他尚有多种有机成分，包括羧酸类6种，芳香环类19种，醛类2种，酮类16种，酯类7种，醇及醚类4种等。将粗萃取的竹醋液静置3～6个月后，受重力影响，竹醋液分为三层，最重的焦油在最底层，中间为竹醋水，上层为轻质焦油。取中间的竹醋水进行数次蒸馏后，颜色由淡黄色转变为透明的竹醋液。

所述花椒叶提取物的制备方法如下：将红花椒叶粉碎，按料液比1g：25mL加入浓度50%的甲醇作为提取剂，在室温下振荡，分离上清液，并将上清液浓缩干燥后获得浸膏，将浸膏分散于纯化水中，料液比为1g：40mL，然后加入正己烷振荡萃取，收集水相萃取物；再将水相萃余物加入氯仿，振荡萃取，收集水相萃余物；然后将水相萃余物加入乙酸乙酯，振荡萃取，浓缩干燥得花椒叶提取物。

所述花椒提取物的制备方法如下：将花椒干燥果实在－65～－20℃温度下预冷冻0.5～1h，然后在0～5℃温度下粉碎，过30～50目筛，将粉碎后的花椒果实进行超临界二氧化碳萃取，以乙醇为夹带剂。其使用量为上样量的5～10倍，收集提取物，通过减压45℃水浴旋转蒸发浓缩得提取物，4℃密封保存备用。

◎ 产品应用

本品主要用作新鲜肉类的保鲜剂。使用方法：将新鲜肉类切成质量为100～150g的块状，将所述复合保鲜剂均匀喷洒于肉块表面后预先在－22～－18℃下冷冻20～40min，然后再气调包装，包装后在－2～6℃下进行冷藏保鲜。然后用气调包装机抽真空、充气和热封口进行气调包装。气调包装有利于水产品的短途或长途运输，有效避免复合保鲜剂成分挥发或者氧化变质。

◎ 产品特性

本产品采用纯天然植物成分，不含抗生素和常规杀菌剂，组分安全环保，使用后不需清洗可直接食用。采用本产品的复合保鲜剂对新鲜猪肉处理后，能够有效抑制猪肉中微生物的生长，并保持猪肉的营养和风味，在冷藏条件下能够较未处理的常规冷藏猪肉延长8～12 天左右的货架期。

复合保鲜剂 (2)

▶ 原料配比

原　料	配比（质量份）		
	1 #	2 #	3 #
乳酸链球菌素	5	10	15
脱氢醋酸钠	25	20	15
葡萄糖酸-δ-内酯	20	15	10
异维生素 C 钠	10	15	20
氯化钠	30	30	30
三聚磷酸钠	10	10	10

▶ 制备方法

将乳酸链球菌素、脱氢醋酸钠、葡萄糖酸-δ-内酯、异维生素 C 钠、氯化钠和三聚磷酸钠加入到混合机中，混合均匀后得到固态的复合保鲜剂。

▶ 原料配伍

本品各组分质量份配比范围为：乳酸链球菌素 5～20，脱氢醋酸钠 10～60，葡萄糖酸-δ-内酯 5～50，异维生素 C 钠 5～40，氯化钠 5～50，三聚磷酸钠 1～50。

▶ 产品应用

本品主要用于冷鲜肉（或冷却肉）和没有包装的散肉制品的保鲜。

使用方法：

（1）原料肉为冷鲜肉或冷却肉：将本产品的复合保鲜剂用蒸馏水配成浓度为 1％的溶液，使用时既可采用浸渍方法，也可采用喷雾方法。浸渍或喷雾后，稍微沥干肉块表面的水分，然后进行包装。

（2）原料肉为利用动物肠衣或胶原蛋白肠衣制备的肉肠类制

品：可以将肉肠类制品在蒸煮后包装前在浓度为 1% 的复合保鲜液中浸渍 2～5s 或进行直接喷雾，然后晾干并包装。

（3）原料肉为酱卤煮制肉制品：可以将本产品的复合保鲜剂固体粉末直接添加于蒸煮肉制品汤锅中，添加量为原料肉质量的 0.5%～1%，在 90～100℃ 条件下煮 1～2h，出锅后沥干肉制品表面的水分，然后进行包装。

◎ 产品特性

（1）本产品由于利用多种具有较好抑菌或杀菌效果的物质进行复合，发挥了相互协同、促进以及互补的作用，使肉与肉制品的保鲜时间得以延长。

（2）本产品不仅可以减缓微生物的增殖速率，而且对于稳定肉与肉制品的感官指标也有很好的效果。

（3）本产品不仅适用于真空包装的肉与肉制品，也适用于托盘包装和散装的肉与肉制品。

（4）本产品适用于各种肉与肉类制品的外部防腐，且适用产品类型广泛。

复合冷鲜肉保鲜剂

◎ 原料配比

原　料	配比（质量份）					
	1#	2#	3#	4#	5#	6#
原花青素低聚体	0.05	0.1	0.08	—	—	—
原花青素低聚体（由原花青素单体、原花青素二聚体和原花青素三聚体组成,其质量比 1∶1∶1）	—	—	—	0.05	0.1	0.08
原花青素高聚体	0.3	0.2	0.5	0.3	0.2	0.5
乳酸链球菌素	0.07	0.02	0.04	0.07	0.02	0.04
六磷酸钠	4.5	6	4	4.5	6	4

续表

原　　料	配比(质量份)					
	1#	2#	3#	4#	5#	6#
水溶性膜基(短梗霉多糖和海藻糖质量比为1∶3)	10	13	15	10	13	15
柚皮多糖	6	6	5	6	6	5
蒸馏水	1000	1000	1000	1000	1000	1000

◉ **制备方法**

(1) 取原花青素低聚体、原花青素高聚体溶解于蒸馏水中配制成原花青素复合溶液。取质量分数65%～75%上述原花青素复合溶液，边搅拌边添加膜基材料（短梗霉多糖和海藻糖比例为1∶3～3∶1)，搅拌至膜基物质全部溶解，制得膜基溶液。

(2) 将柚皮多糖、六磷酸钠与乳酸链球菌素混合均匀，然后与剩下的松树皮原花青素复合溶液混合，充分搅拌至溶解、制得乳酸链球菌素溶液。

(3) 将膜基溶液与乳酸链球菌素溶液混合均匀即为复合冷鲜肉保鲜剂水剂。

◉ **原料配伍**

本品各组分质量份配比范围为：原花青素低聚体0.05～0.1，原花青素高聚体0.1～0.5，乳酸链球菌素0.02～0.07，六磷酸钠3～6，水溶性膜基5～15，植物多糖5～7 蒸馏水至1000。

所述的原花青素低聚体为原花青素单体、原花青素二聚体或原花青素三聚体或三者的混合；所述的原花青素高聚体为原花青素四聚体或聚合度为4以上的原花青素高聚体或其混合。

原花青素低聚体和原花青素高聚体通过如下方法制备得到：取马尾松树皮，用乙醇提取得马尾松树皮提取物，将马尾松树皮提取物上LSA-10树脂，在pH值为6.0～6.5条件下，先以水洗除杂，然后用体积分数为50%～70%的乙醇洗脱；收集乙醇洗脱部位、浓缩，再用乙酸乙酯或/和无水乙醚萃取1～4次，合并有机层、浓缩干燥得原花青素低聚体，合并水层得原花青素高聚体。

所述水溶性膜基包括短梗霉多糖和海藻糖，其中短梗霉多糖和海藻糖复配比例为 1∶3～3∶1；优选短梗霉多糖和海藻糖复配比例为 1∶3。

所述的植物多糖为柚皮多糖；所述的柚皮多糖通过如下方法制备得到：将柚皮经超临界二氧化碳萃取设备萃取脱脂处理，然后加水浸泡得第一次柚皮浸提液；将第一次柚皮浸提液用纤维素酶和果胶酶酶解、离心、过滤；再将滤液过截留分子量为 10 万的中空纤维膜，收集透过液，得柚皮提取液；将柚皮提取液调节 pH 值为 9.0～14.0，用体积分数为 40％～80％乙醇分别醇沉，得到 40％乙醇沉淀多糖 a、60％乙醇沉淀多糖 b、80％乙醇沉淀多糖 c；将 40％乙醇沉淀多糖 a、60％乙醇沉淀多糖 b、80％乙醇沉淀多糖 c 以质量比 1～2∶1～3∶1～2 的比例复配得柚皮多糖。

◉ **产品应用**

本品主要用作冷鲜肉保鲜剂。

◉ **产品特性**

本产品优点在于操作简单，不仅改善保鲜剂抗菌性能，而且赋予其抗氧化的新功能，能够有效延长冷鲜肉的货架期，很好地保证冷鲜肉的营养和风味。

火腿保水保鲜剂

◉ **原料配比**

原　料	配比（质量份）							
	1#	2#	3#	4#	5#	6#	7#	8#
三聚磷酸钠	67.8	11.3	75	60.75	60	72	63	63
六偏磷酸钠	22.6	3.8	25	0.25	20	24	21	21
乳酸链球菌素	1.2	0.2	1	3	2	2	1	2
葡萄糖酸-δ-内酯	18	3	16	36	18	18	19	30
壳聚糖	90.4	15.1	83	80	100	84	96	84

◉ **制备方法**

先将上述组分中三聚磷酸钠和六偏磷酸钠加入水完全溶解，再加入剩余成分，充分混合后形成本品的保水保鲜剂。

◉ **原料配伍**

本品各组分质量份配比范围为：磷酸盐 10～100，乳酸链球菌素 0.2～3，葡萄糖酸-δ-内酯 3～30，壳聚糖 10～100。

所述的磷酸盐为三聚磷酸钠和六偏磷酸钠，二者质量比为 3：1。

本产品中壳聚糖是保鲜剂，葡萄糖酸-δ-内酯是酸度调节剂和保水剂，磷酸盐是保水剂，乳酸链球菌素是保鲜剂，组合在一起对火腿具有很好的保水保鲜作用。

◉ **产品应用**

本品主要用作火腿保水保鲜剂。

◉ **产品特性**

（1）组成成分少，食用安全，隐患低。

（2）保水性好，能改善产品组织结构和风味。

（3）抑菌作用持久，有效延长产品货架期。

腊肉防腐防虫保鲜剂

◉ **原料配比**

原　料	配比（质量份）	
粉末状提取物	柚皮	30
	肉桂皮	18
	鲜柏树叶	42
粉末状取提取物		35
壳聚糖		18
食盐		6

◉ **制备方法**

（1）取柚皮、肉桂皮和鲜柏树叶洗净晾干，粉碎。

（2）将上述粉碎物加入乙醇浸泡 24h 左右，过滤，滤渣再次加入乙醇浸泡 24h 左右，过滤，所得滤液减压浓缩回收溶剂，真空干燥得到粉末状提取物。

（3）取提取物、壳聚糖、食盐混合均匀，即制得腊肉防腐防虫保鲜剂。

▶ **原料配伍**

本品各组分质量份配比范围为：提取物 15～40，壳聚糖 12～25，食盐 3～8。

所述的提取物包含：柚皮 20～50，肉桂皮 10～30 和鲜柏树叶 20～50。

▶ **产品应用**

本品主要用作腊肉防腐防虫保鲜剂。

▶ **产品特性**

本产品安全无毒，广谱抑菌、杀菌性能好，所用原料来自于自然界中的天然植物，原料易得，价格便宜，应用于食品防腐领域的腊肉防虫保鲜效果尤佳。

冷却猪肉复方生物保鲜剂

▶ **原料配比**

原料	配比（质量份）			
	1#	2#	3#	4#
乳铁蛋白	0.8	0.3	0.65	0.4
乳酸链球菌素	0.05	0.02	0.05	0.03
溶菌酶	0.5	0.1	0.4	0.25
无菌蒸馏水	加至 100	加至 100	加至 100	加至 100

▶ **制备方法**

将上述原料按配比混合均匀，溶于水，即为冷却猪肉复方生物保鲜剂。

▶ **原料配伍**

本品各组分质量份配比范围为：乳铁蛋白 0.3～0.8，乳酸链球菌素 0.02～0.05，溶菌酶 0.1～0.5 和水加至 100（优选用无菌水）。

▶ 产品应用

本品主要用于冷却猪肉保鲜。使用方法：将切好的冷却猪肉浸泡于生物保鲜剂中 0.5～1min 或者用生物保鲜剂喷淋在切好的冷却猪肉表面，再晾挂、沥干 3～5min 后包装，存放于 0～4℃低温环境中保藏，喷淋量为每平方厘米的冷却猪肉表面喷淋 0.1～0.5mL 的生物保鲜剂。

▶ 产品特性

本产品充分利用天然活性物质的成膜性、抗氧化性、抑菌杀菌作用、营养保健功效以及各组分间显著的协同增效、优势互补等功能，能使托盘包装冷却猪肉保鲜 15 天左右，保质 20 天左右，相比较而言，该保鲜剂保鲜时间较长；而乳铁蛋白可使猪肉维持鲜艳的亮红色，其他几种成分不破坏肉的营养成分。本品能有效抑制和杀死导致冷却猪肉腐败的优势微生物并控制脂肪氧化，降低冷却猪肉生产、储运及商业流通中的储藏成本，延长冷却猪肉货架期；不仅保鲜时间长、品质控制好、保鲜效果好，且对人体无任何副作用，还具有一定营养强化和保健的功效。

猪肉复合保鲜剂

▶ 原料配比

原　料	配比	原　料	配比
乳酸	0.1mL	乳酸链球菌素	0.25g
抗坏血酸	1g	壳聚糖	0.5g

▶ 制备方法

将各组分原料混合均匀即可。

▶ 原料配伍

本品各组分质量份配比范围为：乳酸 0.1mL，抗坏血酸 1g，乳酸链球菌素 0.25g 和壳聚糖 0.5g。

◎ **产品应用**

本品主要应用于超市冷却猪肉保鲜。

◎ **产品特性**

本产品采用浸渍处理方式，能有效延长冷却肉货架期，并适合于超市托盘包装方式的复合保鲜剂。

绿色安全的冷却猪肉保鲜剂 (1)

◎ **原料配比**

原料	配比（质量份）		
	1#	2#	3#
芦笋提取物	25	35	30
乳酸链球菌素	30	40	35
溶菌酶	45	35	40

◎ **制备方法**

将各组分原料混合均匀即可。

◎ **原料配伍**

本品各组分质量份配比范围为：芦笋提取物 25～35，乳酸链球菌素 30～40 和溶菌酶 35～45。

◎ **产品应用**

本品主要用作冷却猪肉保鲜剂。

◎ **产品特性**

(1) 保持色泽和风味：色泽纯正，风味良好，无哈味。

(2) 保证货架期：冷却猪肉的货架期保持在 10 天以上，熟肉制品达到 120 天以上。

(3) 卫生安全：用天然植物原料代替化学添加剂，符合绿色食品加工工艺的需要。

绿色安全的冷却猪肉保鲜剂 (2)

📎 原料配比

原 料	配比(质量份)			原 料	配比(质量份)		
	1#	2#	3#		1#	2#	3#
肉桂挥发油	25	35	30	白豆蔻挥发油	35	25	30
海藻糖	40	30	35				

📎 制备方法

将各组分原料混合均匀即可。

📎 原料配伍

本品各组分质量份配比范围为：肉桂挥发油 25～35，海藻糖 30～40，白豆蔻挥发油 25～35。

📎 产品应用

本品主要用作冷却猪肉保鲜剂。

📎 产品特性

（1）保持色泽和风味：色泽纯正，风味良好，无哈味。

（2）保证货架期：冷却猪肉的货架期保持存 10 天以上，熟肉制品达到 120 天以上。

（3）卫生安全：用天然植物原料代替化学添加剂，符合绿色食品加工工艺的需要。

绿色安全的猪肉保鲜剂 (1)

📎 原料配比

原 料	配比(质量份)		
	1#	2#	3#
茶多酚	35	25	30

续表

原 料	配比（质量份）		
	1#	2#	3#
大蒜挥发油	35	25	30
石香薷挥发油	45	35	40

◉ **制备方法**

将各组分原料混合均匀即可。

◉ **原料配伍**

本品各组分质量份配比范围为：茶多酚 25～35，大蒜挥发油 25～35 和石香薷挥发油 35～45。

◉ **产品应用**

本品主要用作猪肉保鲜剂。

◉ **产品特性**

（1）保持色泽和风味：色泽纯正，风味良好，无哈味。

（2）保证货架期：鲜猪肉的货架期保持在 10 天以上，熟肉制品达到 120 天以上。

（3）卫生安全：用天然植物原料代替化学添加剂，符合绿色食品加工工艺的需要。

绿色安全的猪肉保鲜剂 (2)

◉ **原料配比**

原料	配比（质量份）		
	1#	2#	3#
儿茶酚	25	20	30
丁香油	35	30	40
鲜姜挥发油	35	40	30

⊙ **制备方法**

将各组分原料混合均匀即可。

⊙ **原料配伍**

本品各组分质量份配比范围为：儿茶酚 20～30，丁香油 30～40 和鲜姜挥发油 30～40。

⊙ **产品应用**

本品主要用作猪肉保鲜剂。

⊙ **产品特性**

（1）保持色泽和风味：色泽纯正，风味良好，无哈味。

（2）保证货架期：鲜猪肉的货架期保持在 10 天以上，熟肉制品达到 120 天以上。

（3）卫生安全：用天然植物原料代替化学添加剂，符合绿色食品加工工艺的需要。

百叶保鲜剂

⊙ **原料配比**

原料	配比（质量份）		
	1#	2#	3#
壳聚糖	1.7g	1.8g	1.9g
醋酸（1.05g/mL）	1mL	1mL	1mL
双乙酸钠	0.1g	0.15g	0.1g
乳酸钠（1.33g/mL）	2mL	2mL	2mL
异抗坏血酸钠	0.04g	0.04g	0.04g
乳酸链球菌素	0.04g	0.04g	0.04g
水	加至 100mL	加至 100mL	加至 100mL

⊙ **制备方法**

先用醋酸将壳聚糖溶解，再用少量水将双乙酸钠、异抗坏血酸钠、乳酸链球菌素溶解，合并，加入乳酸钠和其余的水，混匀即可。

◎ 原料配伍

本品各组分质量份配比范围为：壳聚糖 $1.7 \sim 1.9g$，醋酸 $0.94 \sim 1.15mL$，双乙酸钠 $0.1 \sim 0.2g$，乳酸钠 $2mL$，乳酸链球菌素 $0.04g$，异抗坏血酸钠 $0.04g$，水加至 $100mL$。

保鲜剂采用的原料均为食品级，保鲜的百叶可连同保鲜剂一起食用，对人体无任何危害。

◎ 产品应用

本品主要用作百叶保鲜剂。

◎ 产品特性

本产品针对不同微生物菌群，采用安全、无毒、高效的天然抗氧化和防腐成分复配而成，配制简单，使用方便。该保鲜剂在食品表面可形成一层保护膜，有效减少细菌的侵染，抑制微生物生长、减慢空气氧化。使用过该保鲜剂的食品与对照相比，不仅有效地维持了食品原有的风味和水分，而且大大延长了其新鲜度。该保鲜剂使用原料量少，使用方法简单，设备投资少，易实现工业化生产。

卤牛肉专用保鲜剂

◎ 原料配比

原　料	配比（质量份）		
	1#	2#	3#
明胶	3	3.5	4
食品级乳酸	0.8	0.9	1
壳聚糖	0.6	0.8	1
乳酸链球菌素	0.01	0.014	0.018
水	95.59	94.786	93.982

◎ 制备方法

取明胶、食品级乳酸、壳聚糖、乳酸链球菌素和水混合，搅拌均匀即得卤牛肉专用保鲜剂。

⊙ **原料配伍**

本品各组分质量份配比范围为：食用明胶 3～4，食品级乳酸 0.8～1，壳聚糖 0.6～1.0，乳酸链球菌素 0.01～0.018，水 93.982～95.59。

⊙ **产品应用**

本品是一种卤牛肉专用保鲜剂。

使用方法：将卤牛肉专用保鲜剂直接向已加工好的卤牛肉的表面喷洒，沥干或风干即可；或将卤牛肉放在上述已配制好的保鲜溶液中浸淋，取出沥干或风干即可，以便在卤牛肉的表面形成一层能抑制卤牛肉中腐败菌的生长和繁殖并不能被细菌利用的蛋白质膜。

⊙ **产品特性**

（1）本产品将几种抗菌剂和胶体复合使用形成保护膜，比各抗菌剂单独使用时的效果更好，复合后的抗菌剂可以破坏微生物许多重要的酶系，抑制微生物的呼吸作用，还可以通过影响细胞膜通透性和抑制细胞壁的合成来杀死细菌，发挥各抗菌剂的协同作用，能抑制卤牛肉中腐败菌的生长和繁殖。

（2）本产品使用方便，安全可靠，可使卤牛肉在 0～4℃下保鲜时间比原有保鲜期延长 20 天左右，保鲜效果好，且对产品感官质量无不良影响；使用该保鲜剂后，可以相应地降低卤牛肉销售过程中产品的变质问题，增强了消费者的食用安全。

牛肉保鲜剂

⊙ **原料配比**

原料	配比（质量份）			
	1#	2#	3#	4#
竹醋液	1.5	2.2	2.6	3.0
茉莉花提取液	0.25	0.35	0.4	0.45
无菌水	加至100	加至100	加至100	加至100

⊘ 制备方法

按质量百分比称取原料,将竹醋液、茉莉花提取液、无菌水混合均匀,包装,即得成品。

⊘ 原料配伍

本品各组分质量份配比范围为:竹醋液 1.5～3.0,茉莉花提取液 0.25～0.45,无菌水加至 100。

所述竹醋液的相对密度为 1.01～1.05,pH 值为 2.45～3.15。

所述的复合酶为纤维素酶和果胶裂解酶,它们的质量比为 3:1。对茉莉花进行复合酶处理,可以充分分解茉莉花中的有效成分,使大分子物质断裂成小分子成分,可以缩短茉莉花提取液的提取时间,而且可以最大限度提取茉莉花的有效成分。

所述的茉莉花为新鲜茉莉花或干花。

调节 pH 值时选用碳酸氢钠、碳酸钠或氢氧化钠中的一种,均为食品级。

⊘ 产品应用

本品主要应用于牛肉保鲜剂。

⊘ 产品特性

(1) 本产品为天然保鲜剂,不含任何添加剂,且高效、安全、无毒。

(2) 本产品对茉莉花进行复合酶处理,可以充分分解茉莉花中的有效成分,使大分子物质断裂成小分子成分,可以缩短茉莉花提取液的提取时间,而且可以最大限度提取茉莉花的有效成分。

(3) 茉莉花中含有丰富的黄酮和黄酮类成分,其对普通变形杆菌、枯草芽孢杆菌、大肠杆菌、金黄色葡萄球菌等杂菌有很强的抑制作用,而竹醋液对致病菌抑杀活性显著,两者复配使用,竹醋液与茉莉花提取液对不同种类细菌作用强弱不同,扩大了抑菌谱,提高了保鲜剂对牛肉的保鲜效果,延长牛肉的货架期,由原来的 8 天变为 16 天。

麻辣鸡块保鲜剂

原料配比

原 料	配比(质量份)		
	1#	2#	3#
双乙酸钠	90	110	100
脱氢醋酸钠	10	30	20
山梨酸钾	1.5	0.5	1

制备方法

将各组分原料混合均匀即可。

原料配伍

本品各组分质量份配比范围为：双乙酸钠 90～110，脱氢醋酸钠 10～30，山梨酸钾 0.5～1.5。

产品应用

本品主要用作麻辣鸡块的保鲜剂。使用方法如下。

（1）预煮：将冻鸡放入自来水中浸泡解冻；待鸡肉完全解冻后，分切成鸡腿、鸡翅、脖子、鸡胸、鸡背、鸡腔，分切质量在40～60g，分切后的鸡块用清水冲去表面的血水；将分切后的鸡肉在开水中进行水煮至水再次沸腾，迅速捞起，得预煮鸡肉。

（2）腌制：将调料和所述保鲜剂放置于 45～55℃水介质中调制，得腌料溶液，将所述预煮鸡肉腌制 50～80min，得腌制鸡肉，所述腌料溶液中含有质量体积浓度为 1.15～1.25g/L 的所述保鲜剂。

（3）煮制：将含有所述保鲜剂的混合液加热至沸腾，将所述腌制鸡肉放入沸腾的混合液煮制 10～15min，冷却后，调配佐料，得丰都麻辣鸡块，所述混合液中保鲜剂的浓度为 2‰～3‰。所得麻辣鸡块于无菌环境中冷却，真空包装后，置于沸水中蒸煮 4～6min。

◎ **产品特性**

(1) 本保鲜剂在保证麻辣鸡块口感的同时，能显著提高储藏时间。

(2) 本制备工艺稳定性高，可实现规模化生产。

鸡肉天然保鲜剂

◎ **原料配比**

原料	配比（质量份）		原料	配比（质量份）	
	1#	2#		1#	2#
草菇	10	9	连翘	7	6
天麻	5	5	竹叶	1	2
红参	6	7	食盐	13	13
五点草	3	4	水	80	80
鸭跖草	4	3	碳酸钠	8	7

◎ **制备方法**

将草菇、天麻、红参、五点草、鸭跖草、连翘、竹叶、食盐、水在 90℃下浸泡 10～15h，得到浸泡液，然后向浸泡液中加入碳酸钠，搅拌混合均匀，冷却，得到保鲜剂。

◎ **原料配伍**

本品各组分质量份配比范围为：草菇 8～12，天麻 3～5，红参 5～8，五点草 3～4，鸭跖草 3～4，连翘 6～8，竹叶 1～2，食盐 12～15，水 80，碳酸钠 5～8。

◎ **产品应用**

本品主要用作鸡肉保鲜剂。使用时，将鸡肉放入保鲜剂中处理 2～3h，沥干保鲜剂，进行油炸或者烧烤食用。

◎ **产品特性**

本产品使用方法简单，处理后的鸡肉可以长时间保存，处理后的鸡肉无毒性残留，食用后对身体无副作用，而且成本较低。

鸡肉涂膜保鲜剂

原料配比

原料	配比（质量份）		原料	配比（质量份）	
	1#	2#		1#	2#
植物油	35	39	甘油单酸酯	5	3
蜂蜡	1	2	苯甲酸钠	0.3	0.4
淀粉	16	11	水	55	50
维生素 C	5	2			

制备方法

将各组分原料混合均匀即可。

原料配伍

本品各组分质量份配比范围为：植物油 30～40，蜂蜡 1～2，淀粉 10～20，维生素 C 2～5，甘油单酸酯 2～5，苯甲酸钠 0.1～0.5，水 30～60。

产品应用

本品主要用作鸡肉涂膜保鲜剂。

产品特性

本产品配方合理，使用效果好，生产成本低。

冷鲜鸡的复合保鲜剂

原料配比

原　料	配比（质量份）	原　料	配比（质量份）
牛至精油	0.7g	D-异抗坏血酸钠粉末	0.03g
茶多酚	0.15g	10%乙醇	定容至 100mL

制备方法

(1) 选取清洁干净的 200mL 烧杯一只。

(2) 取 0.6～0.8g 牛至精油置于烧杯中。

(3) 用分析天平分别称取 0.1～0.2g 茶多酚和 0.02～0.04g D-异抗坏血酸钠粉末,加入烧杯中。

(4) 加入体积分数为 5%～10% 的乙醇至烧杯,定容至 100mL。

(5) 使用加热磁力搅拌器中速搅拌 5～10min,加热温度为 50～70℃。

原料配伍

本品各组分配比范围为:牛至精油 0.6～0.8g,茶多酚 0.1～0.2g,D-异抗坏血酸钠粉末 0.02～0.04g,5%～10% 的乙醇加至 100mL。

牛至精油制备方法步骤是:将牛至叶洗净,蒸馏水为溶剂按 1:10 单位为 g/mL 的比例将牛至叶置于圆底烧瓶中,连接于同时蒸馏萃取装置(SDE)端,用电热套加热,电压保持在 100V 左右;另一端连接于小烧瓶,装有与牛至叶等量二氯甲烷,65℃水浴加热,两者同时蒸馏 5h;无水硫酸钠干燥 12h,过滤,滤液装入浓缩瓶,常压下蒸馏浓缩至无乙醚气味,得牛至精油。

产品应用

本品主要用作冷鲜鸡的保鲜剂。保鲜剂的应用,按如下步骤进行。

(1) 选择经过检验检疫的健康鸡,屠宰后采用风冷方式冷却,使鸡胴体中心温度在屠宰后 1h 内冷却至 0～4℃,消毒,清洗干净。

(2) 用已消毒的刀具对新鲜鸡肉按鸡胸、鸡腿、鸡翅进行分割,分类摆放。

(3) 按每千克鸡肉加入 1.5L 复合生物保鲜剂,将清洗过的冷鲜鸡肉分类置于复合天然保鲜剂中浸泡 1min,取出,室温沥干。

(4) 将处理过的冷鲜鸡肉 PE 袋包装,于 4℃冷藏。

◉ 产品特性

本产品是专门针对冷鲜鸡中的主要腐败菌，在冷鲜鸡经保鲜剂处理后不改变感官品质的情况下，充分利用复合生物保鲜剂中各组分间的协同抑菌保鲜作用。将该保鲜剂对冷鲜鸡进行浸泡处理，可以显著降低冷鲜鸡的微生物数量、有效地延缓冷鲜鸡的腐败变质，显著延长货架期。同时，避免了因使用化学保鲜剂而导致对人体的危害以及对环境的污染。

冷鲜鸡肉的复合天然保鲜剂

◉ 原料配比

原料	配比（体积份）		
	1#	2#	3#
野马追提取液	70	180	320
鱼腥草提取液	130	220	480

◉ 制备方法

将各组分原料混合均匀即可。

◉ 原料配伍

本品各组分体积份配比范围为：野马追提取液 70～320，鱼腥草提取液为 130～480。

所述野马追提取液采用如下方法制备：野马追清洗、烘干，粉碎过 60 目筛，得野马追粗粉；按 1：5 单位为 g/mL 的比例将野马追粗粉置于 65%（体积分数）浓度的乙醇水溶液中，回流提取 2 次，每次 1.5h，提取液合并，过滤，减压浓缩至提取液中野马追总黄酮含量在 0.28～0.32g/100mL，得野马追提取液。

所述鱼腥草提取液采用如下方法制备：鱼腥草清洗、烘干，粉碎过 40 目筛，得鱼腥草粗粉；按 1：10 单位为 g/mL 的比例将鱼腥草粗粉置于 35%（v/v）浓度的乙醇水溶液中，回流提取 2 次，每次 2h，提取液合并，过滤，减压浓缩至提取液中鱼腥草素含量在 0.9～1.1g/100mL，得鱼腥草提取液。

◉ 产品应用

本品主要用于冷鲜鸡肉的保鲜。保鲜方法：选择经过检验检疫的健康鸡，屠宰、清洗干净，将新鲜鸡肉按鸡翅、鸡腿、鸡胸脯进行分割，得分割鸡肉；将鸡肉放置于 0～4℃冷库中预冷，鸡肉表面温度降到 4℃以下，鸡肉的中心温度降到 6℃以下；按每千克鸡肉加 2L 复合天然保鲜剂计，将预冷后的冷鲜鸡肉用复合天然保鲜剂浸泡 20min，捞出，沥干；将保鲜后的冷鲜鸡肉真空密封包装，置于 0～4℃冷藏。

◉ 产品特性

（1）在不使用化学保鲜剂的情况下，充分运用复合天然保鲜剂抑菌杀菌作用、抗氧化作用、营养作用及保鲜剂组分间的协同抑菌作用，抑制革兰阳性菌和革兰阴性菌，有效延长冷鲜鸡肉货架期，货架期可达 21 天，且安全无毒。

（2）该复合天然保鲜剂不仅有效杀死腐败微生物或抑制其在冷鲜鸡肉中的生长繁殖，还延缓脂肪氧化速度，防止由氧化剂所引起的食品褪色、褐变等，改善鸡肉的色泽，从而达到延长鸡肉货架期的目的。

（3）该复合天然保鲜剂可以连续多次重复使用。

（4）低温冷藏保存抑制冷鲜鸡肉中微生物的生长，降低有关酶的活性，延长冷鲜鸡肉货架期。

禽肉涂膜保鲜剂

◉ 原料配比

原料	配比（质量份）		原料	配比（质量份）	
	1#	2#		1#	2#
椰子油	38	30～40	山梨酸	0.3	0.2～0.5
脱水洋葱粉	1.8	1～2	蔗糖	4	3～5
甘油二酸酯	1.2	1～2	水	33	30～60

制备方法

将各组分原料混合均匀即可。

原料配伍

本品各组分质量份配比范围为：椰子油 30～40，脱水洋葱粉 1～2，甘油二酸酯 1～2，山梨酸 0.2～0.5，蔗糖 3～5，水 30～60。

产品应用

本品主要用作禽肉涂膜保鲜剂。

产品特性

本产品配方合理，使用效果好，生产成本低。

馅料保鲜剂

原料配比

原料	配比（质量份）			
	1#	2#	3#	4#
丁基羟基茴香醚	500	750	1000	500
抗坏血酸钠	500	750	1000	500
聚丙烯酸钠	500	625	750	500
柠檬酸	125	187.5	250	250

制备方法

将上述各原料按配比混合均匀即可。

原料配伍

本品各组分质量份配比范围为：丁基羟基茴香醚 500～1000，抗坏血酸钠 500～1000，聚丙烯酸钠 500～1000，柠檬酸 120～250。

产品应用

本品主要用于水饺馅料、馄饨馅料或包子馅料的保鲜。

使用方法：所述保鲜剂在馅料中的含量为 0.325‰～0.6‰，

用搅拌机搅拌馅料的同时使保鲜剂充分混合在馅料中即可。所述的馅料为荤馅。

◉ **产品特性**

（1）本产品是通过限制影响脂肪氧化酸化以达到保鲜的效果，其中 BHA 的主要作用是阻断自由基氧化，抗坏血酸钠是氧化剂，可以消耗环境中的氧气；聚丙烯酸钠起到包裹脂肪粒，阻断与氧气接触的作用；柠檬酸属助氧化剂，可以螯合钙、铁等金属离子，钝化或部分钝化脂肪氧化酶，减缓脂肪酶促氧化速率。

（2）本产品能有效的延长含馅料产品的保鲜期，可以很好地保留水饺的原有风味，同时还增加了营养成分，在约 18℃储藏 100 天后，使用保鲜剂的馅料，其酸价和过氧化值均比空白组的值低；使用时只需在搅制肉馅的同时加入拌匀即可，使用方便，用量小，且配料易得，成本较低。

冷却兔肉复合天然保鲜剂

◉ **原料配比**

原　料	配比（质量份）	原　料	配比（质量份）
羧甲基壳聚糖	1.75	茶多酚	0.15
乳酸链球菌素	0.80	水	97.30

◉ **制备方法**

按照所述各组分的质量分数称取相应的组分，并混合均匀，即可生产该保鲜剂。

◉ **原料配伍**

本品各组分质量份配比范围为：羧甲基壳聚糖 1～2，乳酸链球菌素 0.8～1，茶多酚 0.15～0.2，水 95～98。

各组分的质量要求为：羧甲基壳聚糖脱乙酰度 90%～95%，羧化度 ≥60%；乳酸链球菌素效价 (IU/mg)＞1000；茶多酚纯度＞40%。

◉ **产品应用**

本品主要用于冷却兔肉保鲜。

◉ **产品特性**

(1) 本产品是纯天然产品，对人体无任何毒副作用、无不良风味。冷却兔肉在 4℃±1℃ 下的保鲜期限：夏季，100kg 冷却兔肉喷淋 4.5kg 时达到 20 天；在春秋两季，100kg 冷却兔肉喷淋 4.0kg 时达到 20 天；在冬季，100kg 冷却兔肉喷淋 3.5kg 时达到 20 天。

(2) 该保鲜剂保鲜效果好，能有效的保持冷却兔肉的色泽和风味，具有杀菌抑菌、抗氧化、保水、提高冷却兔肉品质质量和食用安全性等多重功效。本产品使用方法简单、成本低、品质控制好，适合冷却兔肉大规模产业化生产的需要。

4

水产品保鲜剂

纯天然水产品保鲜剂

▶ 原料配比

原料	配比	原料	配比
高良姜提取物	2g	壳聚糖溶液	500mL
浓度为95％食用级乙醇	20mL		

▶ 制备方法

（1）制备高良姜提取物：高良姜洗净，切片，60～65℃烘干，粉碎过80目筛，在高良姜粉中按1∶5单位为g/mL的比例加入浓度为95％食用级乙醇，置于超声清洗机中，温度50～55℃，时间1～1.5h，低频超声辅助提取高良姜活性物质，抽滤，滤渣按1∶2.5单位为g/mL的比例加入浓度为95％食用级乙醇，重复上述步骤两次，合并滤液，蒸干溶剂，得高良姜提取物。

（2）制备壳聚糖溶液：取食品级壳聚糖，用浓度1％（v/v）的食品级乙酸溶液溶解，制得浓度为1g/100mL壳聚糖溶液。

（3）制备保鲜剂：在步骤（1）所得高良姜提取物中按1∶10单位为g/mL的比例加入浓度为95％食用级乙醇，溶解，按体积比为3～7∶93～97的比例加入步骤（2）所得壳聚糖溶液，混合均匀，制得保鲜剂。

原料配伍

本品各组分质量份配比范围为：高良姜提取物溶液：壳聚糖溶液＝3～7：93～97。

所述的高良姜提取物溶液是指将高良姜提取物中按1：10单位为g/mL的比例加入浓度为95％食用级乙醇所得到的溶液。

所述的壳聚糖溶液是指将壳聚糖用浓度1％（v/v）的食品级乙酸溶液溶解所得到的溶液。

产品应用

本品主要用作水产品保鲜剂。

使用方法：将需要保鲜的水产品清洗干净，沥干水分，然后将保鲜剂均匀喷洒在上面即可。在冷藏或常温下，可延长保鲜期约一倍的时间。

产品特性

本产品采用高良姜复合壳聚糖制得纯天然生物保鲜剂。高良姜具有广谱的抑菌和抗脂质氧化作用；壳聚糖分子结构中含有高活性的官能团，表现出类似抗生素的特性，具有良好的抗菌、抗病毒微生物的性能。本保鲜剂综合上述两种特性，对水产品保鲜具有良好的效果，尤其是应用于微冻和常温保鲜，可大大延长保鲜储藏期。

多功能水产品复合生物保鲜剂

原料配比

原料	配比（质量份）		原料	配比（质量份）	
	1#	2#		1#	2#
壳聚糖	1.0	1.5	柠檬酸钠	0.2	0.1
茶多酚	0.1	0.05	食用盐	5	10
溶菌酶	0.3	0.5	食用醋	6	5
海藻酸钠	0.2	0.3	花椒粉	0.05	0.1

续表

原料	配比(质量份)		原料	配比(质量份)	
	1#	2#		1#	2#
茴香粉	0.03	0.05	甘油	5	10
生姜汁	1	3	无菌蒸馏水	加至100	加至100
大蒜汁	3	2			

制备方法

（1）取适量新鲜的生姜和大蒜，去皮、洗净，研碎后取汁备用。

（2）将壳聚糖用食用醋溶解为溶液。

（3）将茶多酚、溶菌酶、海藻酸钠和柠檬酸钠混合，并用适量无菌蒸馏水溶解为溶液。

（4）将食用盐、花椒粉和茴香粉混合搅拌均匀，然后加入甘油，搅拌混合后，依次加入步骤（1）中制备的生姜汁、大蒜汁，步骤（2）中制备的壳聚糖溶液和步骤（3）中制备的茶多酚、溶菌酶、海藻酸钠和柠檬酸钠的混合溶液，混合搅拌均匀后，加入无菌蒸馏水调节混合溶液的浓度为 10～30g/L，制备成为复合生物保鲜剂。

原料配伍

本品各组分质量份配比范围为：壳聚糖 1.0～1.5，茶多酚 0.05～0.1，溶菌酶 0.3～0.5，海藻酸钠 0.2～0.3，柠檬酸钠 0.1～0.2，食用盐 5～10，食用醋 5～6，花椒粉 0.05～0.1，茴香粉 0.03～0.05，生姜汁 1～3，大蒜汁 2～3，甘油 5～10，无菌蒸馏水加至 100。

所述花椒粉和茴香粉的目数为 50～100 目。

产品应用

本品主要用作水产品保鲜剂。使用方法，将水产品宰杀、择洗干净后，立即浸入如要求所述的多功能复合生物保鲜剂中浸泡10～60min，浸泡比例为 100mL 保鲜剂：500g 水产品，然后将水产品捞出，沥水 2～3min，然后装入保鲜袋，并置于 0～4℃ 冰箱中储藏。

🔘 产品特性

本产品是一种多功能水产品复合生物保鲜剂，含有天然生物保鲜成分和天然调味成分，集保鲜和调味功能于一体，具有保鲜期长、安全性高、绿色健康等优点，经其保鲜处理后的水产品口感好，味道佳。

复合水产品保鲜剂

🔘 原料配比

原　料	配比(质量份)	原　料	配比(质量份)
大蒜汁	10	甲壳素	20
生姜汁	10	壳聚糖	50
95% 的食用乙醇	300	海藻酸钠	15
茶多酚	30	食用乙酸	20
贻贝凝集素	10	溶菌酶	40

🔘 制备方法

（1）制备大蒜汁：将大蒜去皮、洗净，晾干表面的水分，用研钵将其充分研碎，过滤取汁。

（2）制备生姜汁：将生姜洗净，晾干表面的水分，用研钵将其充分研碎，过滤取汁。

（3）混合：取适量质量浓度为 95% 的食用乙醇，按配方依次加入大蒜汁、生姜汁、茶多酚、贻贝凝集素、甲壳素、壳聚糖、海藻酸钠和适量食用乙酸，混合并搅拌至完全溶解。

（4）将步骤（3）中得到的混合液进行减压抽滤，除去未溶解的物质。

（5）调节 pH 值：向滤液中加入适量食用乙酸，调节混合液的

pH 值为 4~6.5。

（6）制备保鲜剂溶液：向已调节 pH 值的混合溶液中加入配方量的溶菌酶，搅拌至均匀。

（7）成品：在 0.1MPa 条件下真空脱气 1~2h，室温下静置 12h，然后蒸干溶剂得到新型混合水产品保鲜剂。

原料配伍

本品各组分质量份配比范围为：大蒜汁 5~10，生姜汁 5~10，95% 的食用乙醇 300，茶多酚 30~40，贻贝凝集素 10~20，甲壳素 10~20，溶菌酶 30~40，壳聚糖 50~60，海藻酸钠 10~15，食用乙酸 20~30。

产品应用

本品主要用作水产品保鲜剂。

产品特性

本产品制备方法简便，能抑制多种细菌、微生物的生存，具有杀菌抑菌效果好、作用范围广、作用时间持久等特点，实用性强。

改进的水产品保鲜剂

原料配比

原料	配比（质量份）		
	1#	2#	3#
壳聚糖	0.2	0.3	0.2~0.25
茶多酚	0.5	1.5	0.7~1.0
冰醋酸	0.5	2.5	1.0~2.0
柠檬酸	0.5	2.0	1.0~1.5
水	加至 100	加至 100	加至 100

制备方法

将上述各原料按配比混合均匀，溶于水。

◉ 原料配伍

本品各组分质量份配比范围为：壳聚糖 0.2～0.3，茶多酚 0.5～1.5，冰醋酸 0.5～2.5，柠檬酸 0.5～2.0，水加至 100。

◉ 产品应用

本品主要用作水产品保鲜剂。

◉ 产品特性

本品成本低廉，渔民可以在捕获鲜鱼时自行保鲜，从而更好地增加了水产品的鲜美性，同时与冷藏保鲜相比，可以节约电能，避免冷冻和解冻的过程，既节约能源，降低水产品的成本，又更大程度地提高了水产品的口感和肉质的鲜美性。

改良型水产品保鲜剂

◉ 原料配比

原料	配比（质量份）		
	1#	2#	3#
水	50	70	80
壳寡糖	30	35	40
柠檬酸	5	7	8
贻贝凝集素	15	20	25
氯化钠	8	10	12
茶多酚	15	25	30
冰醋酸溶菌酶	7	8	10
乙醇	15	18	20
甘氨酸	8	12	18
壳聚糖	4	7	11
山梨酸钠	10	12	15
乳酸	6	8	9
山梨酸钾	6	7	9

▶ 制备方法

将各组分的原料混合均匀即可。

▶ 原料配伍

本品各组分质量份配比范围为：水 50～80，壳寡糖 30～40，柠檬酸 5～8，贻贝凝集素 15～25，氯化钠 8～12，茶多酚 15～30，冰醋酸溶菌酶 7～10，乙醇 15～20，甘氨酸 8～18，壳聚糖 4～11，山梨酸钠 10～15，乳酸 6～9，山梨酸钾 6～9。

▶ 产品应用

本品主要用作水产品保鲜剂。

▶ 产品特性

本产品配方合理，使用效果好，生产成本低，可延长水产品保鲜期、保证食品安全，并且可以较好地保持水产品的原有品质，十分显著地延长了水产品的货架期。

海产品保鲜剂

▶ 原料配比

原　料	配比（质量份）		原料	配比（质量份）	
	1#	2#		1#	2#
乙醇	10	14	茶多酚	5	10
甘氨酸	5	7	冰醋酸	12	12
焦磷酸钠	5	9	氯化钠	1	1
壳聚糖	45	38	去离子水	加至100	加至100

▶ 制备方法

将上述质量份的原料按配比混合均匀，溶于水。

▶ 原料配伍

本品各组分质量份配比范围为：乙醇 10～17，甘氨酸 5～9，焦磷酸钠 5～10，壳聚糖 8～45，茶多酚 5～15，冰醋酸 12～30，氯化钠1~4，去离子水加至100。

◉ **产品应用**

本品主要用作海产品保鲜剂。

◉ **产品特性**

本产品保鲜周期长、环保、成本较低。

海产鱼虾保鲜剂

◉ **原料配比**

原　料	配比（质量份）		
	1#	2#	3#
壳聚糖	1.5	2.1	1.8
绿茶粉	3	2	5
植酸	5	6	5
柠檬酸	0.8	1.2	1
生蒜末	15	18	15
食用醋	8	10	8
维生素C	—	1	—
黄酒	加至100	加至100	加至100

◉ **制备方法**

先将各固形物组分预混合，然后加入食用醋和黄酒调和即可。

◉ **原料配伍**

本品各组分质量份配比范围为：壳聚糖1.5~2.1，绿茶粉3~5，植酸5~6，柠檬酸0.8~1.2，生蒜末15~18，食用醋8~10，黄酒加至100。

该保鲜剂中还可能包括维生素C1。增加了维生素C，可以使海产鱼虾的色泽鲜亮，食用时口感较好。

◉ **产品应用**

本品主要用作海产鱼虾保鲜剂。可用于生鲜鱼、虾、贝类等水产品的流通、储藏和加工领域。使用方法：将原料海产鱼虾进行挑选，清洗，采用所述的海产鱼虾保鲜剂浸泡海产鱼虾，然后将水沥干，采用气调包装方式包装，最后在 $-2\sim-0.5℃$ 的温度下储藏。海产鱼虾的浸泡时间为 $10\sim15min$。

产品特性

（1）本产品抗菌保鲜效果较好，可以有效抑制虾在冷藏过程中黑变的发生，并且有效延缓细菌总数和挥发性盐基氮的增加，延长保鲜期。

（2）本产品原料简单易得，成本低廉，天然安全，保鲜效果好。

（3）采用气调包装方式包装，可以相应的延长海产鱼虾保鲜期。

（4）海产品经解冻后形态完整，色泽鲜亮，口感好。

海鲜保鲜剂

原料配比

原料	配比（质量份）	原料	配比（质量份）
吡咯烷酮羧酸钠	60～75	蔗糖酯	微量
蜂蜡	5～10	食用防腐剂	微量
食用淀粉	15～25	水	适量

制备方法

将上述原料按配比混合均匀，溶于水。

原料配伍

本品各组分质量份配比范围为：吡咯烷酮羧酸钠 60～75，蜂蜡 5～10，食用淀粉 15～25，蔗糖酯及食用防腐剂微量，水适量。

产品应用

本品主要用作海鲜保鲜剂。

所述海鲜保鲜剂的使用方法：

（1）按照一定比例的添加量配好保鲜剂溶液。

（2）按照海鲜的形状大小制成透明的海鲜模具盒。

（3）将海鲜对应放到模具盒体内，注入保鲜剂后，盒盖密封。

（4）将密封好的模具盒放入水箱中，以待冰冻处理。

▶ 产品特性

本产品有效地保护了海产品的天然色泽和风味，而且保水增重。更好地改善了蛋白机体的结构弹性和适口性，同时保留海产品的原始鲜嫩度，从而有效地保证了产品的质量。

环保高效水产保鲜剂

▶ 原料配比

原料	配比(质量份)	原料	配比(质量份)
海藻糖	3	水	加至100
茶多酚	10		

▶ 制备方法

将各组分原料溶于水混合均匀即可。

▶ 原料配伍

本品各组分质量份配比范围为：海藻糖 3～5，茶多酚 10～20，水加至 100。

▶ 产品应用

本品主要用作环保高效水产保鲜剂。将要进行保鲜处理的水产品浸入其中 5～10min，迅速取出，置于真空冷冻干燥机中；低温 −5～20℃，保持 10～30min，取出，置于保温箱内即可。

▶ 产品特性

本产品因为含有海藻糖成分，保水性能好，可以在产品表面形成一层保护膜，并可持续较长时间；因为是有机糖类，无毒无害，无残留，不会影响水产品的食品安全，口感保持得较好；采用真空冷冻干燥法处理，使得水产品表面形成海藻糖的保护膜，而水分得到蒸发；另外，茶多酚成分使得水产品表面的色泽保留较好，不会出现变黑发褐的情况。

水产品保鲜剂 (1)

原料配比

原　料	配比（质量份）		
	1#	2#	3#
大蒜	8	10	12
甘草	10	12	15
天麻	10	12	15
三聚磷酸钠	10	13	15
焦磷酸钠	5	8	10
茶多酚	3	5	8
柠檬酸	5	6	8

制备方法

（1）将大蒜、甘草和天麻分别去杂洗净。

（2）将大蒜用组织捣碎机捣碎成均匀浆液。

（3）将甘草和天麻加 3～4 倍于其质量份的水，大火煎煮 2～3h，再改用文火煎煮 1.5～2.5h，滤渣得滤液。

（4）将步骤（3）中的滤液降至室温，然后加入大蒜捣碎后的浆液以及余下原料，并搅拌混合均匀即可。

原料配伍

本品各组分质量份配比范围为：大蒜 8～12，甘草 10～15，天麻 10～15，三聚磷酸钠 10～15，焦磷酸钠 5～10，茶多酚 3～8，柠檬酸 5～8。

优选的所述水产品保鲜剂质量份配比：大蒜 10，甘草 12，天麻 12，三聚磷酸钠 13，焦磷酸钠 8，茶多酚 5，柠檬酸 6。

> **产品应用**

本品主要用作水产品保鲜剂。

使用方法：在上述保鲜剂中兑以原料总量 4 倍的去离子水稀释，然后将水产品置于该稀释液中浸泡 15～20min，聚乙烯薄膜包装，并置于冷藏室储藏。

> **产品特性**

该水产品保鲜剂工艺简单，含有中药成分和抗氧化成分，能够有效延长水产品的保鲜时间，同时不影响水产品的风味和质感。

水产品保鲜剂 (2)

> **原料配比**

原　料	配比(质量份)		原　料	配比(质量份)	
	1#	2#		1#	2#
乙醇	23	27	乳酸	3	2～5
甘氨酸	16	11	柠檬酸	2	1
山梨酸钠	19	15	水	36	32

> **制备方法**

将各组分原料混合均匀即可。

> **原料配伍**

本品各组分质量份配比范围为：乙醇 20～30，甘氨酸 10～20，山梨酸钠 10～20，乳酸 2～5，柠檬酸 1～3，水 30～40。

> **产品应用**

本品主要用作水产品保鲜剂。

> **产品特性**

本产品配方合理，使用效果好，生产成本低。

水产品保鲜剂 (3)

⊙ 原料配比

原　料	配比(质量份)	原　料	配比(质量份)
壳聚糖	8～45	冰醋酸	10～40
茶多酚	5～20	氯化钠	2～5

⊙ 制备方法

将各组分原料均匀混合，形成保鲜剂。

⊙ 原料配伍

本品各组分质量份配比范围为：壳聚糖8～45，茶多酚5～20，冰醋酸10～40，氯化钠2～5。利用去离子水与所述的各组分配成浓度为2%的溶液。

⊙ 产品应用

本品主要用作水产品保鲜剂。使用方法：将制得的保鲜剂均匀涂抹在所要保鲜的水产品上，晾干成膜后放入保鲜袋中，真空封口。

⊙ 产品特性

本产品可以保证水产品的质量、延长水产品的货架期、提升水产品的品质。

水产品保鲜剂 (4)

⊙ 原料配比

原　料	配比(质量份)			原　料	配比(质量份)		
	1#	2#	3#		1#	2#	3#
六偏磷酸钠、三聚磷酸钠、焦磷酸钠三者比为10:2:1	65	55	60	抗坏血酸	7	8	10
				甘油	10	8	4
海藻酸钠	18	17	15	磷酸三钠	—	12	11

◈ **制备方法**

将上述原料按配比混合均匀。

◈ **原料配伍**

本品各组分质量份配比范围为：六偏磷酸钠、三聚磷酸钠、焦磷酸钠三者比为 10：2：1，且三者总质量份为 50～75，海藻酸钠 15～20，抗坏血酸 5～10，甘油 2～10，磷酸三钠 10～15。

◈ **产品应用**

本品主要用作水产品保鲜剂。

◈ **产品特性**

本产品用于水产品涂膜后，能在其表面形成一层膜，起到减少细菌污染、阻止微生物生长、减弱空气氧化的作用，保鲜效果明显优于普通的低温保藏方法。本产品使用方法简单，设备投资少，操作场地小，适用于工业上的批量生产。

水产品保鲜剂 (5)

◈ **原料配比**

原料	配比（质量份）		
	1#	2#	3#
贻贝凝集素	10	15	20
壳寡糖	50	45	50
茶多酚	40	40	30

◈ **制备方法**

将上述原料按配比混合均匀。

◈ **原料配伍**

本品各组分质量份配比范围为：贻贝凝集素 10～20，壳寡糖

40～50，茶多酚 30～40。

所述贻贝凝集素、壳寡糖和茶多酚为溶质，浓度为 0.01％～0.5％的水溶液。

所述贻贝凝集素为 *N*-乙酰半乳糖胺/半乳糖（GalNAc/Gal）特异性的贻贝凝集素。

产品应用

本品主要用作水产品保鲜剂。

使用方法：将保鲜剂配成水溶液，将需要保鲜的水产品放入其中浸泡 10～15min，取出晾干，包装，然后在低温（4℃）条件下储藏。

产品特性

本产品是由贻贝凝集素、壳寡糖和茶多酚组成的纯天然保鲜剂，经保鲜处理后的水产品对人体无毒无害，可保证食品安全并利于环保。本产品的贻贝凝集素本身可与细菌细胞膜表面存在的糖蛋白、脂多糖、糖脂等糖配体相互作用，进而抑制致病菌的生长，贻贝凝集素与壳寡糖和茶多酚配伍，具有抑制细菌、霉菌及抗氧化作用，可有效延长水产品保鲜期，确保水产品在保鲜期内不腐败、不变色、肉质不干、不硬、不糜，且鲜味不减。

水产品保鲜剂 (6)

原料配比

原料	配比（质量份）		
	1#	2#	3#
三聚磷酸钠	51	40	55
焦磷酸钠	30	37	32
食盐	15	20	10
溶菌酶	2	2	1
磷酸二氢钙	2	1	2

制备方法

将各组分原料混合均匀即可。

原料配伍

本品各组分质量份配比范围为：三聚磷酸钠 40～55，焦磷酸钠 25～45，食盐 10～20，溶菌酶 1～2 和磷酸二氢钙 1～2。

产品应用

本品主要用作水产品保鲜剂。使用方法：先称取水产品 100kg，然后沥干水，再加入 3kg 本水产品保鲜剂，混合均匀，腌制 30min，加入 2 倍水产品量的冰块-水，浸泡 30min，沥干水，包装，送入 −18～−15℃冷冻库储存，保鲜期为 9 个月。

产品特性

（1）本产品三聚磷酸钠、焦磷酸钠和磷酸二氢钙起到水分保持的作用，其中，磷酸二氢钙可减少水产品在烹饪时水分的流失。

（2）本产品溶菌酶对多种微生物有抑制作用，应用于水产品中可有效地延长水产品的保鲜期。

（3）将本产品用在水产品上，不仅可以延长水产品的保鲜期，还可以使水产品在解冻或烹调时其含有的水分不易析出，最大限度地保持水产品的风味。

水产品保鲜剂 (7)

原料配比

原　　料	配比（质量份）		
	1#	2#	3#
去离子水	70	80	90
三聚磷酸钠	3	5	6
冰醋酸	5	8	10
焦磷酸钠	4	7	9

续表

原　料	配比（质量份）		
	1#	2#	3#
抗坏血酸	7	11	14
贻贝凝集素	15	20	25
海藻酸钠	20	25	30
壳寡糖	8	12	15
氯化钠	6	8	9
甘氨酸	10	15	20
山梨酸钠	7	11	14
茶多酚	18	22	26
乳酸	4	6	7
六偏磷酸钠	5	7	8
甘油	6	9	12
柠檬酸	2	3	5

◎ 制备方法

将各组分原料混合均匀即可。

◎ 原料配伍

本品各组分质量份配比范围为：去离子水 70～90，三聚磷酸钠 3～6，冰醋酸 5～10，焦磷酸钠 4～9，抗坏血酸 7～14，贻贝凝集素 15～25，海藻酸钠 20～30，壳寡糖 8～15，氯化钠 6～9，甘氨酸 10～20，山梨酸钠 7～14，茶多酚 18～26，乳酸 4～7，六偏磷酸钠 5～8，甘油 6～12，柠檬酸 2～5。

◎ 产品应用

本品主要用作水产品保鲜剂。

◎ 产品特性

本产品可有效延长水产品保鲜期，确保水产品在保鲜期内不腐败、不变色，肉质不干、不硬、不糜，且鲜味不减。

水产品保鲜剂 (8)

原料配比

原料	配比（质量份）		
	1#	2#	3#
三聚磷酸钠	30	20	30
焦磷酸钠	25	20	30
六偏磷酸钠	15	20	10
磷酸氢二钾	5	10	10
磷酸三钠	5	10	10
食用盐	20	20	10

制备方法

将各组分原料混合均匀即可。

原料配伍

本品各组分质量份配比范围为：三聚磷酸钠 20～30，焦磷酸钠 20～30，六偏磷酸钠 10～20，磷酸氢二钾 5～10，磷酸三钠 5～10，食用盐 10～20。

产品应用

本品主要用作水产品保鲜剂。保鲜水产品的方法如下。

（1）用自动称重机称取清洁的水产品，再由螺旋输送机输送至搅拌混合机中。

（2）水产品保鲜剂置于储料仓中，由定量给料机加入至搅拌混合机中。

（3）水产品与保鲜剂在搅拌混合机中充分混合后，输送至自动包装机中包装。

（4）将包装后的水产品冷冻保藏。

⊙ 产品特性

　　本产品基于化学保鲜与冷冻保鲜联用的技术，既可以通过化学保鲜增加了水产品中蛋白质与水分子的结合能力，从而起到有效保鲜、防腐、保持水分的作用，对水产品的品质产生明显的改善，同时冷冻保鲜又可以抑制水产品中细菌的生长繁殖。

水产品保鲜剂 (9)

⊙ 原料配比

原料	配比（质量份）		
	1#	2#	3#
变性淀粉	30	35	40
柠檬酸钠	30	35	40
甘露醇	10	11	12
海藻糖	5	6	8
海藻酸钠	10	12	15
乳糖醇	1	2	3
氨基乙酸	2	3	4

⊙ 制备方法

　　将各组分原料混合均匀即可。

⊙ 原料配伍

　　本品各组分质量份配比范围为：变性淀粉 30～40，食品酸度调节剂 30～40，甘露醇 10～12，海藻糖 5～8，海藻酸钠 10～15，乳糖醇 1～3，氨基乙酸 2～4。

　　所述的食品酸度调节剂可采用柠檬酸钠。

⊙ 产品应用

　　本品主要用作水产品保鲜剂。

> **产品特性**

（1）本产品能使熟制品与水分子充分结合，在其表面形成螯合保护膜，能够有效地阻止水产品的水分在加工、冷冻和烹饪过程中的流失，从而达到保鲜、增重的目的。

（2）本产品还能降低微生物指标，延长产品的保质期，防止水产品变质。

（3）不含有磷酸盐，使用安全、无毒、无害。

水产品复合保鲜剂

> **原料配比**

原料	配比(质量份)	原料	配比(质量份)
蒲公英浓缩物	1.2	植酸	1
茶多酚	1	水	5

> **制备方法**

将蒲公英浓缩物、茶多酚、植酸和水按 1.2：1：1：5 配制成液体混合浓缩物。

蒲公英浓缩物的制备：将蒲公英粉碎，过 40 目筛，取 1kg 与 20～30L、40g/100mL 的乙醇混合，超声 10～15min，然后再在 70～75℃的磁力搅拌器中水浴 2～3h，过滤，取上清液浓缩至膏状即为蒲公英浓缩物。

> **原料配伍**

本品各组分质量份配比范围为：蒲公英浓缩物、茶多酚、植酸和水质量比为 1.2：1：1：5。

> **产品应用**

本品主要为生鲜鱼、虾、贝类等水产品的保鲜。使用方法是：首先将复合保鲜剂稀释成 20～30 倍的保鲜剂水溶液，然后将新鲜水产品用保鲜剂水溶液浸泡 15～20min，用聚乙烯薄膜包装后置于

0～7.0℃范围内保藏。

◎ **产品特性**

　　本产品工艺简单，天然安全，保鲜效果好，可用于生鲜鱼、虾、贝类等水产品的流通、储藏与加工等领域。

水产品生物保鲜剂

◎ **原料配比**

原料	配比	原料	配比
壳聚糖	10g	冰醋酸	1mL
茶多酚	4g	水	加至1000mL

◎ **制备方法**

　　将壳聚糖和茶多酚快速均匀混合后，加入水，搅拌均匀，加入冰醋酸，充分搅拌后溶胀5～10min，即得水产品生物保鲜剂。

◎ **原料配伍**

　　本品各组分配比范围为：壳聚糖3～15g，茶多酚2～10g，冰醋酸0.5～2mL，水加至1000mL。

◎ **产品应用**

　　本品主要用作水产品生物保鲜剂。使用方法：用于带鱼保鲜时，将新鲜带鱼经去头去尾去内脏处理后用冰水清洗干净，并沥干表面水，蘸取生物保鲜液涂抹在带鱼段表面，晾干，装于PE保鲜袋中，进行冷藏储存。

◎ **产品特性**

　　（1）本保鲜剂成本低廉，保鲜处理过程简便，适合渔民在水产品捕获后自行保鲜。保鲜剂处理效果好，与冷藏相结合的储藏条件下，较好保持水产品的原有品质，能显著延长水产品的货架期，有利于水产品的长途运输和异地销售，提高了水产品的市场竞争力，增加渔民收入。

（2）本产品采用壳聚糖和茶多酚为原料，可以起到抑菌、成膜和抗氧化的作用，有效延长水产品的保鲜期。

水产品专用生物保鲜剂

▶ 原料配比

原料	配比（质量份）			
	1#	2#	3#	4#
壳聚糖	0.6	1.2	1.0	1.0
茶多酚	0.5	0.3	0.5	0.5
甘油	1	1	2	2
花椒提取物	12	12	15	12
花椒叶提取物	8	4	8	6
竹醋液	加至100	加至100	加至100	加至100

▶ 制备方法

将各组分原料混合均匀即可。

▶ 原料配伍

本品各组分质量份配比范围为：壳聚糖 0.6～1.2，茶多酚 0.3～0.5，甘油 1～2，花椒提取物 12～15 和花椒叶提取物 4～8，竹醋液加至 100。

所述花椒叶提取物的制备方法如下：将红花椒叶粉碎，按料液比 1g：25mL 加入浓度 50％的甲醇作为提取剂，在室温下振荡，分离上清液，并将上清液浓缩干燥后获得浸膏，将浸膏分散于纯化水中，料液比为 1g：40mL，然后加入正己烷振荡萃取，收集水相萃取物；再将水相萃余物加入氯仿，振荡萃取，收集水相萃余物；然后将水相萃余物加入乙酸乙酯，振荡萃取，浓缩干燥得提取物。

所述花椒提取物的制备方法如下：将花椒干燥果实在 −65～

－20℃温度下预冷冻0.5～1h，然后在0～5℃温度下粉碎，过30～50目筛，将粉碎后的花椒果实进行超临界二氧化碳萃取，以乙醇为夹带剂，其使用量为上样量的5～10倍，收集提取物，通过减压45℃水浴旋转蒸发浓缩得提取物，4℃密封保存备用。

所述的竹醋液是竹材高温加热分解的气化液经冷却后的产物，竹醋液是用竹材烧炭的过程中，收集竹材在高温分解中产生的气体，并将这种气体在常温下冷却得到的液体物质，竹醋液的收集应当在炭窑的烟囱口温度为80～150℃进行。粗萃取的竹醋液为咖啡色，有焦味和酸味。将粗萃取的竹醋液静置3～6个月后，受重力影响，竹醋液分为三层，最重的焦油在最底层，中间为竹醋水，上层为轻质焦油。取中间的竹醋水进行数次蒸馏后，颜色由淡黄色转变为透明的竹醋液。

◉ 产品应用

本品主要用作水产品保鲜剂。包括鱼类、虾类、蟹类和贝类。

使用方法：将新鲜水产品去头去尾除去内脏处理后清洗干净，切块或段，控制水产品的长度≤5cm，沥干后将所述水产品专用生物保鲜剂用水稀释后均匀喷洒于水产品表面，然后包装入袋，用气调包装机抽真空、充气和热封口进行气调包装。水产品专用生物保鲜剂稀释液中水产品专用生物保鲜剂的质量分数为15％～30％。

◉ 产品特性

（1）本产品具有广谱抗菌效果，有效地抑制了水产品在低温保存过程中脂肪的氧化酸败，从而延长了水产品的保存期和货架期。

（2）水产品包装入袋后，用气调包装机抽真空、充气和热封口进行气调包装。气调包装有利于水产品的短途或长途运输，有效避免生物保鲜剂成分挥发或者氧化变质。

（3）本产品采用纯天然植物成分，不含抗生素和常规杀菌剂，组分安全环保，使用后不需清洗可直接食用。采用本产品的生物保鲜剂对水产品处理后，在4℃±1℃冷藏条件下能够较未处理的水产品延长6～10天左右的货架期。

天然海产品保鲜剂

原料配比

原料	配比		
	1#	2#	3#
乳酸链球菌素	0.1g	0.5g	1g
柑橘幼果提取物	0.5g	0.75g	1g
0.5%的乙酸水溶液	1000mL	—	—
0.75%的乙酸水溶液	—	1000mL	—
1.2%的乙酸水溶液	—	—	1000mL

制备方法

将乳酸链球菌素和柑橘幼果提取物混合均匀后，加入乙酸水溶液，混合均匀即可。

原料配伍

本品各组分配比范围为：乳酸链球菌素 0.01～1g，黄酮类化合物的含量为 170～210mg/g，所述黄酮类化合物由柑橘幼果提取物提供，所述柑橘幼果提取物为 0.2～1g，乙酸水溶液加至 1000mL。所述乙酸水溶液为 0.5%～1.2%的乙酸。

所述黄酮类化合物由柑橘幼果提取物提供，即所述黄酮存在于提取柑橘幼果获得的柑橘幼果提取物中。所述黄酮类化合物包括：黄酮和黄酮醇；黄烷酮（又称二氢黄酮）和黄烷酮醇（又称二氢黄酮醇）；异黄酮；异黄烷酮（又称二氢异黄酮）；查耳酮；二氢查耳酮；橙酮（又称澳咔）；黄烷和黄烷醇；3,4-黄烷二醇（又称白花色苷元）。黄酮类化合物存在于大多数的植物中，可通过植物提取获得，例如槐米提取物中的芦丁，陈皮提取物中的陈皮苷，银杏叶提取物中的黄酮和双黄酮，柑橘幼果提取物等。

所述乳酸链球菌素是由乳酸链球菌产生的具有很强杀菌作用的

多肽物质，是国际上允许商业化生产的天然防腐剂。

　　所述柑橘幼果提取物通过如下方法获得：新鲜柑橘幼果切成片后置于60℃热风干燥箱内烘8～20h（优选10～12h），测定其含水量低于10%，磨碎后过40目筛，得柑橘幼果粉末。在柑橘幼果粉末加入乙醇和水混合溶剂（体积比9：1～2：1，优选8：1～5：1），超滤下提取两次（优选室温，每次30min），4000～8000r/min（优选5000～6000r/min）离心10min，合并上清液，减压干燥得到柑橘幼果提取物。

▶ 产品应用

　　本品主要用作天然海产品保鲜剂。

▶ 产品特性

　　本产品对多种革兰阳性菌（李斯特菌、小球菌、肉毒杆菌、葡萄球菌等）具有明显的抗菌活性。同时，对芽孢杆菌属如芽孢杆菌、嗜热芽孢杆菌、梭状芽孢杆菌、致死肉毒芽孢杆菌等有很强的抑制作用；柑橘幼果提取物中含有大量的黄酮类化合物，具有很强的抗脂质氧化和消除自由基作用，具备抗炎症、抑制寄生虫、防治肝病、防治血管疾病等多种保健作用，同时具有良好的抗菌、抗病毒微生物活性。本保鲜剂综合上述两种特性，对海产品保鲜具有良好的效果，尤其是应用于微冻和常温保鲜，淋洒本保鲜剂后的海产品在低温（0℃）下保藏，108h后的细菌含量和30天后的TVB-N值远低于二级鲜度所要求的指标，由此可见，使用本保鲜剂可大大延长保鲜储藏期。

白鲢鱼鱼肉的脱腥保鲜剂

▶ 原料配比

原　料	配比（质量份）		
	1#	2#	3#
茶多酚	0.05	0.4	0.2

原　料	配比(质量份)		
	1#	2#	3#
NaCl	1	6	3.5
海藻糖	1	6	3.5
柠檬酸	0.1	0.6	0.35
去离子水	加至100	加至100	加至100

> **制备方法**

将各组分原料混合均匀即可。

> **原料配伍**

本品各组分质量份配比范围为：茶多酚0.05～0.4，NaCl 1～6，海藻糖1～6，柠檬酸0.1～0.6，去离子水加至100。

> **产品应用**

本品主要用作白鲢鱼鱼肉的脱腥保鲜剂。使用方法如下。

(1) 取新鲜的白鲢鱼，剖杀除杂，自来水冲洗干净后切成大小均匀的鱼块，备用。

(2) 按所述的配方量取各原料。

(3) 将步骤(2) 称取的茶多酚、氯化钠加入去离子水中，搅拌均匀，然后加入海藻糖、柠檬酸，充分溶解，配制成复合脱腥保鲜剂。

(4) 将步骤(1) 所得的白鲢鱼块与步骤(3) 所得的复合脱腥保鲜剂按1∶3的比例混合，10℃下浸泡40min后取出沥干。

(5) 将步骤(4) 所得的白鲢鱼块用无菌蒸煮袋包装密封后，置于0℃冰箱储藏。

> **产品特性**

本产品以茶多酚和海藻糖为主要原料，其中茶多酚具有多种生物活性，成分中的黄酮类化合物有消臭作用，萜烯类化合物具有吸附异味的功能，儿茶素类物质可以消除甲基硫醇化合物，具有一定的钝化酶类和抑菌作用。海藻糖是一种安全、可靠的天然糖类，对生物体具有神奇的保护作用，能有效抑制鱼类在储藏过程中不饱和脂肪酸的分解及三甲胺的生成，降低不快腥味的产生。此外，海藻糖可较好地防止蛋白质在冷冻、高温或干燥时变性，有效保护蛋白质分子的天然结构。本产品将茶多酚和海藻糖复合使用，能有效去除白鲢鱼鱼肉的腥味，提高了产品的食用品质，并且具有较好的保鲜效果，能延长白鲢鱼的货架期。

草鱼鱼片的保鲜剂

◉ 原料配比

原料	配比（质量份）		
	1#	2#	3#
壳聚糖	1.5	1.3	1.7
醋酸	1.0	1.0	1.0
茶多酚	0.5	0.4	0.6
水	加至 1000	加至 1000	加至 1000

◉ 制备方法

称取壳聚糖，用 500mL 去离子水在 70℃ 的水浴中，不停搅拌，待壳聚糖完全溶解后，将溶液从水浴中取出，冷却至室温，然后加入醋酸，搅拌均匀，得到溶液 1；再称取茶多酚置于 100mL 水中搅拌使其溶解，得到溶液 2；将溶液 1 和 2 混匀，补水到 1000mL，即保鲜剂。

◉ 原料配伍

本品各组分质量份配比范围为：壳聚糖 1.3～1.7，醋酸 0.9～1.1，茶多酚 0.4～0.6，水加至 1000。

◉ 产品应用

本品主要用作草鱼鱼片保鲜剂。

保鲜剂的使用方法如下。

（1）将草鱼去鳞，去内脏，去头尾后，洗净切片，放入上述保鲜剂中浸渍 2～3min，取出沥干 1min 后，于 4℃ 条件下风干即在鱼片表面形成一层保鲜薄膜，该保鲜薄膜即涂膜可食用。

（2）将覆有保鲜薄膜的草鱼鱼片放入保鲜袋中，扎口，于 4℃ 的冰箱中储藏。

◉ **产品特性**

（1）添加天然抗氧化剂的保鲜剂无毒、无异味，用于草鱼鱼片涂膜后，能在其表面形成一层膜，有效减少细菌污染，阻止微生物生长、减弱空气氧化、减慢脂质氧化速率，与普通的冷藏方法相比能更好地保持鱼片的新鲜度、水分及风味，延长其货架期 8～10 天。

（2）涂膜操作工艺简单，设备投资少，操作场地小，可适用于工业上的批量生产。

带鱼保鲜剂 (1)

◉ **原料配比**

原料	配比（质量份）		
	1#	2#	3#
壳聚糖	1.5	2.1	1.8
绿茶粉	2	3	2
柠檬酸	0.8	1.2	1
生蒜末	15	18	15
食用醋	8	10	8
维生素 C	—	1	—
黄酒	加至 100	加至 100	加至 100

◉ **制备方法**

先将各固形物组分预混合，然后加入食用醋和黄酒调和即可。

◎ **原料配伍**

本品各组分质量份配比范围为：壳聚糖 1.5～2.1，绿茶粉 2～3，柠檬酸 0.8～1.2，生蒜末 15～18，食用醋 8～10，黄酒加至 100。

该保鲜剂中还可能包括维生素 C 1。增加了维生素 C，可以使带鱼的色泽鲜亮，食用时口感较好。

◎ **产品应用**

本品主要用作带鱼保鲜剂。使用方法：将原料带鱼切头去尾，清洗后切成 5～6cm 的长段，沥干后采用所述的带鱼保鲜剂浸泡带鱼，然后将水沥干，采用气调包装方式包装，最后在－2～－0.5℃的温度下储藏。带鱼的浸泡时间为 10～15min。

◎ **产品特性**

本产品成本低廉，保鲜处理过程简便，保鲜效果好，在与冷藏相结合的储藏条件下，较好地保持带鱼的原有品质，能显著延长其货架期。采用本产品浸泡后的带鱼在 (4±1)℃冷藏条件下货架期能够达到 14 天。

带鱼保鲜剂 (2)

◎ **原料配比**

原料	配比（质量份）		原料	配比（质量份）	
	1#	2#		1#	2#
茶多酚乳剂	0.001	0.004	植酸	0.003	0.001
山梨酸	0.002	0.002	水	加至 100	加至 100

◎ **制备方法**

将各组分原料混合均匀即可。

◎ **原料配伍**

本品各组分质量份配比范围为：茶多酚乳剂 0.001～0.005，

山梨酸 0.001～0.003，植酸 0.001～0.003，水加至 100。

◉ 产品应用

本品主要用作带鱼保鲜剂。

◉ 产品特性

本产品配方合理，使用效果好，生产成本低。

淡水冷鲜鱼除腥保鲜剂

◉ 原料配比

原料	配比（质量份）		
	1#	2#	3#
姜汁	18	—	8
葱汁	—	15	10
米糠油	13	15	8
玉米油			10
壳聚糖	0.4	—	—
卵磷脂	6	—	2.5
乳酸链球菌素	—	0.45	—
山梨醇酐脂肪酸酯	—	8	2.5
丙二醇脂肪酸酯	—	—	5
水	62.6	61.55	49.52

◉ 制备方法

将去腥剂、食用油、保鲜剂、酸酯类、水混合，搅拌下加热至 60～70℃，待原料充分乳化后均质，均质压力为 25～35MPa，最后得到稳定的乳状液体。

◉ **原料配伍**

本品各组分质量份配比范围为：去腥剂 10～20，食用油 10～20，保鲜剂 0.35～0.5，酸酯类 5～10，水 50～75。

所述酸酯类为卵磷脂、山梨醇酐脂肪酸酯、丙二醇脂肪酸酯中的的任意一种、两种或两种以上混合。

所述食用油为米糠油或玉米油中的的任意一种或两种混合。米糠油具有抗氧化稳定性强、玉米油具有自身稳定性强的特点。

所述去腥剂为姜汁或葱汁中的的任意一种或两种混合。

所述保鲜剂为溶菌酶、壳聚糖、鱼精蛋白、乳酸链球菌素中的任意一种或两种及以上混合。其中壳聚糖即为脱乙酰甲壳质。

◉ **产品应用**

本品主要用于淡水冷鲜鱼除腥保鲜。

使用方法：按乳液∶水＝1∶8～10 的比例进行稀释，把稀释液均匀喷涂在刚分割的鱼段、鱼块上，每千克乳液稀释后可喷涂 1000～2500kg 鱼段、鱼块。

◉ **产品特性**

(1) 本产品中去腥剂：姜汁、葱汁具有良好的去除鱼土腥味的作用，同时又发出一种诱人的特殊清香。食用油的主要成分是脂肪类物质，其疏水性强，通过酸酯类的乳化作用把食用油进行乳化形成水包油体系，然后经均质形成稳定的乳状液体，加水稀释后均匀喷涂在鱼肉表面，在鱼肉表面形成了一层很薄的阻水油膜，起到了阻止冷鲜鱼表面水分散失的作用。另外，保鲜剂能够防止乳液被微生物污染，同时能够分散到油膜当中，在一定程度上能起到冷鲜鱼表面防腐保鲜的作用。由于制成了乳剂，可以使用管道运送到车间，使用时只需打开阀门直接将乳剂喷涂在冷鲜鱼上，非常方便，而且乳剂能使冷鲜鱼表面形成一层均匀的膜，起到了去腥保鲜保水的良好作用。其中保鲜时间可延长 20％以上。

(2) 本产品有利于加工厂规模化生产，同时使用便利，解决了涂抹不均匀的不足，有利于淡水冷鲜鱼除腥保鲜保水作用。

淡水鱼复合保鲜剂

▶ 原料配比

原料	配比(质量份)				
	1#	2#	3#	4#	5#
壳聚糖	13	10	12	8	5
茶多酚	3	5	1	2	4
乳酸链球菌素	1	5	1	4	3

▶ 制备方法

将各组分原料混合均匀即可。

▶ 原料配伍

本品各组分质量份配比范围为：壳聚糖5～20，茶多酚1～5和乳酸链球菌素1～5。

▶ 产品应用

本品主要用作淡水鱼复合保鲜剂。保鲜方法如下。

（1）宰杀切片：按工艺将淡水鱼宰杀放血，洗净后分割成鱼片，鱼片大小优选为5cm×3cm×0.5cm。

（2）减菌化处理：将鱼片置于紫外灯下照射10～30min，紫外灯功率为18W，波长为254nm，灯表面强度为40mW/cm²；紫外照射后的鱼片超声处理5～15min，超声功率为160W。

（3）保鲜剂浸渍：将减菌化处理后的鱼片置于复合保鲜剂中浸渍5～25min，复合保鲜剂中各成分质量浓度为壳聚糖5～20g/L、茶多酚1～5g/L和乳酸链球菌素1～5g/L。

（4）沥水包装：保鲜剂浸渍后的鱼片沥干表面水分，按包装工艺将鱼片置于托盘中并用保鲜膜包装。

（5）微冻储藏：将包装后的鱼片置于－5～－1℃微冻环境下储藏。

◉ **产品特性**

（1）本产品具有安全无毒、抗菌性强和抗菌谱广等特点。

（2）本产品采用保鲜剂结合微冻保鲜技术，不仅保证淡水鱼食用品质，且能有效延长淡水鱼保鲜期。

淡水鱼鱼体保鲜剂

◉ **原料配比**

原料	配比（体积份）		
	1#	2#	3#
塑化剂甘油	1.2	1.0	0.8
鱼鳞胶原蛋白酶解液（浓度为25mg/mL）	100	—	—
鱼鳞胶原蛋白酶解液（浓度为20mg/mL）	—	100	—
鱼鳞胶原蛋白酶解液（浓度为15mg/mL）	—	—	100

◉ **制备方法**

（1）称取干燥、清洁的鲫鱼鱼鳞，加入10倍质量的蒸馏水，用1mol/L的盐酸调整溶液的pH值为2。

（2）加入活力为3000～3500U/mg的胃蛋白酶于60℃的水浴中酶解4～6h，酶解完成后立即将其置于100℃的水浴中灭酶10min。

（3）酶解液于3000r/min离心3min，取上清液，将上清液于60℃中真空浓缩20～30min，得到鱼鳞胶原蛋白酶解液，将鱼鳞胶原蛋白酶解液中蛋白浓度调整为15～25mg/mL，并添加占鱼鳞胶原蛋白酶解液体积0.8%～1.2%的甘油作为塑化剂，所得溶液即为淡水鱼鱼体保鲜剂。

◉ **原料配伍**

本品各组分配比范围为：由鱼鳞胶原蛋白酶解液和甘油组成，所加甘油为鱼鳞胶原蛋白酶解液体积的0.8%～1.2%。

所述鱼鳞胶原蛋白酶解液中蛋白的含量为 $15\sim25mg/mL$。

◎ 产品应用

本品主要用作淡水鱼鱼体保鲜剂。保鲜淡水鱼的方法如下。

（1）保鲜处理：将淡水鱼去鳞、去内脏、去鳃后，洗净，将淡水鱼鱼体浸入淡水鱼鱼体保鲜剂中 $60\sim120s$，拿出沥干 $30\sim90s$ 后自然风干，鱼片表面形成一层薄膜。

（2）储藏：然后将淡水鱼放入保鲜袋中，于 4℃ 的冰箱中储藏。

◎ 产品特性

（1）采用淡水鱼鱼体自身鱼鳞作为保鲜剂原料，来源广，价格低，且避免了丢弃鱼鳞所带来的环境污染。

（2）鱼鳞胶原蛋白酶解液无异味，与鱼体接触后不产生对人体有害的物质，且不会引入与鱼体无关的任何化学物质，易于被消费者接受。

（3）鱼鳞胶原蛋白酶解液浸入淡水鱼鱼体后，能在其表面形成一层膜，起到减少细菌污染，阻止微生物生长，减弱空气氧化，减慢脂质氧化速率，减少鱼体干耗的作用，与普通的冷藏方法相比能更好地保持鱼体的新鲜度、水分及风味，达到更好的保鲜效果，减轻其储藏过程中的质量损失，延长其货架期。

（4）本产品操作方法简单，设备投资少，操作场地小，可适用于工业上的批量生产。

海洋鱼类复合保鲜剂

◎ 原料配比

原料	配比（质量份）		
	1#	2#	3#
含羞草总黄酮提取物	30	35	40
密蒙黄总黄酮提取物	35	40	45
橘子总黄酮提取物	35	25	15

◉ 制备方法

将各组分原料混合均匀即可。

◉ 原料配伍

本品各组分质量份配比范围为：含羞草总黄酮提取物 30～40，密荼萸总黄酮提取物 35～45，橘子总黄酮提取物 15～35。

所述含羞草总黄酮提取物采用以下方法制备：

（1）将含羞草药材粉碎打成粗粉，过 20 目筛。

（2）渗漉提取：将含羞草粗粉装入渗漉筒中，用 65％含水乙醇浸泡 12h 后，用 75％含水乙醇进行渗漉提取，若原料质量为 1kg 则含水乙醇的用量为 10L，流速为 5mL/min，收集渗漉液。

（3）闪蒸浓缩：将渗漉液在水浴温度 75℃，真空度为 0.095MPa，进液流为 300mL/min 的条件下进行真空薄膜浓缩，回收乙醇，得到每毫升药液折合含 1.0g 原料的浓缩液。

（4）大孔树脂吸附纯化：将得到的浓缩液通过大孔吸附树脂分离富集，依次用水、20％含水乙醇、30％含水乙醇、40％含水乙醇、50％含水乙醇、60％含水乙醇、70％含水乙醇进行梯度洗脱，最后用 70％丙酮洗脱，分别收集 3 倍柱体积的各部位洗脱液，收集合并 30％含水乙醇、40％含水乙醇、50％含水乙醇、60％含水乙醇各部位的洗脱液，将合并的洗脱液浓缩干燥，即得到含羞草总黄酮提取物。

所述密荼萸总黄酮提取物采用以下方法制备：

（1）将密荼萸药材粉碎打成粗粉，过 30 目筛。

（2）渗漉提取：将密荼萸粗粉装入渗漉筒中，用 70％含水乙醇浸泡 10h 后，用 70％含水乙醇进行渗漉提取，若原料质量为 1kg 则含水乙醇的用量为 12L，流速为 6mL/min，收集渗漉液。

（3）闪蒸浓缩：将渗漉液在水浴温度 80℃，真空度为 0.090MPa，进液流速为 250mL/min 的条件下进行真空薄膜浓缩，回收乙醇，得到每毫升药液折合含 1.5g 原料的浓缩液。

（4）大孔树脂吸附纯化：将得到的浓缩液通过大孔吸附树脂分离富集，依次用水、10％含水乙醇、25％含水乙醇、35％含水乙醇、45％含水乙醇、55％含水乙醇、70％含水乙醇进行梯度洗脱，最后用 70％丙酮洗脱，分别收集 3 倍柱体积的各部位洗脱液，收集合并 25％含水乙醇、35％含水乙醇、45％含水乙醇和 55％含水乙醇各部位的洗脱液，将合并的洗脱液浓缩干燥，即得到密茱萸总黄酮提取物干粉。

所述橘子总黄酮提取物采用以下方法制备：

（1）将橘子皮碎打成粗粉，过 30 目筛。

（2）渗漉提取：将橘子皮粗粉装入渗漉筒中，用 80％含水乙醇浸泡 11h 后，用 70％含水乙醇进行渗漉提取，若原料质量为 1kg 则含水乙醇的用量为 18L，流速为 5mL/min，收集渗漉液。

（3）闪蒸浓缩：将渗漉液在水浴温度 80℃，真空度为 0.092MPa，进液流速为 250mL/min 的条件下进行真空薄膜浓缩，回收乙醇，得到每毫升约液折合含 1.5g 原料的浓缩液。

（4）大孔树脂吸附纯化：将得到的浓缩液通过大孔吸附树脂分离富集，依次用水、30％含水乙醇、40％含水乙醇、50％含水乙醇、60％含水乙醇、70％含水乙醇进行梯度洗脱，最后用 70％丙酮洗脱，分别收集 3 倍柱体积的各部位洗脱液，收集合并 40％含水乙醇、50％含水乙醇、60％含水乙醇各部位的洗脱液，将合并的洗脱液浓缩干燥，即得到橘子总黄酮提取物干粉。

产品应用

本品主要应用于海洋鱼类的保鲜。使用方法如下：

（1）将鲜活的海洋鱼类宰杀、冲洗干净，待用。

（2）将海洋鱼类放入含羞草总黄酮提取物 20～30 份、密茱萸总黄酮提取物 30～40 份、橘子总黄酮提取物 10～35 份制得的复合保鲜剂，在温度 5～9℃下浸泡 15～25min。

（3）气调包装：将经过步骤（2）处理的海洋鱼类捞出、沥干，放入包装袋中，用气体比例混合器进行混气，用气调包装机经抽真空、充气和封口进行气调包装；气调包装充入的气体由以下物质组成（体积）：CO_2 为 70％～78％、O_2 为 2％～15％、N_2 为 15％～20％。

（4）将气调包装好的海洋鱼类进行冷藏，冷藏温度为 1～4℃。

产品特性

（1）所述的含羞草总黄酮提取物、密茱萸总黄酮提取物、橘子总黄酮提取物的制备工艺简单、提取浓缩方法优越、操作方便、绿色高效，各提取液中均含有总黄酮提取物，总黄酮提取物收率高；各黄酮提取物具有抗菌、抗氧化活性，可用作食品添加剂、抗氧剂、防腐剂。

（2）本品具有保鲜、防腐的功效，能延缓食物腐烂变质的速度；同时，经保鲜剂处理后的海洋鱼类表面能形成一层均匀的薄膜，无毒可食用，能有效延长储藏期限；结合气调包装方法，进一步提升了海洋鱼类的保鲜时间和保鲜效果；其安全纯天然，生产成本低，通过上述的保鲜方法对海洋鱼类进行保存，该海洋鱼类在50～60天内，还具有与活鱼相似鲜度、风味和质感。

河豚鱼肉保鲜剂

原料配比

原　　料		配比（质量份）					
		1#	2#	3#	4#	5#	6#
壳聚糖		2	—	—	—	0.2	0.1
壳聚糖衍生物	N,O-羧甲基壳聚糖	—	0.5	—	—	0.8	—
	O-羧甲基壳聚糖	—	—	4	1	—	0.9
有机酸	乙酸	0.5	0.1	—	—	—	—
	乳酸	—	—	2	1	1	1
乳化剂	丙二醇	4	1	4	8	8	8
电解水		93.5	98.4	90	90	90	90

制备方法

（1）将电解水加入有机酸至所需浓度，搅拌均匀。

（2）加入乳化剂进行乳化。

（3）加入壳聚糖、壳聚糖衍生物或两者的混合物，搅拌至完全溶解。

（4）过滤除去未溶解物质。

（5）在 0.1～0.5MPa 条件下真空脱气 2～4h，室温下静置过夜，然后在 0.1MPa 条件下真空脱气 2～4h，静置 1h 后获得河豚鱼肉保鲜剂。

▶ 原料配伍

本品各组分质量份配比范围为：壳聚糖、壳聚糖衍生物或两者的混合物 0.5～4，有机酸 0.1～2，乳化剂 1～8，电解水 90～98.4。

所述壳聚糖、壳聚糖衍生物或两者的混合物为食品级。

所述壳聚糖衍生物为 N,O-羧甲基壳聚糖或 O-羧甲基壳聚糖，脱乙酰度≥90%。优选，所述壳聚糖衍生物为 O-羧甲基壳聚糖。

所述有机酸为食品级乙酸或乳酸，优选为乙酸。

所述乳化剂选自丙二醇、乙二醇、甘油或吐温-80，为食品级。

▶ 产品应用

本品主要用作河豚鱼肉保鲜剂。

使用方法：将鲜活河豚经宰杀，去眼、内脏和腮，剥皮，获得河豚鱼肉利用电解水洗净。在保鲜液中浸泡 5min 后放在不锈钢架上沥干，然后放入 4℃ 条件下储藏。

▶ 产品特性

本产品采用壳聚糖及其衍生物，在酸性或中性的环境下易溶解于水中，且无色无味。对河豚鱼肉进行浸涂，起到对河豚鱼肉表面的杀菌作用。本产品经过晾干后自然附着在河豚鱼肉表面，形成保鲜涂膜，起到保持河豚鱼肉品质，减少储藏过程中鱼肉质量变化的作用。本品浸涂过的河豚鱼肉在冰温储藏条件下，储藏时间达到 7 天以上，无变色、异味、软化等品质变化的现象。本产品具有配方简单，容易操作的特点，且不含有改变食品风味的物质，是一种纯天然的保鲜剂。

冷藏带鱼复合生物保鲜剂

▶ 原料配比

原　料	配比	原　料	配比
壳聚糖	10g	水	加至 1000mL
茶多酚	3g	冰醋酸	10mL
溶菌酶	0.3g		

⊙ 制备方法

将壳聚糖、茶多酚与溶菌酶快速均匀混合后，加入水搅拌均匀，加入冰醋酸充分搅拌后溶胀 5~10min，即得保鲜剂。

⊙ 原料配伍

本品各组分配比范围为：壳聚糖 5~15g，茶多酚 1~5g，溶菌酶 0.1~0.5g，冰醋酸 5~15mL，水加至 1000mL。

⊙ 产品应用

本品主要用于冷藏带鱼的保鲜。保鲜时，将鲜带鱼切去头和尾，剪开腹腔除去内脏，在冰水中清洗干净，切成 6~7cm 长段，沥干，用配制好的复合生物保鲜液涂膜，晾干装袋，放置于（4±1）℃冷藏环境中储藏。带鱼段保鲜期可达 13 天。

⊙ 产品特性

本产品成本低廉，保鲜处理过程简便，保鲜效果好，在与冷藏相结合的储藏条件下，较好地保持带鱼的原有品质，能显著延长其货架期。本产品采用的生物保鲜剂原料中壳聚糖具有抑菌、抗肿瘤等作用，茶多酚是茶叶中多酚类物质，具有抗氧化和抑菌作用，溶菌酶能分解细菌细胞壁中肽聚糖，使细胞因渗透压不平衡引起破裂，从而导致菌体细胞溶解，起到杀灭作用。

鳀鱼保鲜剂

⊙ 原料配比

原　料	配比（质量份）		原　料	配比（质量份）	
	1#	2#		1#	2#
大蒜匀浆	10	15	食用酒精	30	25
食醋	60	60			

⊙ 制备方法

（1）取大蒜，去皮，洗净，用组织捣碎机捣碎大蒜呈均匀浆液。

（2）按所述的鲍鱼保鲜剂配比，将(1)中所述的大蒜匀浆与食醋、食用酒精混合。

▶ 原料配伍

本品各组分质量份配比范围为：大蒜匀浆 10～15，食醋 60～65，食用酒精 25～30。

▶ 产品应用

本品主要应用鲍鱼保鲜。

使用方法：选择当天捕捞的鲍鱼，开腹，去除内脏，并用大量清水冲洗干净，将洗好的鲍鱼分别加入所述的鲍鱼保鲜剂中浸泡 30min，取出沥干，用保鲜膜包好，封口。

▶ 产品特性

本品能保持鲍鱼的新鲜度，适合工业化生产。

墨鱼保鲜剂

▶ 原料配比

原料	配比（质量份）	原料	配比（质量份）
氯化钙	3	谷氨酸钠	25
山梨酸	10	水	加至 100
磷酸钙	8		

▶ 制备方法

将各组分原料混合均匀即可。

▶ 原料配伍

本品各组分质量份配比范围为：氯化钙 2～5，山梨酸 5～10，磷酸钙 5～15，谷氨酸钠 20～30，水加至 100。

◎ **产品应用**

本品主要用作墨鱼保鲜剂。

◎ **产品特性**

本产品配方合理，使用效果好，生产成本低。

溶菌酶保鲜剂

◎ **原料配比**

原料	配比（质量份）		
	1#	2#	3#
溶菌酶	0.01	0.05	0.1
氯化钠	0.5	1	1.5
甘氨酸	4	6	8
山梨酸钾	0.01	0.06	0.1
抗坏血酸	0.1	0.3	0.5
植酸	0.01	0.01	0.05
水	加至 100	加至 100	加至 100

◎ **制备方法**

将上述原料溶于水中，得到溶菌酶保鲜剂。

◎ **原料配伍**

本品各组分质量份配比范围为：溶菌酶 0.01～0.1，氯化钠 0.5～1.5，甘氨酸 4～8，山梨酸钾 0.01～0.1，抗坏血酸 0.1～0.5，植酸 0.01～0.05，水加至 100。

◎ **产品应用**

本品主要用作水产品的保鲜。应用具体步骤为：取新鲜的水产品试样，如带鱼，柔鱼等，将试样清洗，去除差异较大的个体，然后将试样随机分组，作为保鲜使用；将水产品试样加入到溶菌酶保鲜剂中，浸入时间为 20～100s，浸入时间优选为 60s；水产品试样与溶菌酶保鲜剂的质量比为 1∶0.5～1∶1.5，其质量比优选为1∶1。

▶ 产品特性

本产品卫生安全、作用显著，且随着保藏时间的延续添加，复合保鲜剂的效果越明显。

生物保鲜剂

▶ 原料配比

原料	配比（质量份）	原料	配比（质量份）
壳聚糖	6	茶多酚	2
天蚕素	0.4	水	1000

▶ 制备方法

将各组分原料溶于水混合均匀即可。

▶ 原料配伍

本品各组分质量份配比范围为：壳聚糖 2～6，天蚕素 0.2～0.6，茶多酚 2～6，水 1000。

▶ 产品应用

本品主要用作生物保鲜剂。

使用方法如下：

(1) 取新鲜鱼体，去头去尾，并清洗干净后，切段或切片备用；鱼体切成 5～7cm 长的鱼段或切成 2.5cm 厚的鱼片。

(2) 将切段或切片的鱼肉放入盛有上述生物保鲜剂的容器里浸5min 后，立即取出，然后放置在另一空缸盘上沥干，回收流下的多余生物保鲜剂；空缸盘底部水平高度高于倾斜放置盛有上述生物保鲜剂的容器的容器口，且空缸盘底部与容器的容器口间设有引流管。

(3) 待生物保鲜剂基本沥干后，再将已涂膜的切段或切片的鱼肉包装；沥干后真空包装。

(4) 将包装完毕的鱼段或鱼片存放于 (4±1)℃温度下冷藏。

> **产品特性**

(1) 本生物保鲜剂具有无毒无味、成本低的优点，同时具有优良的分散性、保湿性、成膜性和抗菌性。

(2) 经本生物保鲜剂保鲜处理后的鱼肉，能有效抑制冷藏过程中的脂肪氧化，延缓细菌总数和 TVB-N 含量的升高，冷藏货架期以 TVB-N 计由 7 天增加到 12 天，增加 71.4%，以细菌总数计由 10 天增加到 14 天，增加 40%，以 TBA 计，由 5 天增加到 7 天，增加 40%，且外观及口感无明显变化，无发黑发臭。

(3) 涂膜操作工艺简单，设备投资少，同时生物保鲜剂可生物降解，对环境无污染。

生鲜鱼天然保鲜剂

> **原料配比**

原料	配比（质量份）		原料	配比（质量份）	
	1#	2#		1#	2#
低聚壳聚糖	1.5	1.5	食品级竹醋	5	5
茶多酚	0.1	0.1	水	加至 100	加至 100

> **制备方法**

将各组分溶于水混合均匀即可。

> **原料配伍**

本品各组分质量份配比范围为：低聚壳聚糖 1～4，茶多酚 0.01～0.3，食品级竹醋 1～7，水加至 100。

> **产品应用**

本品主要用于生鲜鱼保鲜。

使用方法：该大然保鲜剂是在生鲜鱼洗净后浸泡处理阶段使用。新鲜的鱼，去头去尾去内脏。选取鱼背中间部位，分割成大小均匀的鱼块，立即将鱼块浸泡在保鲜剂中，浸泡30s，沥干后装入水煮过的无菌保鲜袋，立即置于（4±1）℃下冷藏。

▶ 产品特性

本产品将低聚壳聚糖、茶多酚、食品级竹醋三者复合制成生物保鲜剂，明显地提高了其抑菌、保鲜功能，可将生鲜鱼在冷藏条件下的保质期延长两倍左右。且由于该保鲜剂安全、无毒，对于生鲜鱼的风味不会产生影响。

水发鱿鱼用保鲜剂

▶ 原料配比

原料	配比（质量份）					
	1#	2#	3#	4#	5#	6#
山梨酸钾	1	20	15	10	15	15
茶多酚	40	10	10	15	20	20
壳聚糖	30	10	10	10	25	25
脱氢乙酸钠	—	10	5	2	5	5
双乙酸钠	—	—	5	10	5	5
溶菌酶	—	—	—	5	1	1
纳他霉素	—	—	—	—	1	1
乳酸链球菌素	—	—	—	—	—	5
水	加至100	加至100	加至100	加至100	加至100	加至100

▶ 制备方法

将各组分原料混合均匀后溶于水。

▶ 原料配伍

本品各组分质量份配比范围为：山梨酸钾1～20，茶多酚1～

40，壳聚糖 1～30，脱氢乙酸钠 1～20，双乙酸钠 1～20，溶菌酶 0.5～5，纳他霉素 0.5～5，乳酸链球菌素 0.5～5，水加至 100。

产品应用

本品主要用作水发鱿鱼的保鲜剂。使用方法：将水发后的鱿鱼在所述保鲜剂中浸泡使其表面分布均匀，将鱿鱼捞出，于 0～10℃ 保藏。

产品特性

用本产品处理后的水发鱿鱼的感官、理化、微生物指标达到水发鱿鱼的要求，在 0℃ 可保鲜 7～10 天，在 10℃ 可保鲜 5～7 天。可显著延长水发鱿鱼的保鲜期。

武昌鱼可食性涂膜保鲜剂

原料配比

原料	配比			
	1#	2#	3#	4#
海藻酸钠	15g	15g	14g	16g
抗坏血酸	50g	40g	50g	60g
甘油	100mL	100mL	95mL	105mL
水	加至 1L	加至 1L	加至 1L	加至 1L

制备方法

（1）首先称取海藻酸钠，用去离子水在 70℃ 的水浴中溶解，并不停的搅拌，等溶液变成透明状，没有小颗粒物质存在时，将溶液从水浴中取出，室温冷却，然后加入甘油，搅拌均匀，得到溶液1。

（2）另取去离子水溶解抗坏血酸，得到溶液2。

（3）然后将溶液 1 和 2 混匀，最后补水至一定体积，即为本产品可食性涂膜保鲜剂。

原料配伍

本品各组分配比范围为：海藻酸钠 14～16g，甘油 95～

105mL，抗坏血酸 40～60g，水加至 1L。

所述保鲜剂中使用的水为去离子水或自来水。

◉ **产品应用**

本品主要用于武昌鱼的涂膜保鲜。使用方法：涂膜处理。将武昌鱼去鳞，去内脏后，洗净，浸入上述可食性涂膜保鲜剂中 1～2min，拿出沥干 1～2min，最后再将鱼浸入 2%～5% 的 $CaCl_2$ 水溶液中胶化 1～2min，最终在武昌鱼的表面形成一层薄膜。

涂膜后的武昌鱼储藏方法如下：将涂膜的武昌鱼放入保鲜袋中，扎口，放在 4℃ 的冰箱中储藏。

◉ **产品特性**

(1) 本产品无毒、无异味，与食品接触后不产生对人体有害的物质，用于武昌鱼涂膜后，能在其表面形成一层膜，起到减少细菌污染、阻止微生物生长、减弱空气氧化、减慢脂质氧化速率的作用，从而能更好地保持鱼的新鲜度、水分及风味，有效地维持了鱼肉的品质，使武昌鱼在 0～4℃ 的环境中储藏期达到 20 天以上，在一定程度上延长其货架期，保鲜效果明显优于普通的低温保藏方法（普通的低温保藏时间一般为 12 天左右）。

(2) 本产品使用方法简单，设备投资少，操作场地小，可适用于工业上的批量生产。

鱼糜制品的复合生物保鲜剂

◉ **原料配比**

原料	配比（质量份）					
	1#	2#	3#	4#	5#	6#
茶多酚	0.1	0.3	0.2	0.15	0.3	0.3
乳酸链球菌素	0.1	0.5	0.2	0.25	0.25	0.25
水	150	150	150	150	150	150
水溶性壳聚糖	1	6	3	3	3	5

> **制备方法**

称取茶多酚、乳酸链球菌素溶解于水中，往该溶液中加入水溶性壳聚糖，充分溶解，制得复合生物保鲜剂。

> **原料配伍**

本品各组分质量份配比范围为：水溶性壳聚糖 1～7，茶多酚 0.1～0.3，乳酸链球菌素 0.1～0.5，水 150。

> **产品应用**

本品主要应用于鱼糜制品的保鲜。

使用方法：在鱼糜制品加工的斩拌过程中，添加入上述复合生物保鲜剂，并充分斩拌混匀，最后加工成鱼糜制品产品。

> **产品特性**

本产品将水溶性壳聚糖、茶多酚、乳酸链球菌素三者复合制成生物保鲜剂，加入鱼糜制品当中，明显地提高了其抑菌、保鲜功能，可将鱼糜制品在冷藏条件下的保质期延长 2 倍以上。且该生物保鲜剂无毒、安全，添加到鱼糜制品中不会对其风味产生影响。

鱼肉专用复合保鲜剂

> **原料配比**

原料	配比（质量份）			
	1#	2#	3#	4#
银杏叶总黄酮提取物	15	20	25	15
含羞草总黄酮提取物	15	10	18	10
柚子总黄酮提取物	25	30	35	25
菊花总黄酮提取物	45	40	22	50

> **制备方法**

将各组分原料混合均匀即可。

◎ 原料配伍

本品各组分质量份配比范围为：银杏叶总黄酮提取物 15～25，含羞草总黄酮提取物 10～18，柚子总黄酮提取物 25～35，菊花总黄酮提取物 12～50。

所述银杏叶总黄酮提取物采用以下方法制备：

（1）将银杏叶粉碎打成粗粉，过 20～30 目筛。

（2）渗漉提取：将银杏叶粗粉装入渗漉筒中，用 70％含水乙醇浸泡 10～15h 后，用 75％含水乙醇进行渗漉提取，若原料质量为 1kg 则含水乙醇的用量为 10～15L，流速为 5～6mL/min，收集渗漉液。

（3）闪蒸浓缩：将渗漉液在水浴温度 80～85℃，真空度为 0.092MPa，进液流速为 200～300mL/min 的条件下进行真空薄膜浓缩，回收乙醇，得到每毫升药液折合含 1.5g 原料的浓缩液。

（4）大孔树脂吸附纯化：将得到的浓缩液通过大孔吸附树脂分离富集，依次用水、10％含水乙醇、25％含水乙醇、35％含水乙醇、45％含水乙醇、55％含水乙醇、70％含水乙醇进行梯度洗脱，最后用 70％丙酮洗脱，分别收集 3 倍柱体积的各部位洗脱液，收集合并 25％含水乙醇、35％含水乙醇、45％含水乙醇和 55％含水乙醇各部位的洗脱液，将合并的洗脱液真空薄膜浓缩干燥，即得银杏叶总黄酮提取物干粉。

所述含羞草总黄酮提取物采用以下方法制备：

（1）将含羞草药材粉碎打成粗粉，过 20 目筛。

（2）渗漉提取：将含羞草粗粉装入渗漉筒中，用 65％含水乙醇浸泡 12～15h 后，用 75％含水乙醇进行渗漉提取，若原料质量为 1kg 则含水乙醇的用量为 15L，流速为 5～6mL/min，收集渗漉液。

（3）闪蒸浓缩：将渗漉液在水浴温度 75～80℃，真空度为 0.095MPa，进液流速为 250～300mL/min 的条件下进行真空薄膜浓缩，回收乙醇，得到每毫升药液折合含 1.5g 原料的浓缩液。

（4）大孔树脂吸附纯化：将得到的浓缩液通过大孔吸附树脂分离富集，依次用水、20％含水乙醇、30％含水乙醇、40％含水乙醇、50%含水乙醇，60%含水乙醇、70%含水乙醇进行梯度洗脱，最后用70%丙酮洗脱，分别收集3倍柱体积的各部位洗脱液，收集合并30%含水乙醇、40%含水乙醇、50%含水乙醇、60%含水乙醇各部位的洗脱液，将合并的洗脱液浓缩干燥，即得含羞草总黄酮提取物干粉。

所述柚子总黄酮提取物采用以下方法制备：

(1) 将柚子皮粉碎打成粗粉，过30目筛。

(2) 渗漉提取：将柚子皮粗粉装入渗漉筒中，用60%含水乙醇浸泡15h后，用60%含水乙醇进行渗漉提取，若原料质量为1kg则含水乙醇的用量为10L，流速为7mL/min，收集渗漉液。

(3) 闪蒸浓缩：将渗漉液在水浴温度75℃，真空度为0.090MPa，进液流速为260～300mL/min的条件下进行真空薄膜浓缩，回收乙醇，得到每毫升药液折合含1.5g原料的浓缩液。

(4) 大孔树脂吸附纯化：将得到的浓缩液通过大孔吸附树脂分离富集，依次用水、25%含水乙醇、35%含水乙醇、45%含水乙醇、55%含水乙醇、65%含水乙醇、75%含水乙醇进行梯度洗脱，最后用70%丙酮洗脱，分别收集3倍柱体积的各部位洗脱液，收集合并35%含水乙醇、45%含水乙醇、55%含水乙醇、65%含水乙醇各部位的洗脱液，将合并的洗脱液浓缩，干燥，即得柚子总黄酮提取物干粉。

所述菊花总黄酮提取物采用以下方法制备：

(1) 将菊化粉碎打成粗粉，过30目筛。

(2) 渗漉提取：将菊花粗粉装入渗漉筒中，用75%含水乙醇浸泡10h后，用70%含水乙醇进行渗漉提取，若原料质量为1kg则含水乙醇的用量为16L，流速为5mL/min，收集渗漉液。

(3) 闪蒸浓缩：将渗漉液在水浴温度80℃，真空度为0.095MPa，进液流速为300mL/min的条件下进行真空薄膜浓缩，回收乙醇，得到每毫升药液折合含2.0g原料的浓缩液。

(4) 大孔树脂吸附纯化：将得到的浓缩液通过大孔吸附树脂分离富集，依次用水、30%含水乙醇、40%含水乙醇、50%含水乙醇、60%含水乙醇、70%含水乙醇进行梯度洗脱，最后用70%丙酮洗脱，分别收集3倍柱体积的各部位洗脱液，收集合并40%含水乙醇、50％含水乙醇、60％含水乙醇各部位的洗脱液，将合并的洗脱液浓缩干燥，即得菊花总黄酮提取物干粉。

▶ **产品应用**

本品主要用作鱼肉专用复合保鲜剂。使用方法如下：

（1）调配保鲜剂：在鱼肉专用复合保鲜剂加入两倍质量的水，制得保鲜液。

（2）将待处理的鱼肉放入上述保鲜液中，在温度 2～5℃下浸泡 15～25min，捞出、沥干，放入包装袋中，真空包装或者气调包装。

（3）将包装好的鱼肉进行冷藏，冷藏温度为 1～4℃。

▶ **产品特性**

本品具有保鲜、防腐的功效，能延缓食物腐烂变质的速度；同时，经保鲜剂处理后的鱼肉表面能形成一层均匀的薄膜，无毒可食用，能有效延长储藏期限。该加工方法简便，设备投资少，原料来源有保证，安全纯天然，生产成本低，通过上述的保鲜方法对鱼肉进行保存，该鱼肉在 55～65 天内，还具有与活鱼相似鲜度、风味和质感。

对虾的复合生物保鲜剂

▶ **原料配比**

原料	配比（质量份）	原料	配比（质量份）
茶多酚	1.0	冰醋酸	10（体积）
乳酸链球菌素	0.2	壳聚糖	15
水	973.8（体积）		

▶ **制备方法**

取茶多酚 0.5～5g、乳酸链球菌素 0.1～1g 溶于 973.8mL 水中，搅拌使其充分溶解，加入冰醋酸 6.0～15.0mL，搅拌，加入壳聚糖 5～50g，在 50℃下水浴，搅拌 10～20min，充分溶解，超声波脱气 10～15min 后即得复合生物保鲜剂。

◉ 原料配伍

本品各组分质量份配比范围为：壳聚糖 2～100，茶多酚 0.1～15，乳酸链球菌素 0.1～10，冰醋酸 2～20，水加至 1000。

◉ 产品应用

本品主要用作对虾的保鲜剂。使用方法：称取甲壳色泽好、肢体无残缺的南美白对虾 5kg，自来水冲洗 2～3 次，用毛刷在虾体表面涂刷复合生物保鲜剂，涂抹后晾干 30min，立刻装入保鲜盒内 4℃冷藏保鲜。

◉ 产品特性

本产品成本低，处理过程简便，保鲜剂处理效果较好，冷藏（4℃）下货架期可达 8 天以上，有利于对虾的长途运输和异地销售。

含有普鲁蓝多糖的虾类保鲜剂

◉ 原料配比

原料	配比（质量份）				
	1#	2#	3#	4#	5#
普鲁蓝多糖	2	1	2	1	10
纳他霉素	0.01	0.01	0.01	0.02	0.05
乳酸链球菌素	0.2	0.2	0.1	0.05	1
聚赖氨酸	—	—	—	0.05	—
壳聚糖	—	—	—	1	—
抗坏血酸	1	1	1	0.5	5
水	100	100	100	—	100

注：5# 为浓缩液（稀释 5 倍使用）。

◉ 制备方法

将各组分原料混合均匀即可。

◉ 原料配伍

本品各组分质量份配比范围为：普鲁蓝多糖 0.5～50，纳他霉素 0～1，乳酸链球菌素 0～5，抗坏血酸 0～20，聚赖氨酸 0～10，抗氧剂 0～20，抗菌成分 0～30，胶类成分 0～20，溶剂为水。

抗氧剂组分为含硫抗氧剂、磷酸酯类抗氧剂、受阻酚类抗氧剂和/或复合抗氧剂，包括：亚硫酸钠、亚硫酸氢钠、抗氧剂 1010、抗氧剂 168、抗氧剂 BHT、抗氧剂 300、抗坏血酸、维生素 E、茶多酚中的任意一种或几种。

抗菌成分为聚赖氨酸、乳酸钠、苯甲酸、苯甲酸钠、山梨酸、山梨酸钾、丙酸钙、柠檬酸中的任意一种或几种。

胶类物质组分为阴离子纤维素醚类物质或增稠类物质，包括：羧甲基纤维素钠、羧甲基纤维素、聚乙烯吡咯烷酮、聚乙二醇、淀粉、琼脂、海藻脂、角叉胶、糊精、多糖素衍生物、甲基纤维素、干酪素、聚氧化乙烯、聚乙烯醇、低分子聚乙烯蜡、聚丙烯酰胺、藻酸丙二醇酯、果胶、瓜尔豆胶、刺槐豆胶、羟丙基甲基纤维素、羟乙基纤维素、明胶、海藻酸钠、甲壳胺、卡拉胶、阿拉伯树胶、壳聚糖、黄原胶、大豆蛋白胶、卡波树脂、聚丙烯酸、聚丙烯酸钠、聚丙烯酸酯中的任意一种或几种。

◉ 产品应用

本品主要用作虾类保鲜剂。使用时将固体制剂或浓缩型液体制剂加入一定比例的水搅拌溶解或稀释，以浸泡、喷洒和/或涂抹的方式处理各种鲜虾，可以杀灭、预防微生物侵袭，防止氧化、褐变，减少营养物质的损失，从而延长鲜虾的保鲜期。

◉ 产品特性

（1）成膜保鲜性能好。

（2）防氧化、抗褐变功能好。

（3）抗菌效率高、作用时间长。

（4）安全性高。应用本产品的虾类保鲜剂处理新鲜虾类后，能防止虾类受到微生物侵袭，并抑制虾类的氧化、褐变过程，进而延长虾类的保鲜期和货架期。

南美白对虾保鲜剂

> ## 原料配比

原料	配比（质量份）		
	1#	2#	3#
纳米壳聚糖粒子悬浮液	15	15	15
0.5%抗坏血酸溶液	5	6	7
0.1%植酸	1	2	5

> ## 制备方法

（1）纳米壳聚糖悬浮液：将壳聚糖加入到质量分数1%的醋酸溶液中，配制成0.5mg/mL的壳聚糖溶液，用1mol/L NaOH溶液调节pH值至3.4~4.8；将1mg/mL三聚磷酸钠溶液逐滴加入壳聚糖溶液中，使三聚磷酸钠和壳聚糖的质量比达到1∶2，将混合溶液在室温下进行磁力搅拌，并持续60min，通过离子反应交联形成壳聚糖-三聚磷酸钠纳米粒子。

（2）取抗坏血酸，加入适量水一起搅拌至充分溶解，制备成0.5%的抗坏血酸溶液备用。

（3）取植酸，加入适量水一起搅拌至充分溶解，制备成0.1%的植酸溶液备用。

（4）将上述纳米壳聚糖悬浮液、抗坏血酸及植酸溶液混合，搅拌均匀，即制得南美白对虾水产品保鲜剂。

> ## 原料配伍

本品各组分质量份配比范围为：纳米壳聚糖粒子悬浮液15，抗坏血酸溶液5~7，植酸1~5。

所述壳聚糖分子量为150000，脱乙酰度大于90%。

> ## 产品应用

本品主要用作南美白对虾保鲜剂。使用方法：将制好的保鲜剂涂抹在南美白对虾表面，待其自然风干后，即在其表面形成可食用性膜，用于南美白对虾水产品的保鲜。

产品特性

（1）本产品的解决方案是基于这样的原理：壳聚糖是一种带正电荷的高分子材料，具有良好的生物适应性、生物降解性和生物黏附性；良好的吸湿、保湿和抑菌性；将其制备成纳米形态以后，可大大提高其在水中的分散度，使其具有更优异的成膜性、吸湿性和保湿性。纳米壳聚糖中加入植酸和抗坏血酸，植酸有很强的金属离子络合能力，可抑制虾的酶促黑变。抗坏血酸则有很强的还原性，可阻止对虾中酪氨酸及其衍生物被氧化成醌类以及醌类进一步聚合成黑色素，从而抑制黑变。将纳米壳聚糖与植酸和抗坏血酸复配，三者可发挥协同作用，比单独使用具有更好的保鲜效果。本产品的复合保鲜剂抑菌效果优异，可使南美白对虾在储藏期内保持鲜美肉质和良好外观。

（2）该方法简单、安全、无污染，高效环保。

（3）本产品所用原料均为食用性原料，保证了南美白对虾的食用性安全，不改变南美白对虾的原有色泽，不影响顾客的消费心理，将本产品应用于南美白对虾的保鲜，再辅以 4℃温控，可保鲜 8～10 天，可有效控制储藏期间的 pH、质构 TPA 值的变化，降低汁液流失率，抑制微生物生长，保持其色泽、硬度以及质构稳定。本产品原料易得，生产成本低廉。

南美白对虾生物保鲜剂

原料配比

原料	配比（质量份）	原料	配比（质量份）
植酸	0.06	溶菌酶	0.02
葡萄糖氧化酶	0.15	水	加至100

制备方法

（1）量取 50% 的植酸溶液，加入蒸馏水中放于搅拌器进行搅拌。

（2）在搅拌过程中，加入葡萄糖氧化酶粉末进行溶解。

（3）用分析天平称取溶菌酶，加入上述液体中进行溶解。

（4）使用搅拌器搅拌 5～20min。

（5）将制备好的生物保鲜剂溶液倒入制冰机，使用制冰机制成立方体冰块。

（6）使用时，将南美白对虾与保鲜剂冰块按照一定的质量比放入不锈钢网桶，将不锈钢网桶放置于 2～8℃冷藏柜内储藏。

◉ 原料配伍

本品各组分质量份配比范围为：植酸 0.05～0.8，葡萄糖氧化酶 0.1～0.2，溶菌酶 0.01～0.03，水加至 100。

◉ 产品应用

本品主要用于南美白对虾的保鲜。可以应用于超市等大型卖场具备冷藏柜的销售终端。

使用方法：

（1）配制生物保鲜剂溶液。

（2）将配制好的生物保鲜剂溶液分成两份，一份用制冰机制成冰块，另外一份待用。

（3）购买鲜活南美白对虾，剔除次品，保留健康、大小均一的虾体，筛选后的虾体用无菌水冲洗，然后经过碎冰降温冷却 5～10min。

（4）将冷却后的虾体浸泡在生物保鲜剂溶液中 1～3min。

（5）将含有生物保鲜剂的冰块放于不锈钢网桶内，将虾体捞出放置于网桶内，实现一层冰块一层虾，虾体处于冰块的包围中。

（6）取含有生物保鲜剂的冰块覆盖于南美白对虾表面。

（7）将不锈钢网桶放置于 2～8℃冷藏柜内储藏。

（8）储藏期间注意观察冰块的融化程度，适时补充含有生物保鲜剂的冰块。

◉ 产品特性

本产品通过选取具有较强抗氧化能力的植酸和葡萄糖氧化酶和抑菌性较强的溶菌酶，通过制成冰块对南美白实现生物保鲜剂与冰温联合作用，能够有效地减缓南美白对虾因氧化而引起的黑变速度和囚细菌而引起的腐败变质，与仅用纯水冰块冷藏方法相比，该保鲜剂能明显延长南美白对虾货架期 7～8 天。

提高鲜虾冷藏保鲜效果的保鲜剂

◉ 原料配比

原　　料	配比（质量份）		
	1 #	2 #	3 #
茶树精油	55	50	60
丁香精油	30	35	25
桉叶精油	10	10	10
香榧精油	5	5	5

◉ 制备方法

将上述原料按配比混合而成。

◉ 原料配伍

本品各组分质量份配比范围如下。所述的植物精油复配液的组成成分：茶树精油 50～60，丁香精油 25～35，桉叶精油 10 和香榧精油 5。

◉ 产品应用

本品主要用于鲜虾冷藏保鲜。

使用方法：将鲜虾浸泡于浓度为 4～6mL/L 的保鲜剂中处理 8～12min，再用含有无机纳米抗菌剂的保鲜袋包装后低温冷藏即可。所述的保鲜袋采用低密度聚乙烯材料吹塑而成，所述的无机纳米抗菌剂在所述的低密度聚乙烯材料中的质量分数为 0.8%～1.2%，对鲜虾的抑菌保鲜效果最佳。所述的无机纳米抗菌剂含纳米银、纳米锌和硅藻土，所述的纳米银、纳米锌和硅藻土的混合比例为 3：2：5。

◉ 产品特性

（1）本产品首次将植物精油和纳米包装复合应用于虾类的保鲜

中，提高鲜虾保鲜效果，该方法将鲜活虾经冰块冰冷猝死，采用茶树精油、丁香精油、桉叶精油和香榧精油复配稀释液浸泡处理后，再用含有无机纳米抗菌剂的保鲜袋包装后低温冷藏。

（2）由于植物精油是植物的天然提取产物，具有良好的抑菌、抗氧化和抗癌功能，在鲜虾保鲜中的使用浓度较低，所以使用该复合精油处理，对人体无害反而有益，具有很高的安全性，且植物精油复配液中的多种物质对虾类的腐败菌具有杀灭或抑制作用，对虾头的黑变有明显的抑制作用，有利于对虾防腐；同时，植物精油的主要成分是萜类和萜类氧化物，具有广谱抑菌能力，精油种类和精油浓度的合理选择可以防止精油对对虾风味的不良影响。将植物精油，尤其是茶树精油、桉叶精油、丁香精油和香榧精油进行复配用于对虾保鲜未见任何公开报道。另外，含有纳米材料的新型食品包装保鲜袋在保鲜效果、抗菌能力以及阻隔性能方面效果优越，可减少微生物腐败和食品品质劣变。纳米抗菌剂含纳米银、纳米锌和硅藻土，纳米银和纳米锌具有良好的抑菌能力，硅藻土作为填充助剂，可降低抗菌剂成本。

（3）经上述植物精油浸泡液处理再包装后的鲜虾在 4℃ 下储藏，5 天后其感官质量评分高、虾头黑变少；虾肉 pH 值、TVB-N（挥发性盐基氮）值、细菌菌落总数的上升受到极大的抑制，虾的新鲜度和品质得到较好的保持。因此本方法对鲜虾的低温冷藏防腐保鲜效果较好，为虾类冷藏运输和销售提供了较好的防腐保鲜技术，降低鲜虾腐败变质，提高虾类的经济价值，避免各种化学合成保鲜剂和防腐剂对人类和环境带来的潜在危害。

天然南极磷虾保鲜剂

◉ 原料配比

原料	配比（质量份）		原料	配比（质量份）	
	1#	2#		1#	2#
芦荟苷	2	1	壳聚糖	2	3
茶多酚	0.5	1	醋酸缓冲液	加至 100	加至 100

◉ **制备方法**

将各组分的原料混合均匀即可。

◉ **原料配伍**

本品各组分质量份配比范围为：芦荟苷 1～2，茶多酚 0.5～1，壳聚糖 2～3，醋酸缓冲液加至 100。

所述壳聚糖的脱乙酰度为 70%～80%。

所述醋酸缓冲液的离子浓度为 0.05mol/L，pH 值为 5.0。

◉ **产品应用**

本品主要用作天然南极磷虾保鲜剂。

◉ **产品特性**

本产品绿色、环保，能有效防止南极磷虾色变达 10 个月，且不改变肉质的鲜美程度。

虾类保鲜剂 (1)

◉ **原料配比**

原料	配比(质量份)		原料	配比(质量份)	
	1#	2#		1#	2#
大蒜末	19	20	盐	8	9
生姜末	7	8	食用醋	1	2
辣椒粉	9	10	食用酒精	加至 100	加至 100

◉ **制备方法**

将各组分原料混合均匀即可。

◉ **原料配伍**

本品各组分质量份配比范围为：大蒜末 19～20，生姜末 7～8，辣椒粉 9～10，盐 8～9，食用醋 1～2，食用酒精加至 100。

产品应用

本品主要用作虾的保鲜剂。使用方法：

(1) 将 10g 鲜虾或去头剥壳的虾仁在上述 60~80g 虾保鲜剂中浸泡 20~30min。

(2) 将 (1) 中虾取出，放入食品级塑料袋内。

(3) 向 (2) 中塑料袋内注入 10~20g 虾保鲜剂，封口。

产品特性

本产品使用方法简单，可适用于工业上的批量生产。

虾类保鲜剂 (2)

原料配比

原料	配比		
	1#	2#	3#
壳聚糖	0.45g	0.5g	0.55g
植酸	0.5g	0.45g	0.5g
乙二胺四乙酸	0.5g	0.6g	0.4g
4-己基间苯二酚	0.007g	0.01g	0.011g
水	加至 1L	加至 1L	加至 1L

制备方法

将所述壳聚糖、植酸、乙二胺四乙酸核和 4-己基间苯二酚溶于水中，搅拌均匀即得。

原料配伍

本品各组分质量份配比范围为：壳聚糖 0.3~0.8g，植酸 0.3~0.8g，乙二胺四乙酸 0.3~0.8g，4-己基间苯二酚 0.006~0.011g，水加至 1L。

产品应用

本品主要用作虾的保鲜剂，可应用到贝类、蛤类等水产品，能够较好地保持产品的鲜味和质量。

使用虾保鲜剂保鲜虾的方法：

（1）虾原料挑选：挑选新鲜的虾，完整无损的虾。

（2）清洗：用水清洗干净。

（3）复合保鲜剂浸泡：复合保鲜剂由壳聚糖 $0.3\sim0.8g/L$，植酸 $0.3\sim0.8g/L$，乙二胺四乙酸 $0.3\sim0.8g/L$，4-己基间苯二酚 $0.006\sim0.011g/L$ 复配而成，将挑选的新鲜虾浸泡在复合保鲜剂 $3\sim8min$。

（4）沥干：将虾从复合保鲜剂中取出沥干 $1\sim5min$。

（5）气调包装：采用 $40\%\sim45\%$ CO_2、$40\%\sim50\%$ N_2、$5\%\sim20\%$ O_2 气体比例混合包装虾。

（6）储藏：将气调包装好的虾在温度为 $-2\sim-0.5℃$ 储藏保鲜。

◉ **产品特性**

（1）使用复合保鲜剂浸泡虾，该复合保鲜剂具有良好的保鲜和防黑变作用，有效抑制了虾在冷藏过程中黑变的发生，并且有效延缓了细菌总数和挥发性盐基氮的增加，延长保鲜期，成本低，经济效益好。

（2）气调包装保持了虾的固有风味和品质，防止被细菌污染和挥发性盐基氮的产生，延长了虾的保质期。

（3）采用冰温技术储藏虾，既可避免因冻结而导致的结构劣化现象，又能保持食品新鲜的状态，同时节约成本。

虾类保鲜剂（3）

◉ **原料配比**

原料	配比（质量份）		
	1#	2#	3#
肉桂醛	0.1	0.2	0.05

原料	配比（质量份）		
	1#	2#	3#
植酸	0.05	0.1	0.01
海藻酸钠	0.5	1	0.1
水	加至 100	加至 100	加至 100

◎ 制备方法

首先将海藻酸钠溶于水中，然后加入植酸搅拌，至溶液变成透明状且无小颗粒物质存在，最后加入肉桂醛搅拌，混合均匀后即得所述的虾类保鲜剂。

◎ 原料配伍

本品各组分质量份配比范围为：肉桂醛 $0.05 \sim 0.2$，植酸 $0.01 \sim 0.1$，海藻酸钠 $0.1 \sim 1$，水加至 100。

◎ 产品应用

本品主要用作虾类保鲜剂。使用方法为：取与虾类保鲜剂等质量的鲜虾浸入保鲜剂中，于温度为 4℃下浸泡处理 $5 \sim 15min$，然后捞起虾并加碎冰后装入保鲜盒中进行冷藏。

◎ 产品特性

（1）本产品均采用天然物质，安全无毒，与食品接触后不产生对人体有害物质。肉桂醛可以抑制虾类变黑还没有报道，包括肉桂醛在其他食品中抑制褐变的应用都没有。目前关于肉桂醛防腐作用的报道不多，关于水产方面的抑菌还没有。它较多的是当作香料使用。

（2）本产品中肉桂醛具有高效的杀菌性能以及良好的抑制虾黑变的作用，保鲜效果好于目前使用的保鲜剂；植酸在体系中与肉桂醛起到了协同增效作用，同时还有良好的保水性能；海藻酸钠具有分散和成膜的效果，增加了保鲜剂的作用时间和效果，本产品的虾类保鲜剂可使虾保鲜期可以延长 70% 以上，效果明显优于普通低温保鲜方法。

（3）本产品可以采用浸泡、喷涂等使用方式，操作方便，同时具有设备投资少，成本低的优点，适用于各种规模的生产。

虾类保鲜剂（4）

原料配比

原料	配比（质量份）			
	1#	2#	3#	4#
食盐	3	2	3	4
山梨酸钾	0.1	0.3	0.1	0.3
维生素C	0.5	0.5	—	—
三聚磷酸钠	—	—	0.05	0.06
焦磷酸钠	—	—	0.05	0.05
表没食子儿茶素	0.5	0.7	0.7	0.6
磷酸四钠	0.7	0.5	0.6	0.8
谷氨酸	0.3	0.4	0.3	0.3

制备方法

将各组分混合均匀即可。

原料配伍

本品各组分质量份配比范围为：食盐2～5，山梨酸钾0.1～0.5，维生素C 0.5～1，三聚磷酸钠0.05～0.1，焦磷酸钠0.05～0.1，表没食了儿茶素0.5～1，磷酸四钠0.5～1，谷氨酸0.1～0.5。

产品应用

本品主要应用于鲜虾的保存，同样适用于其他海鲜。使用方法：

（1）将鲜虾用0.5%的食盐水冲洗2～3次，将保鲜剂与碎冰混合，冻成保鲜冰。

（2）将鲜虾放入步骤（1）制备的保鲜冰中，0～4℃下冷藏。

所述保鲜剂与碎冰的质量比为保鲜剂：碎冰＝3～5：100。

鲜虾与保鲜冰的质量比为鲜虾：保鲜冰＝1：1.75。

所述的鲜虾保鲜方法，在使用保鲜液前，先用0.5％的食盐水清洗鲜虾，除去鲜虾表面的细菌和污染物，使鲜虾表面干净，更易保存。通过在保鲜剂中加入维生素C和表没食子儿茶素，增强保鲜剂的保鲜效果，在保鲜、防腐的同时，保持鲜虾的口感和色泽。

▶ 产品特性

本产品提供的虾类保鲜剂，使储藏期由单用碎冰的8天延长到17天，保鲜效果更好，虾类不变色、不变质。

虾天然保鲜剂

▶ 原料配比

原　　料	配比
脱乙酰度大于或等于90％的壳聚糖	2g
浓度2％的柠檬酸液	100mL
鱼鳞胶原蛋白	1g

▶ 制备方法

将脱乙酰度大于或等于90％的壳聚糖按其2g溶解于100mL浓度2％的柠檬酸液中的比例，制取浓度2％壳聚糖溶液，按壳聚糖质量的1/2添加鱼鳞胶原蛋白，搅拌均匀之后，即为成品。

▶ 原料配伍

本品各组分配比范围为：脱乙酰度大于或等于90％的壳聚糖2g，浓度2％的柠檬酸液100mL，鱼鳞胶原蛋白1g。

▶ 产品应用

本品主要用作虾的天然保鲜剂。使用方法，包括以下步骤：

(1) 挑取新鲜度一致的虾，用 0～4℃ 的冰水清洗，去除污物，并剔除破损的和新鲜度不够的虾。

(2) 将所述虾天然保鲜剂配制成浓度为 2%～5% 的溶液，将洗净的虾放入保鲜液中，上下轻微摇动确保虾体完全浸没于溶液中，使其充分与溶液接触，沉浸 5～8min 后取出。

(3) 沥干溶液，用塑料袋包装，放入低于 -15℃ 的冷冻库冷冻。

◎ **产品特性**

(1) 壳聚糖作为天然存在的唯一碱性多糖，来源广泛。它具有成膜性、吸湿保湿性、生物可降解性、金属絮凝性以及安全无毒性等特性。壳聚糖是由甲壳质加工而成。甲壳质来源丰富，是自然界第二大纤维来源，包括动物界的虾、蟹、昆虫壳、鱿鱼软骨、微生物界的酵母菌以及真菌细胞壁等，目前工业界习惯使用的为蟹壳及虾壳，因其来源可与水产加工厂配合，收集之成本较低。壳聚糖具有良好的成膜特性和强的抗菌保鲜防腐能力。鱼鳞胶原蛋白则是由鱼鳞提取的具有出色的保湿功能的另一种天然材料，与壳聚糖协同作用，一起作为高效、无毒、无味、成本较低的天然保鲜剂。

(2) 在 -15℃ 条件下，该虾天然保鲜剂可延长虾的保鲜期至三个月以上，解冻后的虾体不发黑、不变质，鲜度如初。本产品构思新颖，设计独特，具有很强的实用性。

鲜对虾保鲜剂

◎ **原料配比**

原　料	配　比		
	1#	2#	3#
蓝莓叶多酚	2g	5g	8g
紫菜多糖	2g	6g	10g
柠檬酸	0.002g	0.01g	0.02g
水	加至1L	加至1L	加至1L

制备方法

（1）制备蓝莓叶多酚：称取蓝莓叶粉末10g，对蓝莓叶多酚进行超声处理，超声处理时间15min，超声功率460W，乙醇浓度60%，料液比1:30（g/mL），超声处理后进行抽滤，将抽滤后的溶液用旋转蒸发仪浓缩，同时应用AB-8型大孔吸附树脂将浓缩液纯化，将纯化后的溶液浓缩，将浓缩液置于−80℃的冰箱中预冷8h后，取出放置于冷冻干燥机中冷冻干燥24h即可。通过Folin-Ciocalteus法测定总多酚含量。

（2）制备紫菜多糖：完成步骤（1）后，称取紫菜20g，采用超声波辅助提取紫菜多糖，超声发出时间2s、超声间隙时间2s、提取全程时间55min、超声功率700W、提取温度60℃、料液比1:40（g/mL），过滤、浓缩、5倍体积的95%乙醇内进行醇沉，醇沉时间6h，采用5%的三氯乙酸70℃处理30min除去多糖中的蛋白质，浓缩，置于冷冻干燥机中干燥24h即可。紫菜多糖制备成功，然后通过硫酸-苯酚法测定多糖含量。所制备的紫菜提取物中多糖含量为60.12%。

（3）制备保鲜剂：将准备好的蓝莓叶多酚溶液和紫菜多糖溶液按照比例混合，同时加入去离子水，搅拌均匀，然后加入柠檬酸，混合均匀即可。

原料配伍

本品各组分质量份配比范围为：蓝莓叶多酚2~8g，紫菜多糖2~10g，柠檬酸0.002~0.02g，水加至1L。

产品应用

本品主要用于鲜对虾保鲜。使用方法：将活对虾用碎冰猝死，将对虾浸泡在配制好的保鲜剂中处理30~90min，沥干后用无菌袋包装密封后置于4℃冰箱中。

产品特性

利用本产品可以将鲜对虾进行良好的保鲜，也不会产生食用安全问题，同时也不需较高的成本。

鲜虾保鲜剂 (1)

原料配比

原 料	配比（质量份）		
	1#	2#	3#
壳聚糖	1.5	2.1	1.8
植酸	5	6	5
柠檬酸	0.8	1.2	1
生蒜末	15	18	15
食用醋	8	10	8
维生素 C	—	1	—
黄酒	加至 100	加至 100	加至 100

制备方法

先将各固形物组分预混合，然后加入食用醋和黄酒调和即可。

原料配伍

本品各组分质量份配比范围为：壳聚糖 1.5～2.1，植酸 5～6，柠檬酸 0.8～1.2，生蒜末 15～18，食用醋 8～10，黄酒加至 100。

该保鲜剂中还可能包括维生素 C 1。增加了维生素 C，可以使鲜虾的色泽鲜亮，食用时口感较好。

产品应用

本品主要用作鲜虾保鲜剂。使用方法：将原料鲜虾进行挑选，清洗，采用所述的鲜虾保鲜剂浸泡鲜虾，然后将水沥干，采用气调包装方式包装，最后在 -2～-0.5℃ 的温度下储藏。鲜虾的浸泡时间为 10～15min。

产品特性

（1）本产品可以有效抑制虾在冷藏过程中黑变的发生，并且有效延缓细菌总数和挥发性盐基氮的增加，延长保鲜期。

（2）采用气调包装方式包装，可以相应的延长鲜虾保鲜期。

（3）采用本产品，鲜虾解冻后形态完整，色泽鲜亮，口感好。

鲜虾保鲜剂（2）

⊗ 原料配比

原　料	配比（质量份）		
	1#	2#	3#
植酸	2	4	5
抗坏血酸	8	9	10
柠檬酸	12	13	15
聚丙烯酸钠	1	2	3
山梨醇	20	22	25
谷氨酸	12	15	18
葡萄糖氧化酶	0.2	0.4	0.6
三聚磷酸钠	20	23	25

⊗ 制备方法

将各组分充分搅拌混匀即可。

⊗ 原料配伍

本品各组分质量份配比范围为：植酸 2～5，抗坏血酸 8～10，柠檬酸 12～15，聚丙烯酸钠 1～3，山梨醇 20～25，谷氨酸 12～18，葡萄糖氧化酶 0.2～0.6，三聚磷酸钠 20～25。

⊗ 产品应用

本品主要用作鲜虾保鲜剂。使用方法：先将此保鲜剂溶于海水或淡水中，即在 100g 海水或淡水中，加入 0.2g 本剂，然后将鲜虾在其中浸泡 10min，取出后放置在 5℃的冷库中即可。

当需要较长时间冷冻储存时，可将虾连同保鲜剂溶液一起冰冻，则保鲜更为有效。

◉ 产品特性

（1）保鲜期长：用本剂进行保鲜，可以在 5℃条件下保存 72h，鲜虾质量不变。

（2）保鲜范围广：本剂不仅适合鲜虾的保鲜，其他海鲜（如鲜鱼、鲜蟹等）也可以使用。

抑制对虾黑变的保鲜剂

◉ 原料配比

原　　料	配比（质量份）		
	1#	2#	3#
麦角硫因	0.2	0.9	0.6
海带多酚	0.9	0.3	0.6
海带多糖	0.3	1	0.6
冰醋酸	1	0.6	0.8
去离子水	加至 100	加至 100	加至 100

◉ 制备方法

（1）提取海带多酚：将海带用蒸馏水清洗 2～5 次，在匀浆机中粉碎海带后，加入质量分数为 70%～80%的乙醇，1g 海带匀浆加入乙醇 40～60mL，在微波辅助条件下进行提取，微波功率为 650～750W，提取时间为 60～80s，过滤，采用旋转蒸发将滤液浓缩，然后用 XDA-1 大孔吸附树脂纯化，用质量分数为 70%～80%

的乙醇进行洗脱，将经纯化的溶液采用旋转蒸发浓缩后，在-80℃下预冷6h，取出放置于冷冻干燥机中冷冻干燥24h，得到海带多酚。

（2）提取海带多糖：将海带用蒸馏水清洗2～5次，在105℃下烘干20min，将经烘干的海带磨成海带粉末，加入质量分数为2%～3%的$CaCl_2$溶液，1g海带粉末加入$CaCl_2$溶液40～60mL。匀浆后在7000r/min下离心15min，收集上清液，在55℃采用旋转蒸发将收集的上清液体积浓缩到原来体积的1/5，得到浓缩液，将浓缩液与无水乙醇按照体积比1:4～1:5混合均匀，4℃过夜；在7000r/min下离心15min，收集沉淀物，再用无水乙醇清洗3～5次，在55℃烘干至恒重，得到海带多糖。

（3）制备保鲜剂：将麦角硫因、提取的海带多酚和提取的海带多糖加入去离子水中，搅拌均匀，然后加入冰醋酸，配制成保鲜剂。

◉ 原料配伍

本品各组分质量份配比范围为：麦角硫因0.2～0.9，海带多酚0.3～0.9，海带多糖0.3～1，冰醋酸0.6～1，水加至100。

◉ 产品应用

本品主要用作抑制对虾黑变的保鲜剂。

对虾进行保鲜：将活的对虾放入冰水中猝死，将对虾浸泡在配制好的保鲜剂中20～100min，沥干后用聚乙烯食品袋包装密封后置于4℃冰箱中。

◉ 产品特性

（1）以麦角硫因和从海带中提取的海带多糖以及海带多酚作为原料，麦角硫因具有抗氧化、抗肿瘤等生物活性，海带多糖和海带多酚也对人体具有一定保健作用，用于食品保鲜剂，更加营养健康，保证了食品的安全。

（2）工序步骤少，操作方便，只需用配制的保鲜剂通过简单浸泡就可以抑制虾黑变。

抑制南美白对虾黑变的复合保鲜剂

原料配比

原　　料	配比（质量份）		
	1#	2#	3#
葡萄糖氧化酶	0.01	0.03	0.02
二硫苏糖醇	0.3	0.5	0.4
乳酸链球菌素	0.03	0.05	0.04
酪蛋白酸钠	0.5	1	0.7
金属硫蛋白	0.05	0.1	0.06
迷迭香酸	3	5	4
蜂胶水提液	8	10	9
水	加至100	加至100	加至100

制备方法

（1）制备蜂胶水提液：在蜂胶中加入 3～5 倍量的 95％食用乙醇，充分搅拌使其溶解后，将上述蜂胶醇溶液边搅拌边倒入 80～85℃ 热水中，使成 40％～50％ 乙醇终浓度的蜂胶醇溶液，搅拌 10～15min 后，冷却至室温，过滤，得第一滤液，将滤渣按上述步骤重新提取，得第二滤液，将第一滤液和第二滤液合并后回收乙醇，最后于 70～80℃ 浓缩至相对密度为 1.02～1.03 即得蜂胶水提液，待用。

（2）混配：先将葡萄糖氧化酶、二硫苏糖醇、乳酸链球菌素、酪蛋白酸钠、金属硫蛋白、迷迭香酸与水混合均匀，再加入蜂胶水提液混合均匀即得复合保鲜剂。通过分步混配即可得到复合保鲜剂。

原料配伍

本品各组分质量份配比范围为：葡萄糖氧化酶 0.01～0.03，

二硫苏糖醇 0.3～0.5，乳酸链球菌素 0.03～0.05，酪蛋白酸钠 0.5～1，金属硫蛋白 0.05～0.1，迷迭香酸 3～5，蜂胶水提液 8～10，水加至 100。

◉ 产品应用

本品主要用作抑制南美白对虾黑变的保鲜剂。

◉ 产品特性

（1）本产品中各组分相互协同增效，具有优异的抑菌、保鲜和防黑变作用，能延长对虾的保鲜期。

（2）通过分步混配即可得到复合保鲜剂，工艺步骤简单，可操作性强，对设备要求低，投资少，适合大规模工业化生产。

抑制虾黑变的复合生物保鲜剂

◉ 原料配比

原　料	配比	原　料	配比
抗坏血酸	2g	冰醋酸	10mL
植酸	0.5mL	壳聚糖	15g
水	加至 1000mL		

◉ 制备方法

取抗坏血酸和植酸溶于水中，搅拌使其充分溶解，加入冰醋酸，搅拌，加入壳聚糖，在 40℃下水浴，搅拌 10～20min，充分溶解，超声波脱气 10～15min 后即得抑制虾黑变的复合生物保鲜剂。

◉ 原料配伍

本品各组分配比范围为：壳聚糖 5～15mL，抗坏血酸 1～2g，植酸 0.1～1mL，冰醋酸 2～20mL，水加至 1000mL。

⊙ 产品应用

本品主要用作抑制虾黑变的复合生物保鲜剂。使用方法：取甲壳色泽好、肢体无残缺的南美白对虾，自来水冲洗 2～3 次，用毛刷在虾体表面涂刷防黑变复合生物保鲜剂，涂抹后晾干 30min，立刻装入保鲜盒内 4℃冷藏保鲜。

⊙ 产品特性

（1）本产品成本低，处理过程简便，保鲜剂处理效果较好，冷藏（4℃）下可延缓虾黑变 2～3 天，有利于虾的运输和销售，提高了虾的感官品质。

（2）本产品可以有效地抑制虾黑变，延长虾的保鲜期。

贝类保鲜剂

⊙ 原料配比

原　　料	配比（质量份）	原　　料	配比（质量份）
溶菌酶	0.05	甘氨酸	6～8
乳酸链球菌素	0.02	山梨酸钾	0.06～0.08
NaCl	1.0～2	维生素 C	0.2～0.5

⊙ 制备方法

将各组分混合均匀后溶于水即可。

⊙ 原料配伍

本品各组分质量份配比范围为：溶菌酶 0.05，乳酸链球菌素 0.02，NaCl 1～2，甘氨酸 6～8，山梨酸钾 0.06～0.08，维生素 C 0.2-0.5。

所述的充 N_2 和充 CO_2 气体包装为 $V(N_2):V(CO_2)=2:3$。

⊙ 产品应用

本品主要用作贝类的保鲜剂。微冻条件下保藏贝类的保鲜剂的使用方法：

（1）将贝类去壳取肉，在生理盐水中漂洗后沥干水分，备用。

（2）将贝肉浸入配好的保鲜溶液中约 2min，捞出沥干贝肉表面多余的保鲜液。

（3）将经过保鲜处理的贝肉装袋，采用充 N_2 和充 CO_2 气体包装，在 $-3℃$ 下进行保藏。

◎ **产品特性**

在微冻下储藏，使一些细菌开始死亡，大部分嗜冷菌虽未死亡，但其活动也受到了抑制，几乎不能繁殖，并配合生物保鲜剂和 N_2、CO_2 的共同使用来达到延长贝肉货架期的目的。其中 CO_2 对微生物的总体作用是延长微生物细胞生长的迟缓期和降低其在对数生长期的生长速率。此外，N_2 还对高浓度 CO_2 包装的生鲜肉及鱼制品，具有防止由于 CO_2 气体溶解于肌肉组织而导致包装塌落的作用，并且常被用来替代氧气以防止食品氧化酸败和抑制需氧微生物的繁殖。

贝类生物保鲜剂（1）

◎ **原料配比**

原料	配比（质量份）		原料	配比（质量份）	
	1#	2#		1#	2#
丙氨酸	3	4	抗坏血酸	0.6	6
溶菌酶	0.08	5	磷酸镁	3	0.7
甘氨酸	6	0.08	水	加至100	加至100

◎ **制备方法**

将各组分原料混合均匀即可。

◎ **原料配伍**

本品各组分质量份配比范围为：丙氨酸 $1\sim5$，溶菌酶 $0.05\sim5$，甘氨酸 $0.05\sim8$，抗坏血酸 $0.2\sim8$，磷酸镁 $0.5\sim3$，水加至100。

◎ **产品应用**

本品主要用作贝类保鲜剂。

◎ **产品特性**

本产品配方合理，使用效果好，生产成本低。

贝类生物保鲜剂 (2)

◎ **原料配比**

原　　料		配比(质量份)		
		1#	2#	3#
甘氨酸		6～8	6～8	6～8
维生素 C		0.2～0.5	0.2～0.5	0.2～0.5
山梨酸钾		0.06～0.08	0.06～0.08	0.06～0.08
NaCl		1.0～2	1.0～2	1.0～2
生物制剂	溶菌酶	0.05	—	0.05
	乳酸链球菌素	—	0.02	0.02
水		加至100	加至100	加至100

◎ **制备方法**

将各组分原料混合均匀即可。

◎ **原料配伍**

本品各组分质量份配比范围为：甘氨酸 6～8，维生素 C 0.2～0.5，山梨酸钾 0.06～0.08，NaCl 1.0～2，生物制剂（0.05%溶菌酶或 0.02%乳酸链球菌素或 0.02%乳酸链球菌素和 0.05%溶菌酶）、水加至100。

◎ **产品应用**

本品主要用作贝类保鲜剂。使用方法：

（1）将贝类去壳取肉，在生理盐水中漂洗后沥干水分，备用。

（2）将贝肉浸入配好的保鲜溶液中约 2min，捞出沥干贝肉表面多余的保鲜液。

（3）将经过保鲜处理的贝肉装袋，真空包装，在 -20℃ 下保藏。

◉ 产品特性

本保鲜剂使用方便、毒性低、稳定性高、抑菌效果好，用该保鲜剂处理后的贝类，在 1 年的储藏过程中，贝肉质地弹性良好、无腐败气味。

贝类涂膜保鲜剂

◉ 原料配比

原　料	配比(质量份)	原　料	配比(质量份)
壳聚糖	1.0～2.0	食用醋酸	0.6～1
乳酸链球菌素	0.02	茶多酚	0.02～0.06
维生素 C	0.2～0.5		

◉ 制备方法

将上述各组分的原料按配比混合均匀溶于水。

◉ 原料配伍

本品各组分质量份配比范围为：壳聚糖 1.0～2.0，乳酸链球菌素 0.02，维生素 C 0.2～0.5，食用醋酸 0.6～1，茶多酚 0.02～0.06。

◉ 产品应用

本品主要用于贝类涂膜保鲜剂。

贝类涂膜保鲜剂使用方法：

（1）贝类去壳取肉，在生理盐水中漂洗后沥干水分，备用。

（2）将贝肉浸入配好的保鲜溶液中约 2min，沥干。

（3）将含有海藻酸钠涂膜的贝肉浸入 5% $CaCl_2$ 的水溶液中胶化 1～2min，壳聚糖涂膜保鲜的不需 $CaCl_2$ 处理。

（4）将经过保鲜处理的贝肉装袋，真空包装，在 -20℃下进行保藏。

◉ **产品特性**

本产品的涂膜无毒无副作用，可直接食用；可以减少细菌的污染，阻止涂层表面微生物的生长，保持食品水分及风味，降低食品冷冻收缩变形程度，减慢含脂食品的氧化变质速率等，从而可有效延长食品的货架期。为了降低贝肉在冻藏过程中的干耗，防止由此而引起的冻结烧，同时降低解冻时的汁液流失，对冷冻制品进行涂膜保鲜，特别是采用海藻酸钠、壳聚糖等进行涂膜保鲜具有广泛的应用价值。

花蛤肉保鲜剂

◉ **原料配比**

原　料	配比（质量份）		
	1#	2#	3#
水	100	100	100
葡萄糖氧化酶	0.10	0.25	0.30
植酸	0.35	0.20	0.10
葡萄糖酸-δ-内酯	0.15	0.25	0.12

◉ **制备方法**

准确称取葡萄糖氧化酶、植酸和葡萄糖酸-δ-内酯，溶于水中，配制成花蛤肉保鲜剂水溶液。

◉ **原料配伍**

本品各组分质量份配比范围为：水 100，葡萄糖氧化酶 0.10～

0.30，植酸 0.10～0.35，葡萄糖酸-δ-内酯 0.12～0.25。

产品应用

本品主要用作花蛤肉保鲜剂。使用方法：

（1）将新鲜的花蛤肉和保鲜剂水溶液按照 1∶1～1.2 的质量比进行低温浸泡，浸泡过程每 20～30min 搅拌 1～2 次，浸泡温度 8～10℃，总浸泡时间 2～3h。

（2）捞起后将花蛤肉沥干，加入适量碎冰入保鲜盒，并存放在温度 3～7℃的冰柜中，即可进行长途运输。

产品特性

（1）植酸具有防褐变、防腐、抗氧化作用。葡萄糖氧化酶不仅能有效保持原有色泽，而且对保持其鲜味和弹性具有很好效果。葡萄糖酸-δ-内酯有防腐效果，而且它也起到阻隔细菌的作用。

（2）本产品克服了花蛤储运、加工、冷藏中出现的问题，满足产品冷藏保质期长的需要。

生牡蛎保鲜剂

原料配比

原　　料	配比（质量份）				
	1#	2#	3#	4#	5#
壳聚糖	1.2	0.6	1.4	0.8	1.3
海藻酸钠	0.3	0.2	0.2	0.4	0.3
茶多酚	0.3	0.5	0.01	0.3	0.08
氯化钙	3	3.5	3.5	2.8	2
维生素 C	2.5	1	3	1.9	2.4
果糖	3～5	7.5	3.5	4.6	5.6
氯化钠	3	1	5	2.9	4
乙醇	5	8	3	6	8
醋酸	2	2	2	2	2
丝瓜水	46	49	35	41	37
水	加至 100	加至 100	加至 100	加至 100	加至 100

> **制备方法**

将各组分原料混合均匀即可。

> **原料配伍**

本品各组分质量份配比范围为：壳聚糖0.6~1.4，海藻酸钠0.2~0.4，茶多酚0.01~0.5，氯化钙1.5~3.5，维生素C 1~3，果糖3.5~7.5，氯化钠1~5，乙醇3~8，醋酸2，丝瓜水35~49，水加至100。

所述的丝瓜水，又称天萝水，是采用丝瓜主蔓根部30cm处采用截蔓自流法，让丝瓜水自然流出而得。

> **产品应用**

本品主要用作生牡蛎保鲜剂。使用方法如下：

(1) 预冷，将生牡蛎洗净，0~15℃下置于5mL/L的臭氧溶液中杀菌1~2min。

(2) 浸泡，将经预冷处理后的生牡蛎浸泡到生牡蛎保鲜剂中浸泡15~30min。

(3) 保藏，将浸泡好的生牡蛎取出。放入气调库中保藏效果更佳。

> **产品特性**

(1) 使用本产品保鲜的生牡蛎，不需再清洗，可直接食用。

(2) 延长了生牡蛎的保鲜时间，在同样的保藏条件下，用保鲜剂浸泡过的生牡蛎的保鲜时间是没有浸泡过保鲜剂的生牡蛎保鲜时间的2倍，可达到延长15天保鲜期的效果，即其色泽、口感基本无变化。

5

面食糕点保鲜剂

发酵面食保鲜剂

原料配比

原　料	配比(质量份)	原　料	配比(质量份)
溶菌酶	10	乳酸链球菌素	10
纳他霉素	70		

制备方法

以生物酶和微生物代谢物为主剂，混匀，采用现代微粉技术制成粉剂。

原料配伍

本品各组分质量份配比范围为：生物酶 20～80，微生物代谢物 10～65。

所述的生物酶为溶菌酶、纳他霉素取一种或都用。

所述的微生物代谢物为乳酸链球菌素。

产品应用

本品主要用作发酵面食保鲜剂。

使用方法：将发酵面食保鲜剂按 600～900mg/kg 的剂量用水稀释后，对杂粮面进行表面喷涂或喷淋即可。

产品特性

本产品成本低，天然、安全、无残留，应用方便，效果明显。

复配保鲜剂

原料配比

原　料		配比（质量份）								
		1#	2#	3#	4#	5#	6#	7#	8#	9#
面粉		1000	1000	1000	1000	1000	1000	1000	1000	1000
食盐		10	10	10	10	10	8	12	8	12
变性淀粉		40	40	60	40	60	40	80	40	80
组分A	食用酒精	20	20	40	20	60	20	60	30	40
	山梨糖醇	100	100	100	150	100	50	150	80	120
	丙二醇	1.5	1.5	1.5	1.5	1.5	1	2	1.3	1.7
	食用碱	1.5	1.5	1.5	1.5	1.5	1	2	1.3	1.7
	水	200	200	180	150	160	253	107	211	159
组分B	单辛酸甘油酯	1	1	1	1	1	0.5	1.5	0.8	1.2
	蔗糖酯	1	2	4	2	4	1	4	2	3
	聚丙烯酸钠	1.2	1.2	2	1.5	2	1.2	2	1.4	1.8
	大豆磷脂	10	10	10	10	10	7	13	9	11
	植物油	10	10	10	10	10	7	13	9	11
	丙二醇	—	15	4	4	4	—	—	5	15

制备方法

将各组分原料混合均匀即可。

原料配伍

本品各组分质量份配比范围为：组分A 70～230，组分B 15～35。面粉1000，食盐8～12，变性淀粉40～80，水150～300。

组分 A 组成为：食用酒精 20～60，山梨糖醇 50～150，丙二醇 1～2，食用碱 1～2。

组分 B 组成为：单辛酸甘油酯 0.5～1.5，蔗糖酯 1～4，聚丙烯酸钠 1.2～2，大豆磷脂 7～13，植物油 7～13，丙二醇 5～15。

所述食用碱是碳酸钠。

所述的蔗糖酯是蔗糖与食用脂肪酸的酯类，通常用作乳化剂。蔗糖酯所用的脂肪酸有硬脂酸、棕榈酸、油酸等高级脂肪酸，醋酸、异丁酸等低级脂肪酸。本产品优选的蔗糖酯是蔗糖与硬脂酸、棕榈酸或油酸的单酯、双酯或三酯，或它们的混合物。

随着相对分子质量增大，聚丙烯酸钠从无色稀溶液到透明弹性胶体，或者固体。聚丙烯酸钠能够增强原料面粉中的蛋白质黏结力，使淀粉粒子相互结合，分散渗透至蛋白质的网状结构中，另外，其还具有保水性，使水分能够均匀保持于面团中，防止干燥。本产品优选的聚丙烯酸钠的平均重均分子量大于 3000 万。

所述的大豆磷脂是含有磷酸的类脂物质的混合物，主要成分是：磷脂酰胆碱（PC）、磷脂酰乙醇胺（PE）、磷脂酸（PA）和磷脂酰肌醇（PI）。本产品中大豆磷脂能够控制面条的水分活度，从而抑制霉菌物质的生长。

常规食用植物油均可应用于本产品，例如大豆油、玉米油、橄榄油、花生油等。

本产品还可以含有其他常规面食添加剂，例如维生素 E、蛋白质、植物胶等。

变性淀粉优选醋酸酯淀粉。

◉ 产品应用

本品用作生湿面条保鲜剂。制备生湿面条的方法：将面粉和变性淀粉外的所有成分用水溶解，然后加入到面粉和变性淀粉的混合物中，进行和面；采用复合压延机压成面片，将面片静置 1h 左右后采用复合压延机将面片压成面带，切条，放置冷却至室温包装。

◉ 产品特性

本产品能有效地提高生湿面条货架期和食用品质，并有效延缓成品的霉变速度。

馒头保鲜剂

原料配比

原　　料	配比（质量份）		
	1 #	2 #	3 #
单辛酸甘油酯	26	32	30
丙酸钙	22	17	20
抗坏血酸	3	6	4
柠檬酸	25	18	20
淀粉酶	0.1	0.3	0.2
纤维素酶	0.4	0.1	0.2
淀粉	23.5	26.6	25.6

制备方法

将各组分原料混合均匀即可。

原料配伍

本品各组分质量份配比范围为：单辛酸甘油酯 20～40，丙酸钙 10～30，抗坏血酸 2～6，柠檬酸 10～30，淀粉酶 0.1～0.4，纤维素酶 0.1～0.4，其余为淀粉。

产品应用

本品主要用作馒头保鲜剂。使用方法：

（1）将面粉、面粉量 1％的活性干酵母、面粉量 0.5％的所述馒头保鲜剂在和面机中预混 3min，加适量水揉成面团。

（2）将面团在压片机上连续折叠压片 10 遍后，卷成面卷，分割搓圆成型。

（3）将成型后的馒头坯放入温度 37℃，湿度饱和的醒面箱中醒面 1h，放入蒸箱蒸制 25min。

◉ 产品特性

本产品中的各组分可以起到协同效应，很好地发挥防腐保鲜效果，延长馒头的保质期。

湿面保鲜剂

◉ 原料配比

原　　料	配比（质量份）		
	1#	2#	3#
水	1000	1000	1000
抗坏血酸	38	36	39
柠檬酸	18	15	17
丙酸钙	37	38	36
丙二醇	46	49	47

◉ 制备方法

称取水，按成分配比逐个加入抗坏血酸、柠檬酸、丙酸钙和丙二醇，搅拌至全部溶解。

◉ 原料配伍

本品各组分质量份配比范围为：水 1000，抗坏血酸 35～40，柠檬酸 15～20，丙酸钙 35～40，丙二醇 45～50。

◉ 产品应用

本品主要用作湿面保鲜剂。

使用方法：将保鲜剂均匀喷洒于湿面条的表面即可；使用量为每吨面条中添加 3.5～4kg 保鲜剂。

◉ 产品特性

本产品中采用抑菌剂、抗氧化剂及助剂进行复配，具有协同增效作用，保鲜效果好，不仅能延长面条的货架期，还具有维生素 C 强化效果。保鲜剂配方简易，生产工艺简单，成本低，使用方便。

湿面条保鲜剂

▶ 原料配比

原　料	配比(质量份)	原　料	配比(质量份)
脱氢醋酸钠	25	氯化钠	7
L-乳酸钠	60	羧甲基纤维素	5
柠檬酸	3		

▶ 制备方法

将各组分原料混合均匀即可。

▶ 原料配伍

本品各组分质量份配比范围为：脱氢醋酸钠 20～30，L-乳酸钠 50～70，柠檬酸 2～5，氯化钠 5～10，羧甲基纤维素 3～8。

▶ 产品应用

本品主要用作湿面条保鲜剂。使用方法如下：

（1）按面粉质量 0.2% 的用量将上述湿面条保鲜剂添加到面粉中。

（2）湿面条加工工艺按常规工艺要求进行。

▶ 产品特性

（1）本产品所使用的原料脱氢醋酸钠、乳酸钠和氯化钠共用时，产生互补的效应，降低细菌和霉菌体内酶的活性，而柠檬酸可降低面条中的 pH 值，氯化钠和羧甲基纤维素可降低面条中的水活度，从而共同作用抑制细菌和霉菌的生长和繁殖，以达到保鲜的效果。

（2）本产品对湿面条的保鲜效果明显，存放期超过 50h 或以上，且在颜色、气味方面，基本上保持了面条的原有风味。

湿面条防腐防霉保鲜剂

◉ 原料配比

原　　料		配比（质量份）
大蒜、松针和肉桂皮的混合提取物	大蒜	45
	松针	25
	肉桂皮	35
大蒜、松针和肉桂皮的混合提取物		15
乳酸链球菌素		0.3
D-异抗坏血酸钠		3
乳酸钠		4
柠檬酸		3
食盐		4
水		70.7

◉ 制备方法

（1）取大蒜剥皮去蒂，洗净晾干，用粉碎机粉碎。

（2）取松针洗净晾干，用粉碎机粉碎。

（3）取肉桂皮洗净晾干，用粉碎机粉碎。

（4）将（1）～（3）所得粉碎物质混合，加入乙醇浸泡24h左右，过滤，滤渣再次加入乙醇浸泡24h左右，过滤，所得滤液减压浓缩回收溶剂得浸膏，将浸膏真空干燥得到一种粉末状提取物。

（5）取上述混合提取物10～20份，乳酸链球菌素0.1～1份，D-异抗坏血酸钠2～5份，乳酸钠2～5份，柠檬酸2～5份，食盐2～5份，与水混合均匀，得到湿面条防腐防霉保鲜剂。

◉ 原料配伍

本品各组分质量份配比范围为：大蒜、松针和肉桂皮的混合提取物10～20，乳酸链球菌素0.1～1，D-异抗坏血酸钠2～5，乳酸钠2～5，柠檬酸2～5，食盐2～5，水70～80。

大蒜、松针和肉桂皮的混合提取物：大蒜30～50份，松针

20～40 份，肉桂皮 20～40 份。

产品应用

本品主要用作湿面条防腐防霉保鲜剂。

使用方法：在湿面条中添加量为 0.3%～0.5%，能有效抑制、杀灭酵母菌、霉菌、细菌以及各种真菌等，25℃条件下保质期达到 5 天左右，无酸味，无霉无黄变现象。

产品特性

本产品保鲜剂安全无毒，广谱抑菌杀菌性能好，具有防腐防霉、抗脂肪氧化等功能，可改善食品品质，有效延长食品保质期，原材料全天然且易得，生产工艺简单。

糕点保鲜剂 (1)

原料配比

原　　料		配比（质量份）		
		1#	2#	3#
吸附剂	硅胶	70	60	62
防霉剂	双乙酸钠	4	3	8
杀菌剂	食用酒精	15	30	17
防腐剂	柠檬酸	5	2	3
水		6	5	10

制备方法

将各组分原料混合均匀即可。

原料配伍

本品各组分质量份配比范围为：硅胶 60～70，双乙酸钠 3～8，食用酒精 15～30，柠檬酸 2～5，水 5～10。

所述硅胶为 300～400 目硅胶。

产品应用

本品主要用于中西糕点、月饼等烘焙食品的防霉，牛肉、猪肉和鱼肉干制品的防霉和保鲜。

◎ **产品特性**

（1）杀菌性能好　一般来说，酒精的抗菌作用为：低浓度（2%～6%）有抑制繁殖作用；中浓度（8%～20%）有一定的杀菌作用；高浓度（30%以上）有强杀菌作用。正常情况下，霉菌对酒精的抵抗力很低，在酒精浓度低于4%的情况下就无法生长。由于酒精的挥发气体溶入食品所含水分之中，并渗透到食品内部，因此能够达到更好的灭菌效果。酒精保鲜剂存放于食品袋后，纤维片中的保鲜液就会按预设速度缓慢挥发，挥发混合气充满包装袋，并且吸附在食品水分表面，最终达到袋内气体饱和，从而起到抑制霉菌、微生物的活动，杀灭细菌，达到食品保鲜的目的。

（2）保持食品口味纯正　由于该产品是通过杀菌方式起保鲜作用，不会破坏包装食品的结构。比一般的食品保鲜剂（如除氧剂、二氧化氯等）的效果好。食品包装环境干湿度适宜，营养物质不流失，从而保持了食品口味纯正。

（3）杀菌速度快　由于酒精具有很强的挥发性，食品袋中使用酒精保鲜剂后数分钟即可起到保鲜作用。

（4）防止食物中毒　酒精保鲜剂释放出的混合气体，不仅对细菌、霉菌等好氧菌起到抑制、杀灭的作用，而且对酵母菌等厌氧菌起到抑制作用，从而可以有效地预防食物中毒。

（5）无毒无害。

糕点保鲜剂 (2)

◎ **原料配比**

原　　料	配比（质量份）			原　　料	配比（质量份）		
	1#	2#	3#		1#	2#	3#
肉桂	9	10	15	五倍子	6	10	18
丁香	10	12	15	茶多酚	12	15	20

续表

原　料	配比(质量份)			原　料	配比(质量份)		
	1#	2#	3#		1#	2#	3#
苹果酸	6	9	12	桂酸单甘油酯	3	5	7
贝壳粉	8	10	12				

◉ 制备方法

（1）精选上述质量份的肉桂、丁香、五倍子，粉碎至 100～120 目，得到原料粉。

（2）将步骤（1）所得到的原料粉用浓度 70％的乙醇浸泡，反复浸泡两次，每次浸泡时间 24～48h，乙醇与原料粉按照 5～10：1 的比例加入，过滤两次浸泡液体后合并滤液，再经旋转蒸发浓缩，得到浓缩液，旋转蒸发温度为 60～65℃。

（3）将步骤（2）所得到的浓缩液与茶多酚、苹果酸、贝壳粉、桂酸单甘油酯充分混合搅拌均匀后，将其混合物进行干燥脱水，使其水分含量脱至 5％以下。

（4）将脱水后的混合物粉碎至 5～20 目，得到粉末状成品。

◉ 原料配伍

本品各组分质量份配比范围为：肉桂 8～15，丁香 10～15，五倍子 5～20，茶多酚 10～20，苹果酸 5～15，贝壳粉 8～14，桂酸单甘油酯 3～8。

所述的肉桂含有桂皮油，桂皮油有强大杀菌作用，对革兰阳性菌、阴性菌均有抑制作用。

所述的丁香，其所含有的丁香油及丁香酚对真菌均有抑制作用，对霉菌、酵母菌均有抑制作用。

所述的五倍子对金色葡萄球菌、革兰阳性、阴性菌、霉菌等均有良好的抑制作用。

所述的茶多酚具有很强的抗氧化作用和抗菌抑菌作用，茶多酚可用于糕点及乳制品、饮料、水果和蔬菜、畜肉制品等保鲜防腐，无毒副作用，茶多酚能够保存较长的时间而不变质，加入其他有机物中，能够延长储存期，防止食品褪色，提高纤维素稳定性，有效保护食品各种营养成分。

所述的苹果酸可广泛地用于食品保鲜剂,对微生物有较好的杀灭作用,并且还具有良好的抗氧化和保色的作用。

所述的贝壳粉对大肠杆菌有极强的抗菌和杀菌作用,另外对沙门菌、黄色葡萄球菌也有显著效果,不仅具有高性能的抗菌性,而且具有防腐、防扁虱的功能。

◎ **产品应用**

本品主要用作水果、蔬菜、糕点、乳制品、畜肉制品、食用油脂等产品的保鲜。

◎ **产品特性**

(1)本产品采用天然原料,均具有药用效果,肉丁香、五倍子具有强大杀菌作用,茶多酚、苹果酸、贝壳粉均有抗氧化、抗菌抑菌、防腐的功效,所有原料相互作用,在具备强抗氧化作用和抑菌作用的同时,对食物还有一定的保色作用,并且经过保鲜作用后的食品对人体健康无损害。

(2)本产品用途广泛,保鲜稳定性好,保鲜时间长,能够有效地保护食品中各种营养成分,并且制备工艺简单、操作简便。

调理发酵面食生物保鲜剂

◎ **原料配比**

原　　料	配比(质量份)			
	1#	2#	3#	4#
溶菌酶	10	15	20	25
纳他霉素	70	60	60	45
乳酸链球菌素	10	10	10	15
壳聚糖	10	15	10	15

◎ **制备方法**

在洁净环境中,将生物酶溶菌酶、纳他霉素按比例充分混匀。

按质量比取生物酶混合物 20～80 份与乳酸链球菌素 15～65 份充分混匀；最后取壳聚糖 10～15 份再与前者混匀制成粉剂。

原料配伍

本品各组分质量份配比范围为：生物酶 20～80，乳酸链球菌素 15～65，壳聚糖 10～50。

产品应用

本品主要用作调理发酵面食生物保鲜剂。

使用方法：按 400～800mg/kg 的剂量用水稀释后，对调理食品直接进行表面喷涂或喷淋。

产品特性

本产品天然、安全、无残留、应用方便、效果明显，克服发酵面食货架期保鲜上的缺陷。

脱氧保鲜剂

原料配比

原　料	配比（质量份）			
	1#	2#	3#	4#
活性铁粉	63	40	110	40
十水碳酸钠	52	30	80	80
活性炭	70	54	99	54
食盐	160	110	250	250
单硬脂酸甘油酯	72	45	100	100
糯米	200	122	265	122
纳米二氧化硅	22	12	48	12

制备方法

将各组分原料混合均匀即可。

◉ **原料配伍**

本品各组分质量份配比范围为：活性铁粉 40～110，十水碳酸钠 30～80，活性炭 54～99，食盐 110～250，单硬脂酸甘油酯 45～100，糯米 122～265，纳米二氧化硅 12～48。

◉ **产品应用**

本品主要用于糕点类食品，以及各类油炸食品或富脂食品的保鲜。

◉ **产品特性**

（1）对于从外部环境中渗透到包装容器内的氧气，可以将其吸收、消耗掉，将氧气的不利影响消除或者降低，有效延长食品的保质期。

（2）无毒无味，脱氧彻底，绝氧所需的时间短，使各类食品不易发霉，并同时保持食品的原有风味，新鲜度及营养成分不变。

杂粮方便调理发酵面食复合生物保鲜剂

◉ **原料配比**

原　　料	配比（质量份）	原　　料	配比（质量份）
溶菌酶	10	壳聚糖	10
纳他霉素	70	乳酸链球菌素	10

◉ **制备方法**

将各组分原料混合均匀即可。

◉ **原料配伍**

本品各组分质量份配比范围为：生物酶 20～80，微生物代谢物 10～65，天然提取物 10～50。

所述的天然提取物包括水溶性茶多酚、壳聚糖取一种或都用。

所述的生物酶为溶菌酶、纳他霉素取一种或都用。

所述的微生物代谢物为乳酸链球菌素。

▶ 产品应用

本品主要用作杂粮方便调理发酵面食复合生物保鲜剂。

使用方法：按 $400\sim800mg/kg$ 的剂量用水稀释后，对杂粮面进行表面喷涂或喷淋即可。

▶ 产品特性

本品以生物酶和微生物代谢物为主剂，以天然植物提取物为辅助剂，配合现代微粉技术复合制成，粉状，易溶于水，是可以喷涂或喷淋的保鲜剂。以此制成的杂粮方便面食复合生物保鲜剂性能稳定、保鲜效果明显、安全无残留、使用方便。可以应用于杂粮方便调理发酵面食常温短期储运中，也可以应用于低温长期储藏保鲜中，具有延缓杂粮方便调理发酵面食在储藏运输中的霉变、腐烂的作用，并具有安全、高效、天然、无残留、保鲜效果好的特点。

增白馒头保鲜剂

▶ 原料配比

原　料	配比（质量份）				
	1#	2#	3#	4#	5#
淀粉酶	0.1	0.3	0.2	0.2	0.2
脂肪酶	0.2	0.8	0.6	0.5	0.5
木聚糖酶	0.2	0.6	0.4	0.4	0.4
麦芽糖淀粉酶	2	4	3	3	3
单月桂酸甘油酯	20	40	40	30	20
柠檬酸	20	20	20	30	40
蔗糖酯	10	10	10	15	20
维生素C	4	4	4	6	10
淀粉	43.5	20.3	21.8	14.9	5.9

> ◉ **制备方法**

将上述原料按配比混合均匀，即得到增白馒头保鲜剂。

> ◉ **原料配伍**

本品各组分质量份配比范围为：脂肪酶 0.2～0.8，淀粉酶 0.1～0.3，木聚糖酶 0.2～0.6，麦芽糖淀粉酶 2～4，单月桂酸甘油酯 20～40，柠檬酸 20～40，蔗糖酯 10～20，维生素 C 4～10，淀粉 5.9～43.5。

> ◉ **产品应用**

本品主要用作增白馒头保鲜剂。使用方法：在面粉中添加增白型馒头保鲜剂，混合均匀后，加水揉成面团，压片折叠多次，卷成面卷分割，成型为馒头生坯，放置温度为 35～38℃，湿度为 75%±5% 醒发箱内醒发 30～50min，蒸制，得到馒头。所述增白型馒头保鲜剂按照面粉质量的 0.3%～0.8% 添加。

> ◉ **产品特性**

本产品能有效地提高馒头在货架期的抗菌性能，延缓馒头霉变速率，提高馒头的保鲜货架期，并且能有效地提高馒头的柔软度和白度。

安全高效绿色面包糕点保鲜剂

> ◉ **原料配比**

原　料	配比（质量份）		
	1#	2#	3#
水	15	25	30
蔗糖酯	5	12	20
葡萄糖	5	12	20
单硬脂酸甘油酯	5	12	20

续表

原　料	配比（质量份）		
	1#	2#	3#
柠檬酸	5	8	10
单辛酸甘油酯	5	12	20
丙酸钙	5	12	20
山梨糖醇	8	15	20
脱氢乙酸钠	8	15	20
山梨酸钾	8	15	20
双乙酸钠	8	15	20
纳他霉素	0.1	0.5	1
三聚甘油单硬脂酸酯	5	12	20

◉ 制备方法

（1）将油相物料单辛酸甘油酯、单硬脂酸甘油酯、蔗糖酯、山梨糖醇及三聚甘油单硬脂酸酯混合，65～85℃加热、搅拌，得油相混合料。

（2）将水相物料葡萄糖、柠檬酸、丙酸钙、脱氢乙酸钠、山梨酸钾、双乙酸钠、纳他霉素及水混合，65～85℃加热、搅拌，得水相混合料。

（3）将上述油相混合料和水相混合料进入真空乳化装置进行真空乳化处理，得产品。真空乳化处理的具体条件：真空乳化时，按工艺要求先开真空泵的吸水阀，再开真空泵开关，然后开锅上排气阀。待真空度到达 0.05MPa 时，进行吸料。吸料先吸油相料，吸完后再吸水相料，吸完后关吸料阀，关排气阀，并开搅拌 200r/min。开冷却水，按工艺要求 50℃时出料，关闭冷却阀。

◉ 原料配伍

本品各组分质量份配比范围为：水 15～30，蔗糖酯 5～20，葡萄糖 5～20，单硬脂酸甘油酯 5～20，柠檬酸 5～10，单辛酸甘油酯 5～20，丙酸钙 5～20，山梨糖醇 8～20，脱氢乙酸钠 8～20，山梨酸钾 8～20，双乙酸钠 8～20，纳他霉素 0.1～1，三聚甘油单硬脂酸酯 5～20。

▶ **产品应用**

本品主要用于面包糕点的保鲜。

▶ **产品特性**

本产品安全、高效，可用于面包糕点因微生物引起的变质，提高面包糕点的保存期限。

面包保鲜剂

▶ **原料配比**

原　　料	配比（质量份）		
	1#	2#	3#
转谷氨酰胺酶	1.5	3.2	2.5
木聚糖酶	4.2	2.0	3
α-淀粉酶	1.8	3.9	3
半纤维素酶	2.6	1.5	2
葡萄糖氧化酶	2.0	3.8	3
双乙酰酒石酸单硬脂酸甘油酯	26	12	18
硬脂酰乳酸钠	10	25	20
抗坏血酸	2.1	4.1	3
海藻糖	1.2	2.5	2
玉米淀粉	加至100	加至100	加至100

▶ **制备方法**

将各组分原料混合均匀即可。

▶ **原料配伍**

本品各组分质量份配比范围为：转谷氨酰胺酶 1.0～4.0，木聚糖酶 1.0～5.0，α-淀粉酶 1.0～5.0，半纤维素酶 1.0～3.0，葡萄糖氧化酶 1.0～5.0，双乙酰酒石酸单硬脂酸甘油酯 10～30，硬脂酰乳酸钠 10～30，抗坏血酸 1.0～5.0，海藻糖 1.0～3.0，玉米淀粉加至 100。

> **产品应用**

本品主要用作面包保鲜剂。使用方法如下：

（1）称取适当配比的面包专用粉、酵母、油、盐、糖、奶粉、水，按顺序依次在搅拌器混合搅拌，按面包专用粉质量的 2% 称取本产品的面包保鲜剂，并在上述搅拌过程中加入，原料搅拌至面筋达到充分扩张，变得柔软而且具有良好的延展性为止。

（2）第一次发酵时间为 10min，温度为 30℃，切块搓圆后进行第二次发酵，时间为 5min，温度为 30℃。

（3）成型后的面团在醒发箱中醒发，时间为 1h，温度为 36～38℃；然后进行烘烤，上火温度为 180℃，下火温度为 160℃，烘烤时间为 15min，烘烤后的面包冷却后常温保存。

> **产品特性**

本产品中的各组分可以起到协同效应，很好地发挥防老化保鲜效果，延长面包的保质期。

月饼保鲜剂 (1)

> **原料配比**

原　　料	配比（质量份）		
	1#	2#	3#
乳酸链球菌素	4	5	2
姜粉	0.2	0.1	0.3
柠檬酸	0.2	0.1	0.3
茶多酚	0.04	0.06	0.03
脂肪酸	0.02	0.01	0.03
变性淀粉	0.4	0.3	0.6

◉ 制备方法

将各组分原料混合均匀即可。

◉ 原料配伍

本品各组分质量份配比范围为：乳酸链球菌素 2～5，姜粉 0.1～0.3，柠檬酸 0.1～0.3，茶多酚 0.03～0.06，脂肪酸 0.01～0.03，变性淀粉 0.3～0.6。

◉ 产品应用

本品主要用作月饼保鲜剂。使用方法：在馅料制作完成后，加入本产品的月饼保鲜剂，搅拌均匀，装瓶即可。保鲜剂加入量是馅料质量的 0.01%～0.02%。

◉ 产品特性

本产品配方合理、成本低廉、使用方便，应用本产品的保鲜剂可使月饼馅料的保质期延长 35～45 天。

月饼保鲜剂 (2)

◉ 原料配比

原　　料	配比(质量份)						
	1#	2#	3#	4#	5#	6#	7#
铁粉	40	30	50	25	45	25	45
L-抗坏血酸	1.5	2.5	0.5	2	0.8	2	0.8
连二亚硫酸钠	10	15	5	12	8	12	8
柠檬酸	4	7	1	5	2	5	2
无水氯化钙	15	20	10	20	12	20	12
活性炭	20	25	15	20	17	20	17
脱氢醋酸钠	15	20	10	18	10	18	10
羧甲基纤维素钠	2	3	1	2.5	1.5	2.5	1.5

◉ **制备方法**

将原料按比例分别干燥后粉碎，使粉碎的粉剂达到颗粒不低于200目后混合均匀，然后用带气孔的塑料膜或普通包装纸包装成每小包2g，将上述小包置于空气中，滴入0.2～0.5g水，约0.5～1h，即成，小包发热温度上升至40～60℃，12h后铁粉变为红色。当上述小包与一个质量为200g的月饼同时密封在月饼包装袋内后，不超过12h就可使包装袋内的氧气浓度降至零。

◉ **原料配伍**

本品各组分质量份配比范围为：铁粉30～50，L-抗坏血酸0.5～2.5，连二亚硫酸钠5～15，柠檬酸1～7，无水氯化钙10～20，活性炭15～25，脱氢醋酸钠10～20，羧甲基纤维素钠1.0～3.0。

◉ **产品应用**

本品主要用作月饼保鲜剂。

◉ **产品特性**

本产品配方科学、合理，确保除氧效果，在未完全脱氧气之前就可以预先抑制月饼中的霉菌及其他微生物的生长繁殖；因此，当月饼包装的密封性能较差时，脱氧剂不能充分脱氧，其中的防腐剂组分就可独立承担防霉作用，制造成本低、保鲜效果好，比单独使用防腐剂时的保鲜效果更佳。

月饼防霉脱氧保鲜剂

◉ **原料配比**

原　料	配比（质量份）
球形矿物无氯干燥剂	72
还原铁粉	27
双乙酸钠	1

续表

原　料		配比(质量份)
球形矿物无氯干燥剂	晾晒后的片状物	72
	铝酸钠	15
	高黏凹凸棒石黏土粉	13
晾晒后的片状物	粉碎后的矿物混合物	65
	稀硫酸	35
矿物混合物	红色膨润土	38
	白云石凹凸棒石黏土	36
	铝矾土	26
稀硫酸	浓度98%的硫酸	8
	水	92

◉ 制备方法

将各组分原料输入搅拌机进行混合搅拌，搅拌均匀后密封包装为球形月饼防霉脱氧保鲜剂。

◉ 原料配伍

本品各组分质量份配比范围为：球形矿物无氯干燥剂 30～84，还原铁粉 15～68，双乙酸钠 0.01～3。

所述球形矿物无氯干燥剂的配料按下列组分组成：晾晒后的片状物 60%～85%、铝酸钠 5%～35% 和高黏凹凸棒石黏土粉 2%～25%。

球形矿物无氯干燥剂的生产方法如下：

(1) 将球形矿物无氯干燥剂的配料加入搅拌混合机进行混合，混合均匀后输入磨机中磨粉，磨粉后的颗粒细度≤0.074mm。

(2) 将粉状物输入造粒机中进行造粒，造粒后的颗粒呈球形，球形颗粒直径控制在 0.5～5.0mm。

(3) 将球形颗粒输入焙烧炉中进行焙烧，焙烧温度控制在 280～600℃，焙烧时间控制在 60～180min，球形颗粒经过焙烧冷却后进行筛分，将焙烧过程中产生的破碎颗粒和粉状物筛除，筛分后为球形矿物无氯干燥剂，球形矿物无氯干燥剂的含水量≤1.5%。

所述晾晒后的片状物的生产方法如下：

（1）矿物混合物的配料按下列组分组成：红色膨润土25%～55%、白云石凹凸棒石黏土20%～50%和铝矾土15%～40%。

（2）将矿物混合物的配料混合后进行粉碎，粉碎后的矿物混合物颗粒细度≤0.50mm。

（3）酸化处理的配料按下列组分组成：粉碎后的矿物混合物55%～75%和稀硫酸25%～45%。

（4）稀硫酸的配制按下列组分组成：浓度98%的硫酸2%～20%和水80%～98%。

（5）将稀硫酸缓慢加入粉碎后的矿物混合物中进行酸化处理，经过酸化处理后的矿物混合物堆放24～72h后，输入对辊机中挤压为片状物，片状物的厚度控制在1～5mm。

（6）将片状物输送到水泥场地进行晾晒，晾晒后的片状物中含水量≤15%。

◉ 产品应用

本品主要用作月饼防霉脱氧保鲜剂。适用于放置在月饼的各种包装内。

◉ 产品特性

本产品能有效地防止月饼成分氧化和抑制微生物的生长和繁殖。保鲜剂不掺混在月饼原料内，能确保月饼的内在质量，可使月饼色泽光亮、柔软，在保质期内不会出现干裂、粗糙和霉变，保持月饼原有的新鲜风味。

6

禽蛋保鲜剂

鸡蛋保鲜剂 (1)

◉ 原料配比

原　　料	配比（质量份）	
	1#	2#
石蜡	100	120
表面活化剂	0.05	5
水剂性高分子化合物	0.01	2
水	500	50

◉ 制备方法

　　把所需量的石蜡、表面活化剂、水剂性高分子化合物和水混合搅匀后，使之成为乳浊液，在 100～150℃下加热 5～30min 灭菌处理即可使用在鸡蛋外表面。

◉ 原料配伍

　　本品各组分质量份配比范围为：石蜡 100～120，表面活化剂 0.05～5，水剂性高分子化合物 0.01～2，水 50～500。

　　所述的表面活化剂为蔗糖、脂肪酸酯、卵磷脂或酪朊酸盐中的任意一种。

所述的水剂性高分子化合物为阿拉伯胶、糊精、动物胶或白朊中的任意一种。

产品应用

本品主要用作鸡蛋保鲜剂。

产品特性

本产品制法简单、成本低廉、使用时操作方便，本产品能在鸡蛋表皮形成一层薄膜，该薄膜能对鸡蛋起到隔离和杀菌的作用，从而延长了鸡蛋的保鲜时间。该鸡蛋保鲜剂具有防腐、保鲜、杀菌、以及保鲜效果突出的优点。

鸡蛋保鲜剂 (2)

原料配比

原　料	配比(质量份)	原　料	配比(质量份)
蔗糖	6	壳聚糖	15
乳酸钠	3	3%醋酸溶液	1000

制备方法

分别称取蔗糖、乳酸钠、壳聚糖，在 40~50℃ 下，依次溶于 3%~5% 的醋酸溶液中，制得鸡蛋保鲜剂。

原料配伍

本品各组分质量份配比范围为：蔗糖 6~8，乳酸钠 2~3，壳聚糖 12~18，醋酸（3%~5%）970~1000。

产品应用

本品主要用作鸡蛋保鲜剂。使用本保鲜剂进行涂膜时，将保鲜剂完全覆盖新生鸡蛋，滤尽水液，晾干，放置。

◉ **产品特性**

本产品体系稳定，易于储存，安全无毒，本产品在鸡蛋表面形成的薄膜防腐杀菌性能好、保鲜期长、保湿功效好。

鸡蛋保鲜剂（3）

◉ **原料配比**

原　　料	配比
饲料级壳聚糖	10g
1%～2%醋酸溶液	加至 1L

◉ **制备方法**

（1）准备原料：饲料级壳聚糖（脱乙酰度＞70%）、醋酸溶液（体积分数 1%～2%）。

（2）配制：将壳聚糖放入体积分数为 1%～2%的醋酸溶液，制得鸡蛋保鲜剂。

◉ **原料配伍**

本品各组分配比范围为：饲料级壳聚糖 10g 和 1%～2%醋酸溶液加至 1L。

所述的壳聚糖的脱乙酰度＞70%。

◉ **产品应用**

本品主要用作鸡蛋的保鲜剂。使用方法：涂膜时，将鸡蛋保鲜剂倒入盆中，每次放入适量鸡蛋，使鸡蛋保鲜剂完全覆盖鸡蛋，之后捞出鸡蛋，用棉刷抹去多余鸡蛋保鲜剂，置于通风处晾干后放入蛋托中。每升保鲜剂最多可涂 1000 枚鸡蛋。

◉ **产品特性**

本保鲜剂保鲜效果较为稳定，且制备方法简便，成本低廉。

鸡蛋保鲜剂 (4)

原料配比

原　料	配比(质量份)	原　料	配比(质量份)
苯甲酸钠	20	亚硫酸钠	50
氯化钠	5	水	100

制备方法

将原料按苯甲酸钠 20g、氯化钠 5g、亚硫酸钠 50g、水 100g 的比例放入水中搅拌均匀，搅拌的时间是 10min，全部原料溶解后即可得到保鲜剂。

原料配伍

本品各组分质量份配比范围为：苯甲酸钠 20，氯化钠 5，亚硫酸钠 50，水 100。

产品应用

本品主要用作鸡蛋保鲜剂。使用方法：将鸡蛋浸泡到装有保鲜剂的水桶当中，浸泡时间是 1min，然后从保鲜剂当中取出来自然晾干。

产品特性

本品配制方法简单，成本低廉、使用方法简单、保鲜的效果明显，适合于家庭和养鸡专业户使用。

鸡蛋外用保鲜剂

原料配比

原　料	配比(质量份)	原　料	配比(质量份)
碳酸钙	1	冷开水	80
硅酸钠	19		

制备方法

将硅酸钠溶于冷开水中制成水玻璃溶液，再将轻质碳酸钙导入水玻璃溶液中并搅拌均匀制得鸡蛋外用保鲜剂。

原料配伍

本品各组分质量份配比范围为：碳酸钙1，硅酸钠19，冷开水80。

所述碳酸钙选用轻质碳酸钙。

产品应用

本品主要用作鸡蛋外用保鲜剂。

使用方法：首先，将新鲜的鸡蛋外壳用湿抹布擦拭干净；然后将鸡蛋完全浸入保鲜剂中4s，待鸡蛋外壳完全覆盖有保鲜剂即可取出，晾干。

产品特性

本产品是利用涂膜法将鸡蛋的外壳覆上一层膜，抑制鸡蛋的呼吸，抑菌防霉，能有效延长鸡蛋的保鲜期，制作成本低，操作过程简单易行。

可食涂膜保鲜剂

原料配比

原　　料	配比（质量份）			
	1#	2#	3#	4#
面筋蛋白	50~70	60	50	58
壳聚糖	20~50	20	25	30
玉米醇溶蛋白	2~20	5	10	15
甘油	0.5~5	3	1	5
水	40~55	50	40	60
乳清分离蛋白	2~5	—	2.5	3

原　　料	配比(质量份)			
	1#	2#	3#	4#
大豆分离蛋白	2~5	—	2.5	3
果胶多糖	2~10	—	—	5

制备方法

（1）将甘油加入到水中，在 50~60℃下搅拌 10~20min，使甘油充分溶解，之后冷却至室温。

（2）将面筋蛋白、壳聚糖、玉米醇溶蛋白加入到步骤（1）中得到的溶液中，进行超声混合，使其形成均匀的混合溶液，即得到可食涂膜保鲜剂。所述的超声混合的处理时间为 10~20min，超声功率为 80~150W。

原料配伍

本品各组分质量份配比范围为：面筋蛋白 50~70，壳聚糖 20~50，玉米醇溶蛋白 2~20，甘油 0.5~5，水 40~55。

所述涂膜保鲜剂的原料中还含有乳清分离蛋白和大豆分离蛋白，所述乳清分离蛋白和大豆分离蛋白的质量份为：乳清分离蛋白 2~5，大豆分离蛋白 2~5。

所述涂膜保鲜剂的原料中还含有果胶多糖，所述果胶多糖的质量份为：果胶多糖 2~10。

所述果胶多糖的分子量为 5000~10000。

产品应用

本品主要用作可食涂膜保鲜剂。可用于禽蛋的保鲜，所述使用方法包括以下步骤：

（1）消毒处理：将所述禽蛋在 100℃的水中处理 2~5s 后，沥干水分，得到消毒处理后的禽蛋。

（2）保鲜处理：将所述消毒处理后的禽蛋浸入所述可食涂膜保鲜剂中 1~3min，拿出沥干，即在禽蛋的表面形成一层薄膜，得到保鲜处理后的禽蛋。

（3）将所述保鲜处理后的禽蛋常温保藏。

产品特性

（1）本产品原料为多糖、蛋白质和脂类，不仅可被食用，也可被微生物降解，因此对环境无污染。

（2）本产品具有可选择的透气性和抗渗透能力，因此能够提高产品品质和延长食品货架期，如抑制果蔬呼吸及生理活动、阻止食品的风味物质散失，防止食品氧化、失水、褐变等。

（3）本产品制备方法简单、成本低廉，使用时操作方便，在禽蛋表面形成一层薄膜，该薄膜能够对禽蛋起到隔离和杀菌的作用，从而延长禽蛋的保鲜时间，延长货架期。

禽蛋涂膜保鲜剂 (1)

原料配比

原　　料	配　比					
	1#	2#	3#	4#	5#	6#
普鲁蓝糖	10g	50g	5g	100g	30g	70g
甘油	10g	30g	100g	10g	50g	70g
疏水剂	10g	20g	20g	50g	30g	40g
表面活性剂	10g	30g	50g	1g	40g	20g
体积比为 1：1 的乙醇-水溶液	加至1L	加至1L	—	—	—	—
体积比为 10：1 的乙醇-水溶液	—	—	加至1L	—	—	—
体积比为 1：10 的乙醇-水溶液	—	—	—	加至1L	—	—
体积比为 10：3 的乙醇-水溶液	—	—	—	—	加至1L	—
体积比为 3：10 的乙醇-水溶液	—	—	—	—	—	加至1L

制备方法

称量普鲁蓝糖、甘油、疏水剂、表面活性剂混合后，加入少量的乙醇-水溶液中，加热搅拌至完全溶解后，再用乙醇-水溶液稀释至 1L。

⊙ **原料配伍**

本品各组分质量份配比范围为：普鲁蓝糖 5~100g，甘油 10~100g，疏水剂 10~50g，表面活性剂 1~50g，溶剂加至 1L。

所述的疏水剂为食品级虫胶、液体石蜡、蜂蜡、聚醋酸乙烯酯、油酸、硬脂酸中的一种或几种。

所述的表面活性剂为司盘-80、司盘-65、司盘-60、司盘-20 中的一种或几种。

所述的溶剂为乙醇和水的混合物，乙醇和水的体积比为 10：1~1：10。

⊙ **产品应用**

本品主要用作禽蛋涂膜保鲜剂。保鲜处理工艺为：先将禽蛋清洗，再放于涂膜液中浸渍 30s，取出晾干水分。

⊙ **产品特性**

利用本产品涂膜剂在禽蛋表面形成透明薄膜，可以阻止储藏过程中蛋壳内外物质的交换及各种有害微生物的侵染，减少干物质及水分的损失，保持较好的储藏品质。

禽蛋涂膜保鲜剂 (2)

⊙ **原料配比**

原　　料	配比（质量份）		
	1#	2#	3#
环氧乙烷高级脂肪醇	1	0.8	1.2
无水乙醇	5	4	6
吐温-80	0.64	0.8	0.5
甘油	0.8	0.9	0.7
棕榈油	2.36	3	2
乳酸链球菌素	—	0.001	0.0005

原　料	配比（质量份）		
	1#	2#	3#
纳米银	—	—	0.003
紫苏叶精油	—	—	0.03
水	41	45	35

制备方法

首先将环氧乙烷高级脂肪醇加温至 55℃ 使其熔化，在 150r/min 的转速下缓慢加入无水乙醇，待环氧乙烷高级脂肪醇充分溶解后，再缓慢加入水，搅拌均匀，然后依次加入吐温-80、甘油和棕榈油，以 3000r/min 的转速将上述混合物剪切乳化，均质液真空脱气，包装。

原料配伍

本品各组分质量份配比范围为：环氧乙烷高级脂肪醇 0.8～1.2，无水乙醇 4～6，吐温-80 0.5～0.8，甘油 0.7～0.9，棕榈油 2～3，水 35～45。

保鲜剂还可以含有抑菌剂，所述抑菌剂选乳酸链球菌素、植物精油、纳米银中的一种或几种，其用量为常规用量，其中乳酸链球菌素的常规抑菌浓度是 0.001%～0.003%（质量），纳米银的常规抑菌浓度是 0.005%～0.01%（质量）。

所述植物精油是食品领域中常用的具有防腐抑菌作用的植物精油，如紫苏叶精油、牛至精油、肉桂精油等，其常规添加量为 0.05%～0.1%（质量），能达到很好的抑菌效果。

产品应用

本品主要用作禽蛋涂膜保鲜剂。

产品特性

本产品具有成膜性、保湿性好、涂膜后产品外观美观等特点，可以有效阻止微生物入侵，防止禽蛋产品水分丧失，还可以调节气体成分抑制蛋清稀化作用，因此具有良好的保鲜效果，效果明显优于常用的禽蛋涂膜保鲜剂。此外，该禽蛋涂膜保鲜剂以天然成分为原料，安全无毒，涂膜工艺简单，适用性广。

熟咸鸭蛋涂膜保鲜剂

◎ **原料配比**

原　料	配比（质量份）						
	1#	2#	3#	4#	5#	6#	7#
成膜剂	5	10	10	15	20	20	25
疏水剂	10	10	15	10	10	15	15
消毒剂	5	5	5	5	5	8	8
表面活性剂	1	2	3	3	3	5	8
体积比为1∶1的乙酸和水混合溶液	加至1000	加至1000	—	—	—	—	—
体积比为1∶2的乙酸和水混合溶液	—	—	加至1000	—	—	—	—
体积比为1∶3的乙酸和水混合溶液	—	—	—	加至1000	加至1000	—	—
体积比为1∶4的乙酸和水混合溶液	—	—	—	—	—	加至1000	—
体积比为1∶5的乙酸和水混合溶液	—	—	—	—	—	—	加至1000

◎ **制备方法**

先称取成膜剂、疏水剂、消毒剂、表面活性剂充分混合后，加入一定体积比1∶1～10的乙酸和水混合溶液中，加热80℃、搅拌2h，全完全溶解后，再用体积比为1∶1～10的乙酸和水混合溶液稀释至1000。

◎ **原料配伍**

本品各组分质量份配比范围为：成膜剂5～100，疏水剂10～

100，ClO₂ 抑菌消毒剂 5～50，表面活性剂 1～50，其余为溶剂。

所述表面活性剂为 nano-TiO₂、nano-SiO₂ 中的一种或两种。

所述的成膜剂为聚乙烯醇和壳聚糖中的一种或两种。

所述疏水剂为食品级的硬脂酸、戊二醛、乳清浓缩蛋白中的一种或几种。

所述溶剂为乙酸和水的混合物，乙酸和水体积比为 1:1～10。

◉ **产品应用**

本品主要用作熟咸鸭蛋涂膜保鲜剂。将咸蛋放入保鲜剂内浸膜 3～5s，然后热风吹干。

◉ **产品特性**

利用本产品在熟咸鸭蛋表面形成薄膜，可以阻止熟咸鸭蛋在储藏过程中蛋壳内外物质的交换及各种有害微生物的侵染，并有一定的抑菌作用，减少干物质及水分的损失，使熟咸鸭蛋保持较好的储藏品质，延长高品质的货架期，并取代塑料复合蒸煮袋包装，不仅可以降低塑料的使用量，减少环境污染，还可以降低生产成本。

羧甲基壳聚糖共混保鲜剂

◉ **原料配比**

原　　料	配比（质量份）		
	1#	2#	3#
羧甲基壳聚糖	5	25	7.5
甘油	1.7	10	3.75
氯化钙	1.7	3.8	2.5
去离子水	500	500	500

◉ **制备方法**

将各组分原料溶于水混合均匀即可。

原料配伍

本品各组分质量份配比范围为：羧甲基壳聚糖 5～25，甘油 1.7～10，氯化钙 1.7～3.8，去离子水 500。

产品应用

本品主要用于禽蛋保鲜。对鲜蛋的涂膜保鲜方法，按照下述步骤进行：

(1) 羧甲基壳聚糖共混涂膜保鲜剂的制备：按照上述组分混合制备羧甲基壳聚糖共混涂膜保鲜剂。

(2) 鲜蛋的涂膜处理：挑选完整、新鲜的鸡蛋，并对挑选的鸡蛋进行清洗，之后自然晾干；随后采用溶液浸泡法使其表面涂上预制的羧甲基壳聚糖共混涂膜保鲜剂，待其自然风干后，即可达到保鲜的效果。

产品特性

(1) 本产品制作生产工艺简单，便于实现机械化操作。

(2) 本产品所用原料均属可食用原料，卫生安全，且无色透明，与传统氯化钙作为涂膜材料生产的涂膜鸡蛋相比，提高了鸡蛋的表面光滑度、透明度以及产品的商品性。

(3) 本产品所选原料——羧甲基壳聚糖具有良好的抑菌性，制作成本也较低。此方法也适用于其他禽蛋的保鲜。

天然乳化型禽蛋涂膜保鲜剂

原料配比

原料		配比(质量份)			
		1#	2#	3#	4#
植物油	玉米油	10	—	6	—
	大豆油	—	10	—	15

原　料		配比(质量份)			
		1#	2#	3#	4#
成膜剂	黄原胶	0.2	0.2	0.8	0.5
乳化剂		3.5	3.5	3	4
防腐剂		0.13	0.13	0.1	0.2
水		加至100	加至100	加至100	加至100
乳化剂组成	蔗糖脂肪酸酯：吐温-80：司盘-80	10.5:6.2:18.3	10.5:6.2:18.3	47:29:280	10.5:6.2:18.3
防腐剂组成	紫苏叶精油:肉桂精油:冬青精油	3:6:4	33:6:4	3:2:2	7:6:6

制备方法

(1) 将所述成膜剂、乳化剂加入水中,在60~80℃下搅拌,使其充分溶解,之后冷却至室温。

(2) 将所述植物油、防腐剂加入到步骤(1)得到的溶液中,以2000~2500r/min的转速搅拌15~25min,使其充分乳化形成均匀乳状液。

原料配伍

本品各组分质量份配比范围为：植物油6~15,成膜剂0.2~0.8,乳化剂3~4,防腐剂0.1~0.2,水加至100。

所述植物油为大豆油或玉米油。

所述防腐剂由紫苏叶精油、肉桂精油、冬青精油组成,所述紫苏叶精油、肉桂精油、冬青精油的质量比为3~7:2~6:2~6,优选为3:6:4。

所述成膜剂是一种能够形成连续薄膜的高分子聚合物,食品中的成膜剂有很多种,如羧甲基纤维素钠、羟丙甲基纤维素、壳聚糖、卡波姆、海藻酸钠、卡拉胶、果胶、黄原胶等,这类物质不仅具有成膜的作用,还有乳化、稳定、增稠的作用。本产品优选的成膜剂为黄原胶。

所述乳化剂是一种能降低互不相溶的液体间的界面张力,使之形成乳浊液的物质。食品中常用的乳化剂有脂肪酸单甘油酯、蔗糖脂肪酸酯、大豆磷脂、月桂酸单甘油酯、丙二醇脂肪酸酯、吐温、司盘等，常采用其中一种或几种的组合。优选的乳化剂为蔗糖脂肪酸酯、吐温-80、司盘-80 的组合物。

◉ 产品应用

本品主要用作禽蛋涂膜保鲜剂。

◉ 产品特性

（1）本产品以植物精油为原料，对大肠埃希菌、沙门菌等禽蛋常见菌种具有较好的抑制效果，应用于禽蛋涂膜防腐中比化学合成的防腐剂更加安全。本产品亦可用于果蔬等食品的涂膜保鲜。

（2）本产品可以有效阻止微生物入侵，防止禽蛋腐败变质，防止禽蛋蛋白的水样化和散黄，降低禽蛋的失重速度和哈夫单位的下降速度，维持禽蛋的内部品质，具有很好的保鲜效果，可有效延长禽蛋货架期。

（3）采用本产品涂膜后的禽蛋口感和外观好、营养价值高，安全性好，生产成本低。

天然油溶性禽蛋涂膜保鲜剂

◉ 原料配比

原　　料		配比（质量份）		
		1#	2#	3#
维生素 E		0.04	0.03	0.05
柠檬酸		0.02	0.01	0.03
防腐剂		0.17	0.1	0.2
棕榈油		加至 100	加至 100	—
玉米油		—	—	加至 100
防腐剂组成	牛至精油：山苍子精油：薄荷精油	5∶5∶7	3∶7∶7	1∶1∶1

> **制备方法**

将所述维生素E、柠檬酸、防腐剂、植物油混合，在 $1000\sim 1500r/min$ 转速下，搅拌 $20\sim 30min$，使各成分充分溶解。

> **原料配伍**

本品各组分质量份配比范围为：维生素 E $0.03\sim 0.05$，柠檬酸 $0.01\sim 0.03$，防腐剂 $0.1\sim 0.2$，植物油加至100。

所述植物油为棕榈油或玉米油。

所述防腐剂由牛至精油、山苍子精油、薄荷精油组成，所述牛至精油、山苍子精油、薄荷精油的质量比为 $3\sim 5:5\sim 7:5\sim 7$。牛至精油、山苍子精油、薄荷精油是用蒸馏方法提炼的。

> **产品应用**

本品主要用作禽蛋涂膜保鲜剂。

使用方法：将天然油溶性禽蛋涂膜保鲜剂输入禽蛋涂膜设备的喷雾室，调节压力将油滴喷成油雾，均匀覆盖于清洗并风干后的鲜蛋表面，形成一层油膜。喷雾压力设定为 $0.13\sim 0.15MPa$，传输带速度设定为 $63\sim 65$ 枚/min，平均每枚蛋的涂油量为 $0.03\sim 0.05g$。

> **产品特性**

（1）本产品的防腐剂以植物精油为原料，对大肠埃希菌、金黄色葡萄球菌、沙门菌等禽蛋常见菌种具有较好的抑制效果，应用于禽蛋涂膜防腐中比化学合成的防腐剂更加安全。本产品所提供的涂膜防腐亦可用于果蔬等食品的涂膜保鲜。

（2）本产品的天然油溶性禽蛋涂膜保鲜剂可以有效阻止微生物入侵，防止禽蛋腐败变质，防止禽蛋蛋白的水样化和散黄，降低禽蛋的失重速度和哈夫单位的下降速度，维持禽蛋的内部品质，具有很好的保鲜效果，可有效延长禽蛋货架期。

（3）采用本产品的天然油溶性禽蛋涂膜保鲜剂涂膜后的禽蛋口感和外观好、营养价值高，安全性好，生产成本低。

脱壳变蛋保鲜剂

原料配比

原　　料	配比（质量份）									
	1#	2#	3#	4#	5#	6#	7#	8#	9#	10#
壳聚糖	2.0	1.0	3.0	2.0	1.0	1.5	1.5	2.0	2.0	1.5
乳糖	1.5	0.5	2	1	2	1	1.5	1	1.5	1.5
甘油	1	0.2	1.5	1	0.2	0.3	0.3	0.3	1	0.3
水	95	80	100	85	100	90	95	95	92	95

制备方法

（1）将乳糖加入水中制成乳酸溶液。

（2）将壳聚糖溶于乳酸溶液中，加入甘油，在 55～60℃ 的条件下加热搅拌，溶解后冷却，再过滤，制成脱壳变蛋保鲜剂。

原料配伍

本品各组分质量份配比范围为：壳聚糖 1.0～3.0，乳糖 0.5～2，甘油 0.2～1.5，水 80～100。

所述壳聚糖的脱乙酰度≥85％。

产品应用

本品主要用作脱壳变蛋保鲜剂。使用方法：将变蛋脱壳洗净后晾干，然后将皮蛋浸没在脱壳变蛋保鲜剂中 20～30s，捞出，风干，在脱壳变蛋表面形成透明、柔韧性好、无味的保鲜膜。

产品特性

本产品中使用的原材料壳聚糖、乳糖、甘油都是天然化合物，安全可食，脱壳变蛋保鲜剂在去泥去壳的变蛋中使用形成脱壳变蛋保鲜膜，保鲜膜安全可食、无味、透明；膜的抗菌抑菌性能良好，可延长产品保质期，保质期在半年以上；膜的柔韧性良好、保持产品的原有风味、口感、色泽和感官特性等；成本低、制备方便。

无毒副作用的鸡蛋保鲜剂

◉ 原料配比

原　料	配比（质量份）
壳聚糖	18
亚硫酸钠	0.5
水	81.5

◉ 制备方法

将壳聚糖、亚硫酸钠、水按照比例投放在容器中一起搅拌均匀即可。

◉ 原料配伍

本品各组分质量份配比范围为：壳聚糖 15～18，亚硫酸钠 0.5～1，水 81～84.5。

◉ 产品应用

本品主要用作鸡蛋保鲜剂。

使用方法：将壳聚糖、亚硫酸钠、水按照上述比例投放在容器中一起搅拌均匀，再将鸡蛋完全浸入上述制得的溶液中 5～10s，使鸡蛋外壳完全覆盖有保鲜剂，然后取出，晾干，保存时间可以达到半年之久。

◉ 产品特性

本产品中使用的壳聚糖是国际上公认的新型安全的食品保鲜材料之一，亚硫酸钠具有防腐的功效，少量的添加不会对人体造成伤害。

中草药复合鸡蛋保鲜剂

◉ 原料配比

原　料	配比（质量份）			
	1#	2#	3#	4#
蒲公英	10	20	15	18
紫花地丁	20	10	14	12
白及	20	25	23	24
水	1000	1000	1000	1000

◉ 制备方法

（1）蒲公英浸出液的制备：称取蒲公英 10～20 份，切成 10mm 以下的小段，浸于 300 份饮用水中，浸泡 10～12h 后，加温回流 0.5～1h，过滤取浸出液，冷却、备用。

（2）紫花地丁浸出液的制备：称取紫花地丁 10～20 份，切成 10mm 以下的小段，浸于 300 份饮用水中，浸泡 10～12h 后，加温回流 0.5～1h，过滤取浸出液，冷却、备用。

（3）白及浸出液的制备：称取白及 20～25 份，切成 10mm 以下的小段，浸于 400 份饮用水中，浸泡 10～12h 后，加温回流 0.5～1h，过滤取浸出液，冷却、备用。

（4）将（1）、（2）、（3）三种浸出液混合，搅拌 5～10min 后呈淡黄色，制得中草药复合鸡蛋保鲜剂。

◉ 原料配伍

本品各组分质量份配比范围为：蒲公英 10～20，紫花地丁 10～20，白及 20～25，水 1000。

◉ 产品应用

本品主要用作鸡蛋保鲜剂。使用方法：将一定数量的新鲜鸡蛋置于篮中，完全浸入中草药复合鸡蛋保鲜剂中，保持 10～15s，之后捞出鸡蛋，沥干，置于通风处晾干即可。对于大型养鸡场，可在蛋库60%～80%的相对湿度条件下存放，效果更好。储存期间要注意蛋库卫生、清洁、通风，定期检查，以防止局部蛋的温度升高，影响保鲜效果。

◎ 产品特性

（1）本产品的保鲜剂能在鸡蛋表皮形成一层薄膜，该薄膜可以给鸡蛋穿上一层类似蛋膜的保鲜油"外衣"，能对鸡蛋起到良好的封闭和抑菌作用，能够很好地阻止微生物的入侵和减少失重，起到保藏鸡蛋的作用。在高温的夏季，自然条件下能够延长鸡蛋14天的保鲜效果。

（2）本产品保鲜剂的原料为中草药，无毒副作用，符合食品安全要求。

（3）本产品保鲜剂所形成的膜没有石蜡那般致密，因此用保鲜剂处理后的蛋壳非常容易干燥，感官效果非常好。

（4）本产品的保鲜剂成本低廉，制作工艺简单，使用时操作方便，易于推广应用。

7

粮食保鲜剂

大米、杂粮、果蔬生物保鲜剂

原料配比

	原 料	配比（质量份）
溶液一	魔芋精粉	250
	木薯精粉	250
	琼脂	60
	麦芽油	20
	双蒸馏水	300
溶液二	米糠油	100
	卵磷脂	50
	山胡椒油	30
	山梨醇	0.3
	固含量77.1%、质量浓度1.07g/mL的醚化剂	5
	双蒸馏水	100
α-淀粉酶		5
固含量(30±1)%、黏度100~150mPa·s的乳化剂		10

制备方法

（1）魔芋精粉的预处理。首先对原料魔芋精粉进行干燥脱脂处理，并搅拌；然后利用超声提取法，采用300mL容积的超声波清洗器在 20～50kHz 频率、100W 功率、30～45℃ 温度下超声提取 KGM 1h；最后将产物过滤、离心分离、真空浓缩待用。

（2）木薯精粉的预处理。用 30～45℃ 水浴处理木薯精粉 1h 待用。

（3）溶液一的配制。将上述处理后的产物各 250 质量份与 60 质量份琼脂、20 质量份麦芽油一同加入 300 质量份双蒸馏水中，在 55～60℃ 温度下均质成溶液。

（4）溶液二的配制。将 100 质量份米糠油、50 质量份卵磷脂、30 质量份山胡椒油、0.3 质量份山梨醇和 5 质量份固含量 77.1%、质量浓度 1.07g/mL 的醚化剂一同加入 100 质量份双蒸馏水中，在 55～60℃ 温度下均质成溶液。

（5）生物保鲜剂制成。将步骤（3）（4）制得的溶液混合，加入 5 质量份的 α-淀粉酶，再加入 10 质量份固含量（30±1）%、黏度 100～150mPa·s 的乳化剂，即制成大米、杂粮、果树生物保鲜剂。

（6）包装、储存。将上述产品置于聚对苯二甲酸乙二醇酯（PET）容器中，储存于 0～40℃ 阴凉避光处。

⊙ 原料配伍

本品各组分质量份配比范围如下。溶液一：魔芋精粉 250，木薯精粉 250，琼脂 60，麦芽油 20，双蒸馏水 300；溶液二：米糠油 100，卵磷脂 50，山胡椒油 30，山梨醇 0.3，固含量 77.1%、质量浓度 1.07g/mL 的醚化剂 5，双蒸馏水 100，α-淀粉酶 5，固含量（30±1）%、黏度 100～150mPa·s 的乳化剂 10。

⊙ 产品应用

本品主要用作大米、杂粮、果蔬生物的保鲜剂。

⊙ 产品特性

（1）本产品的应用范围不局限于保鲜米饭，而是涉及大米、五谷杂粮及果蔬、禽蛋等鲜活食物的保鲜，产品应用范围更广，适应性强。尤其是在荔枝、草莓、杨桃、花椰菜等区域性、季节性强的娇贵果蔬、禽肉蛋等鲜活类食品保鲜应用上的突破，使本产品更具应用价值。

(2) 本产品应用于大米、杂粮等保鲜上，因其在表面形成很薄的保护层，阻隔与空气接触，有效阻止水分蒸发，控制气体交换，可使大米、杂粮保存 1～2 年不生虫，不陈化，不霉变，不爆腰、发灰，增光增白，保持其外观和内在质量，维持原有风味和口感，具有保鲜效果好、成本低的特点，显著延长粮食货架期，能满足国家粮食储备库、精米加工厂、民间粮仓的需要；在果蔬、禽肉蛋等鲜活类食品保鲜应用上，通过对失重率、好果率、营养成分、感官指标及储藏后仓管指标等的测定表明，本品不但具有可食性，还在一定的收藏期内抑制了果皮的褐变，降低了腐烂率，减少了水分损失，同时较好地维持果实的营养成分，延长了果蔬的保鲜期，具有成本低、易操作、易管理、高效、无毒等优点。

大米保鲜剂 (1)

▶ 原料配比

原料	配比（质量份）		原料	配比（质量份）	
	1#	2#		1#	2#
米糠蜡	2.0	4	食用级乙醇	95	98
蜂胶	0.5	0.1			

▶ 制备方法

按上述配比将米糠蜡、蜂胶与食用级乙醇混合，再搅拌均匀制得。

▶ 原料配伍

本品各组分质量份配比范围为：米糠蜡 0.5～5，蜂胶 0.01～1，食用级乙醇 95～99.5。

▶ 产品应用

本品主要用于大米保鲜。使用方法：将大米保鲜剂在大米抛光时喷雾或滴加在米粒表面形成极薄的保护膜。

产品特性

本产品适宜于具备抛光工序的大米加工厂进行保鲜技术处理，可大面积推广应用。其主要优点如下：

（1）使用的原料为天然食品原料，米糠蜡为大米精加工的副产品，蜂胶为保健食品原料，所含有的丰富而独特的生物活性物质，使其具有抗菌、消炎、止痒、抗氧化、增强免疫、降血糖、降血脂、抗肿瘤等多种功能，对人体有着广泛的医疗、保健作用。该天然大米保鲜剂使用后不仅无不良作用，而且能提高大米的营养价值。

（2）添加过程简单，原有抛光工序不用进行设备工艺调整即可实施。

（3）适合各种规格的包装，成品对防止大米虫害、霉变、陈化有显著效果。

（4）可根据季节需要进行一定的配方调整，在高温季节可适当增加有效成分的含量，提高保鲜效果；秋冬季节可适当减少有效成分的含量以降低生产成本。

大米保鲜剂 (2)

原料配比

原　　料	配比（质量份）		
	1#	2#	3#
水	1000	1000	1000
柠檬酸	33	31	32
脱氢醋酸钠	78	73	76
乳酸钙	23	24	22
壳聚糖	45	48	43

制备方法

称取水，按成分配比逐个加入柠檬酸、脱氢醋酸钠和乳酸钙，混合，全部溶解后缓慢加入壳聚糖，快速搅拌至全部溶解。

◎ 原料配伍

本品各组分质量份配比范围为：水 1000，脱氢醋酸钠 70～80，柠檬酸 30～35，乳酸钙 20～25，壳聚糖 40～50。

◎ 产品应用

本品主要用作大米保鲜剂。

使用方法：在大米抛光时，通过加湿机，将保鲜剂均匀地喷涂在大米表面即可，使用量为每吨大米中添加 2～2.5kg 保鲜剂。

◎ 产品特性

（1）本产品中的脱氢醋酸钠是一种安全型食品防霉、防腐保鲜剂，它通过渗透进入微生物的细胞内，干扰细胞内各种酶体系而产生作用。脱氢醋酸钠的最大特点是抗菌范围广，耐光耐热性好，受酸碱度影响较小，有效使用浓度较低，且水溶液稳定，不会在加工过程中受热分解或随水蒸气挥发；在水溶液中逐渐降解为醋酸，无残留，对人体无毒无害。

（2）在天然保鲜剂中，有机酸是重要的组成部分，包括抗坏血酸、柠檬酸、乳酸等，它们在食品保鲜时可单独使用，也可配合使用。有机酸分子能透过微生物细胞膜进入细胞内部而离解，改变细胞内的电荷分布，导致细胞代谢紊乱或死亡；特别是低分子有机酸对革兰氏阳性和阴性菌均有效。此外，抗坏血酸和柠檬酸不但是较强的有机酸，还分别是强还原剂和抗氧化增效剂，可以防止食品被氧化，用于保鲜效果明显，应用简便、经济，还能参加人体正常的新陈代谢。

（3）本产品中的乳酸钙既是抗氧化强化剂，还是一种口感好、易吸收的良好钙源，除具有促进生长发育等营养功能外，还可作为稳定剂、缓冲剂、调节剂改善风味和口感，提高食品的质量。此外，乳酸钙在酸性溶液中部分转化为乳酸，对细菌有一定的抑制作用，同时对抗坏血酸、壳聚糖有增效作用。

（4）本产品中的壳聚糖是甲壳质经脱乙酰反应后的产品，具有明显的抑制细菌和霉菌的效果，同时其作为抑菌剂的载体，生物相容性好，在食品、生物医学及制药等方面的应用广泛。在食品保鲜领域，壳聚糖还可用作保鲜膜，将其水溶液涂于食品表面，可在物料表面形成一个低氧高二氧化碳的密闭环境，抑制细菌侵染、霉变及空气氧化，提高食品光泽度及感官品质。

（5）本产品喷涂于大米表面，待溶剂挥发后，可在大米表面形成一层透明的无色薄膜，该膜具有通透性、阻水性，可阻止水分散失，控制气体交换，抑制微生物侵染和空气氧化，从而达到长期保鲜并且防止大米爆腰、发灰的目的，保持其外观和内在质量，维持原有风味和口感，具有保鲜效果好、生产工艺紧凑简单、使用方便、对大米品质有增效的特点。

大米保鲜剂 (3)

◉ 原料配比

原料		配比（质量份）					
		1#	2#	3#	4#	5#	6#
脂肪氧化酶抑制剂	绿原酸	1	—	4.5	0.4	1.2	0.5
	咖啡酸	—	2	—	0.4	—	0.5
成膜剂	壳聚糖	5	10	5	8	6	4
	明胶	—	—	2	—	—	2
	蜂胶	—	—	2.5	—	—	—
包埋剂	β-环糊精	10	14	10	10	12.8	12
	多孔变性淀粉	—	—	—	4	—	—
分散剂A	柠檬酸-磷酸缓冲液,pH值为4.0	5	—	5	5	4.75	—
	柠檬酸-磷酸缓冲液,pH值为5.0	—	8	—	—	—	5.76
	蔗糖(加入柠檬酸-磷酸缓冲液中)	—	—	—	—	0.25	0.24
分散剂B	柠檬酸-磷酸缓冲液,pH值为4.0	25	—	35	22.2	23.75	—
	柠檬酸-磷酸缓冲液,pH值为5.0	—	25	—	—	—	24
	蔗糖(加入柠檬酸-磷酸缓冲液中)	—	—	—	—	1.25	1

原 料		配比（质量份）					
		1#	2#	3#	4#	5#	6#
分散剂 C	柠檬酸-磷酸缓冲液,pH 值为 4.0	54	—	40	50	47.5	—
	柠檬酸-磷酸缓冲液,pH 值为 5.0	—	41	—	—	—	48
	蔗糖(加入柠檬酸-磷酸缓冲液中)	—	—	—	—	2.5	2

制备方法

（1）将成膜剂溶于分散剂 A 中，配成铸膜液，将铸膜液过滤除去杂质后静置、脱泡，得到交联后的成膜剂备用。

（2）将脂肪氧化酶抑制剂加入分散剂 B 中，制成母液，备用。

（3）将包埋剂溶解到分散剂 C 中，为了促进其分散可以加热至 $50\sim60℃$ 并保温 $10\sim20min$，然后加入步骤（1）得到的交联后的成膜剂以及步骤（2）得到的母液，搅拌均匀（一般可搅拌$0.5\sim2h$），转速为 $300\sim600r/min$，得到微囊化的抑制剂，即本产品的大米保鲜剂，一般呈白色浑浊液。

步骤（1）～步骤（3）的描述中，分散剂分三次使用，分别为分散剂 A、分散剂 B、分散剂 C，三者总和为大米保鲜剂质量分数的 $75\%\sim84\%$；三者分配的比例没有严格限制，但至少可以均匀地分散所加入的物质。

原料配伍

本品各组分质量份配比范围为：脂肪氧化酶抑制剂 $0.5\sim2$，成膜剂 $5\sim10$，包埋剂 $10\sim15$，分散剂 $75\sim84$。

所述的脂肪氧化酶抑制剂为绿原酸、咖啡酸中的至少一种，多种组分时可以任意比混合。

所述的成膜剂为壳聚糖、虫胶、蜂胶、明胶中的至少一种，多种组分时可以任意比混合。

所述的包埋剂为 β-环糊精、多孔变性淀粉中的至少一种，多种组分时可以任意比混合。

所述的分散剂（分散介质）为含有蔗糖的柠檬酸-磷酸缓冲液，其 pH 值为 4～5，蔗糖在分散剂中的质量分数为 0～5％，也就是说所述的蔗糖可选组分。

在分散剂中加入蔗糖，一方面可以提高微胶囊膜的致密性和成膜剂成膜性，另一方面蔗糖也可以起到抗氧化的作用，更有利于大米保鲜剂在自身储存时的稳定性，延长其有效期。

但蔗糖的含量也不易过高，作为优选，蔗糖在分散剂中的质量分数为 3.5％～4％。

在成膜剂中优选至少含有壳聚糖，即：成膜剂中只采用壳聚糖，或者虫胶、蜂胶、明胶中的至少一种与壳聚糖混合使用，其中壳聚糖在成膜剂中的质量分数不低于 40％。使用壳聚糖可以使脂肪氧化酶抑制剂的微囊化效果更好，提高了脂肪氧化酶抑制剂的分散效果和利用率。

◎ 产品应用

本品主要用作大米保鲜剂。

大米保鲜剂在大米保鲜中的使用方法：本产品大米保鲜剂在大米抛光时滴加或喷雾处理，即在大米表面形成一层防哈败保鲜膜，达到脂肪防氧化目的。相对于大米的质量，本产品大米保鲜剂一般的用量为 1％～2％。

◎ 产品特性

本产品大米保鲜剂通过脂肪酶活性抑制大米储藏期间脂肪分解，从而防止大米的哈败。

大米保鲜剂 (4)

◎ 原料配比

原　　料	配比（质量份）		
	1#	2#	3#
多孔变性淀粉	8	10	12

续表

原 料	配比（质量份）		
	1#	2#	3#
壳聚糖	7	12	15
绿原酸	1	3	5
含有蔗糖的柠檬酸-磷酸缓冲液	70	75	80

◉ **制备方法**

将各组分原料混合均匀即可。

◉ **原料配伍**

本品各组分质量份配比范围为：多孔变性淀粉 8～12，壳聚糖 7～15，绿原酸 1～5，含有蔗糖的柠檬酸-磷酸缓冲液 70～80。

◉ **产品应用**

本品主要应用于大米的保鲜剂。

◉ **产品特性**

本产品优点是防止大米腐败，保鲜效果明显。

大米防霉保鲜剂

◉ **原料配比**

原 料	配比（质量份）		
	1#	2#	3#
双乙酸钠	10	15	12
维生素 C	5	8	6
海藻糖	5	8	7
大米增香剂	1	2	1
水	适量	适量	适量

◉ **制备方法**

先用加入总用水量 10% 左右的 60～70℃ 热水使药剂溶解，再用常温清水补足水量,搅拌均匀,配制成 10% 的水溶液。

原料配伍

本品各组分质量份配比范围为:双乙酸钠 10～15,维生素 C 5～8,海藻糖 5～8,大米增香剂 1～2,水适量。

双乙酸钠为白色结晶状固体,带有乙酸的臭味,极易吸潮,易溶于水,pH 值为 4.5～5.0。

维生素 C 为白色至浅黄色结晶性粉末,无臭有酸味,受光照后逐渐变为褐色,干燥状态时相当稳定,但在空气存在下,溶液中的含量会迅速降低,pH 值为 3.5～4.5 时较稳定,1g 约溶于 5mL 水。

海藻糖为白色半透明结晶状固体,略带甜味,易吸潮,易溶于水,水溶液的 pH 值为 7.0 左右。

大米增香剂为无色液体,有很浓的大米香味,易溶于水,pH 值为 5.5～6.0。

产品应用

本品主要用作大米防霉保鲜剂。每吨大米使用保鲜剂溶液 2kg。

产品特性

采用本大米防霉保鲜剂处理后大米在室温下放置,对照处理至 4 月中旬已发霉变质,经本保鲜剂处理的大米至 7 月中旬仍没发生霉变,其颜色、气味、口感均正常。

发芽糙米保鲜剂

原料配比

原　　料	配比(质量份)		
	1#	2#	3#
水	1000	1000	1000
抗坏血酸	35	33	36

续表

原　　料	配比（质量份）		
	1#	2#	3#
柠檬酸	15	13	17
乳酸钙	25	22	28
茶树油	50	52	48
司盘-80	1.2	1.3	1.1
吐温-80	2.8	2.9	2.6

◯ **制备方法**

（1）称取水，按配方逐个添加抗坏血酸、柠檬酸和乳酸钙，搅拌至全部溶解。

（2）按配方添加茶树油、司盘-80 和吐温-80，搅拌，在 45～55MPa 压力下均质 1～2 次。

◯ **原料配伍**

本品各组分质量份配比范围为：水 1000，抗坏血酸 30～40，柠檬酸 10～20，乳酸钙 20～30，茶树油 45～55，斯盘-80 1～1.5，吐温-80 为 2.5～3.5。

◯ **产品应用**

本品主要用作发芽糙米的保鲜剂。

使用方法：萌芽后的糙米粒从发芽液中取出、沥干后，在米粒表面均匀地喷施一层保鲜剂，于 35～50℃下循环通风干燥 4～12h，便可制得经过保鲜处理的发芽糙米；保鲜剂的用量为糙米质量的 0.5‰～2‰。

◯ **产品特性**

（1）本产品中，茶树油是一种天然抑菌剂，具有广谱抗菌、抗炎、局部镇痛及生物降解能力强等特性，杀菌活性是石炭酸的 11～13 倍，可高效地杀死真菌和细菌，被广泛认为对人体无毒、无刺激。在茶油商业应用中，由于纯茶树油溶解度低，使用过程中会迅速挥发而影响其功效，将茶树油制成乳化液可保持与物体紧密接触、释放高浓度的茶树油而保证其功效。在天然保鲜剂中，有机酸是重要的组成部分，包括抗坏血酸、柠檬酸、乳酸等，它们在食品保鲜时可单独使用，也可配合使用。有机酸分子能透过微生物细胞膜进入细胞内部而离解，改变细胞内的电荷分布，导致细胞代谢紊乱或死亡，特别是低分子有机酸对革兰氏阳性和阴性菌均有效。此外，抗坏血酸和柠檬酸不但是较强的有机酸，还分别是强还原剂和抗氧化增效剂，可以防止食品被氧化，用于保鲜效果明显，应用简便、经济，还能参加人体正常的新陈代谢。乳酸钙既是抗氧化强化剂，还是一种口感好、易吸收的良好钙源，除了可促进生长发育等营养功能外，还可作为稳定剂、缓冲剂、调节剂改善风味和口感，提高食品的质量。

（2）本产品对发芽糙米具有杀菌、防腐、增效、抗氧化作用，使用后营养成分不会降解和流失，且配方简易，生产工艺简单，使用方便，成本低。

粮食防霉防腐保鲜剂

▶ 原料配比

原　　料	配比（质量份）		
	1#	2#	3#
富马酸二甲酯	9	11	14
丙酸钙	8	14	19
苯甲酸	60	67	75
水	25	31	34

▶ 制备方法

将各组分原料混合均匀即可。

▶ 原料配伍

本品各组分质量份配比范围为：富马酸二甲酯9～14，丙酸钙

8～19，苯甲酸 60～75，水 25～34。

产品应用

本品主要用作粮食防霉防腐保鲜剂。

产品特性

本产品可保持粮食新鲜、效果显著，无刺激、无残留毒性。

嫩玉米保嫩保鲜剂

原料配比

原　料	配比(质量份)	原　料	配比(质量份)
大蒜素	1.8	植酸	7
D-异抗坏血酸钠	4	葡萄糖	15
羧甲基壳聚糖	18	水	加至100
纳他霉素	0.4		

制备方法

按配方分别称取大蒜素、D-异抗坏血酸钠、羧甲基壳聚糖、纳他霉素、植酸、葡萄糖与水进行搅拌混合，即得到高效嫩玉米保嫩保鲜剂。

原料配伍

本品各组分质量份配比范围为：大蒜素 1～3，D-异抗坏血酸钠 2～5，羧甲基壳聚糖 10～20，纳他霉素 0.1～1，植酸 5～10，葡萄糖 10～18，水加至 100。

产品应用

本品主要用作嫩玉米保嫩保鲜剂。

使用方法：将上述保鲜剂稀释 10 倍，把嫩玉米放入保鲜剂溶液内浸泡 5～10min 后捞出，沥干水分，20～25℃ 储存，可保鲜嫩玉米 10 个月左右，使普通玉米及彩色玉米、水果玉米夏秋储藏、冬季出售，达到长年供应市场。

◉ 产品特性

（1）本产品安全、无毒，各组分间协同性好，广谱抑菌杀菌性能好。

（2）本保鲜剂能更好地防止水分散发，抗氧性能优异。

（3）产品性状稳定，食用无毒。

（4）保鲜剂能使玉米保鲜期长，口味纯正，品质鲜嫩如初。

嫩玉米保鲜剂

◉ 原料配比

原 料	配比（质量份）		原 料	配比（质量份）	
	1#	2#		1#	2#
苯甲酸钠	0.7	4	抗坏血酸	0.3	0.5
硬脂酸	0.3	0.9	水	加至100	加至100

◉ 制备方法

将上述质量份的原料按配比混合均匀，溶于水，即为嫩玉米保鲜剂。

◉ 原料配伍

本品各组分质量份配比范围为：苯甲酸钠 0.5～4，硬脂酸 0.3～1，抗坏血酸 0.1～0.5，水加至 100。

◉ 产品应用

本品主要用作嫩玉米保鲜剂。

◉ 产品特性

本产品配方合理，工作效果好，生产成本低。

天然大米保鲜剂

原料配比

原　　料		配比(质量份)
自制姜乙醇提取物	自制姜粉	10
	食用乙醇	400
自制姜乙醇提取物		4
海藻糖		2
抗坏血酸		1

制备方法

(1) 烘干：将洗净的姜切片后，在 55～70℃烘箱中干燥 8～14h 得干姜片。烘干温度要适宜，过低会使姜片发软发黏；过高会导致活性成分失效。姜的脱水率为 80%～95% 决定了姜片的烘干时间。

(2) 粉碎：将干姜片用粉碎机进行粉碎；粉碎可使姜活性物质提取得更彻底。

(3) 乙醇提取：姜粉和食用乙醇的质量比为 1:40，在 45～65℃水浴，搅拌提取 1～3h；料液比选择 1:40 是因为综合各因素后能有较高的提取率，因食用乙醇的沸点较低，故提取温度定在 45～65℃，可以保证提取物功效成分的活性发挥。

(4) 浓缩：在 55～70℃下进行旋转蒸发浓缩，至浓缩液较黏稠时即得姜乙醇提取物。蒸发浓缩至原体积的 1/8 时浓缩液的黏稠度适宜。

(5) 配比：增效剂为海藻糖和抗坏血酸，主要成分为姜乙醇提取物，三者的配比为姜乙醇提取物：海藻糖：抗坏血酸质量比为 2:1:0.5，即得天然大米保鲜剂。

原料配伍

本品各组分质量份配比范围为：姜乙醇提取物：海藻糖：抗坏血酸质量比为 2:1:0.5。在姜乙醇提取物中添加海藻糖和抗坏血酸有利于保鲜剂的特性发挥，具有抑菌和抗氧化的增效作用，两者都有保健作用。

◉ **产品应用**

本品主要用作天然大米保鲜剂。该产品 1g 溶于 100mL 水中，可喷涂 5kg 大米。

◉ **产品特性**

本产品用于防止大米存储存过程中生虫霉变，以延缓大米的陈化，此保鲜剂具有抗氧化和防霉菌的双重特性。

天然缓释型有机杂粮保鲜剂

◉ **原料配比**

原　料	配比（质量份）		原　料	配比（质量份）	
	1#	2#		1#	2#
天然肉桂精油	10	10	多孔淀粉	1	1
天然芥末精油	1	1.5	天然混合精油	1	1.2

◉ **制备方法**

天然肉桂精油和天然芥末精油按比例混合，用 β-环糊精与混合精油按质量比进行包埋；将多孔淀粉与混合精油按质量比进行吸附，将上述两种包埋和吸附物按质量比同时加入到高频振荡挤压设备中振荡挤压，加入食用酒精，振匀；按质量比加入黏合剂食用糊精，制粒压制成缓释片剂，密封包装，阴凉干燥处存放。

◉ **原料配伍**

本品各组分质量份配比范围为：多孔淀粉 1，天然肉桂精油 10，天然芥末精油 1～1.5，天然混合精油 1～1.2。

◉ **产品应用**

本品主要用作有机杂粮保鲜剂。

产品特性

本品为缓释片剂，密封包装，在使用时拆开包装，利用天然精油超强挥发特性扩散至需要保鲜储藏的杂粮中，起到防虫防霉的保鲜效果，且无任何毒害残留。

天然植物型糙米防虫防腐保鲜剂

原料配比

原　　料		配比(质量份)
丁香、大蒜、柚皮和肉桂的提取物	丁香	10
	大蒜	45
	柚皮	25
	肉桂	20
	95%乙醇溶液①	120
	95%乙醇溶液②	100
丁香、大蒜、柚皮和肉桂的提取物		15
壳聚糖		6
维生素 C 钠		4
植酸		4
乙酸		1
水		69

制备方法

（1）分别称取丁香 5～15 份，大蒜 30～50 份，柚皮 20～40 份，肉桂 15～30 份，洗净晾干，用粉碎机粉碎。

（2）所得粉碎物质混合，加入乙醇①，35℃搅拌 24h 左右，过滤，滤渣再次加入乙醇②搅拌 24h 左右，过滤，所得滤液合并，减压浓缩回收溶剂后得浸膏，经真空干燥得到一种粉末状提取物。

（3）取提取物 5～20 份，壳聚糖 3～10 份，维生素 C 钠 3～5 份，植酸 2～8，乙酸 0.5～2 份和水 69 份，搅拌混合均匀，得到一种全天然植物型防虫防腐保鲜剂。

◎ **原料配伍**

本品各组分质量份配比范围为：丁香、大蒜、柚皮和肉桂的提取物5～20，壳聚糖3～10，维生素C钠3～5，植酸2～8，乙酸0.5～2，水加至100。

丁香、大蒜、柚皮和肉桂的提取物：丁香5～15份，大蒜30～50份，柚皮20～40份，肉桂15～30份。

所述的原料丁香、大蒜、柚皮和肉桂的质量比最优为10：45：25：20。

所述的丁香、大蒜、柚皮和肉桂的提取物与壳聚糖、维生素C钠、植酸、乙酸的质量比最优为15：6：4：4：1。

◎ **产品应用**

本品主要用作糙米防虫防腐保鲜剂。

使用方法：将上述保鲜剂稀释10倍，均匀地喷淋于糙米外表面，于35℃下真空干燥，储存。

◎ **产品特性**

（1）本产品防腐剂安全无毒无异味，广谱抑菌，抑菌灭菌性能好，抗氧化，不变色，防虫防腐效果佳。

（2）制作本产品所用原料来自于自然界中的天然植物，原料易得，价格便宜。

（3）本产品可广泛应用于粮食谷物防腐领域。

营养强化大米的保鲜剂

◎ **原料配比**

原　　料	配比（质量份）		
	1#	2#	3#
水	1000	1000	1000

续表

原　料	配比(质量份)		
	1#	2#	3#
双乙酸钠	42	45	43
抗坏血酸	33	32	34
乳酸钙	28	27	26

▶ 制备方法

称取水，按配方逐个添加双乙酸钠、抗坏血酸和乳酸钙，搅拌至全部溶解。

▶ 原料配伍

本品各组分质量份配比范围为：水 1000，双乙酸钠 40～45，抗坏血酸 30～35，乳酸钙 25～30。

▶ 产品应用

本品主要用于挤压型营养强化大米的保鲜。

使用方法：在大米基料与营养素的拌料过程中加入保鲜剂，混合均匀，然后挤压成型即可；使用量为每吨营养强化大米中添加 2～3kg 保鲜剂。

▶ 产品特性

（1）本产品的成分中：双乙酸钠是一种价廉、广谱、高效、安全的食品添加剂，具有高效防腐、防霉、保鲜及提高食品营养价值等功效，在生物体内的最终代谢产物是水和二氧化碳。其抗菌机理是：双乙酸钠含有分子状态的乙酸，能有效地渗透微生物的细胞壁，干扰细胞中酶的相互作用，使细胞内蛋白质变性，从而起到有效的抗菌作用。

有机酸是重要的组成部分，包括抗坏血酸、乳酸等，它们在食品保鲜时可单独使用，也可配合使用。有机酸分子能透过微生物细胞膜进入细胞内部而离解，改变细胞内的电荷分布，导致细胞代谢紊乱或死亡；特别是低分子有机酸对革兰阳性和阴性菌均有效。此外，抗坏血酸不但是较强的有机酸，还是强还原剂和抗氧化剂，可以防止食品被氧化，用于保鲜效果明显，应用简便、经济，还能参加人体正常的新陈代谢。乳酸钙既是抗氧化强化剂，还是一种口感好、易吸收的良好钙源，除了可促进生长发育等营养功能外，还可作为稳定剂、缓冲剂、调节剂改善风味和口感，提高食品的质量。

（2）本产品对营养强化大米具有杀菌、防腐、增效、抗氧化作用，且配方简单，成本低，生产工艺简单，使用方便。

8

豆制品保鲜剂

安全高效绿色豆制品保鲜剂

▶ 原料配比

原　料	配比（质量份）		
	1#	2#	3#
水	20	25	30
蔗糖酯	5	15	20
葡萄糖	5	15	20
单硬脂酸甘油酯	5	15	20
柠檬酸	5	7	10
单辛酸甘油酯	5	15	20
丙酸钙	5	8	10
山梨糖醇	5	15	20
脱氢乙酸钠	5	15	20
山梨酸钾	5	15	20
双乙酸钠	5	15	20
薪草	0.1	0.5	1

▶ 制备方法

（1）将油相物料单辛酸甘油酯、单硬脂酸甘油酯、蔗糖酯、山梨糖醇及薪草混合，65～85℃加热、搅拌，得油相混合料。

（2）将水相物料葡萄糖、柠檬酸、丙酸钙、脱氢乙酸钠、山梨酸钾、双乙酸钠及水混合，65～85℃加热、搅拌，得水相混合料。

（3）将上述油相混合料和水相混合料进入真空乳化装置进行真空乳化处理，得产品。真空乳化处理条件为：真空乳化时，按工艺要求，先开真空泵的吸水阀，再开真空泵开关，然后开锅上排气阀。待真空度到达 0.05MPa 时，进行吸料。吸料先吸油相混合料，吸完后再吸水相混合料，吸完后关吸料阀，关排气阀，并开搅拌 200r/min。开冷却水，按工艺要求 50℃时出料，关闭冷却阀。

⊘ 原料配伍

本品各组分质量份配比范围为：水 20～30，蔗糖酯 5～20，葡萄糖 5～20，单硬脂酸甘油酯 5～20，柠檬酸 5～10，单辛酸甘油酯 5～20，丙酸钙 5～10，山梨糖醇 5～20，脱氢乙酸钠 5～20，山梨酸钾 5～20，双乙酸钠 5～20，薪草 0.1～1。

⊘ 产品应用

本品主要用作豆制品保鲜剂。

⊘ 产品特性

本保鲜剂安全、高效，可用于防止豆制品食品因微生物引起的变质，提高豆制品的保存期限。

豆浆天然保鲜剂

⊘ 原料配比

原　　料	配比（质量份）		
	1#	2#	3#
芦荟	3	4	3.5
黄芩	1	1.5	1.3
丹参	1	1.5	1.3
黄姜	0.5	1	0.7

续表

原　　料	配比(质量份)		
	1 #	2 #	3 #
水	27.5	40	34
乙酸乙酯	27.5	40	34

◎ **制备方法**

（1）按质量比分别称取芦荟、黄芩、丹参和黄姜洗净、切碎后混合。

（2）将混合物置入多功能提取罐中，加入水、乙酸乙酯，调节提取罐压力为 2MPa、温度为 30～40℃，提取 2 次，每次 2h，合并提取液。

（3）将提取液静置沉淀 24h，取上层清液依次通过孔径为 60目、100 目、200 目和 400 目的多层丝网过滤。

（4）将过滤液置入真空浓缩罐中，在 4℃下进行浓缩，得浸膏。

（5）将浸膏通过干燥塔进行干燥，干燥后通过万能粉碎机进行粉碎到 150 目，即可。

◎ **原料配伍**

本品各组分质量份配比范围为：芦荟 3～4，黄芩 1～2，丹参1～2，黄姜 0.5～1，水 20～40，乙酸乙酯 20～40。

所述的芦荟是一种百合科多年生肉质草本作物，化学成分主要有酚性物质、萜类、甾体、糖类及生物碱等。

所述的黄芩是一种唇形科多年生草本作物，化学成分主要含有黄芩苷、黄芩素、汉黄芩苷、汉黄芩素、黄芩酮Ⅰ、黄芩酮Ⅱ、千层纸黄素 A 及菜油甾醇等。

所述的丹参是一种唇形科多年生草本作物，化学成分主要有含丹参酮Ⅰ、ⅡA、ⅡB，异丹参酮Ⅰ、ⅡA，隐丹参酮，异隐丹参酮，甲基丹参酮，羟基丹参酮等。

所述的黄姜是一种姜科多年生草木植物，均具有杀菌、消炎等作用，能杀灭真菌、霉菌、细菌、病毒等病菌，抑制病原体的发育繁殖。根据它们的生理活性及药理作用，表明均具有较高的生物活性，具有较高的防腐保鲜功能，因此，发掘其在保鲜剂上的作用，具有良好的前景。

◈ 产品应用

本品主要用于豆浆的保鲜剂。

保鲜剂的使用方法：将保鲜剂、壳聚糖、食盐以 50～65：3～7：5～10 的质量比混合，以每千克豆浆中加入混合保鲜剂 1g。

◈ 产品特性

（1）从天然药食两用植物芦荟、黄芩、丹参和黄姜进行提取制备的保鲜剂，安全无毒，符合目前国家倡导的食品安全性。

（2）使用该保鲜剂的豆浆类，在一定时间内，能保持鲜豆浆原有食品价值和商品价值，而且营养高，并克服冷藏豆浆需用冷藏设备而增加成本及其容易产生质变的问题。

（3）豆浆类获得较长的保鲜期后，更方便豆浆的流通和货价期的延长，而且纯植物提取，成本低。

豆制品保鲜剂

◈ 原料配比

原　　料	配比(质量份)						
	1#	2#	3#	4#	5#	6#	7#
单月桂酸甘油酯	40	30	60	20	40	40	30
葡萄糖酸-δ-内酯	20	—	20	20	20	—	30
柠檬酸	—	20	—	20	—	20	—
单硬脂酸甘油酯	40	50	20	40	40	40	40

◈ 制备方法

将各组分原料混合均匀即可。

◈ 原料配伍

本品各组分质量份配比范围为：单月桂酸甘油酯 20～60，酸化剂 20～40，单硬脂酸甘油酯 20～50。

所述酸化剂为葡糖糖酸 δ 内酯、柠檬酸和苹果酸中的一种或多种。

所述的单月酸甘油酯是一种亲酯性的非离子型表面活性剂，是天然存在于一些植物中的化合物，可作为食品的杀菌剂；单月桂酸甘油酯除了含有单酯以外，其合成过程中还伴随有二酯及三酯的生成，而单酯具有抑菌作用，因此单月桂酸甘油酯中的单酯含量对保鲜抑菌效果具有一定的影响。

所述的单硬脂酸甘油酯也是一种非离子型的表面活性剂，既有亲水基团又有亲油基团，具有很好的乳化消泡作用。

所述酸化剂可以调节 pH 值，抑制腐败菌的生长，而且当用于豆腐的保鲜时，酸化剂还可以作为豆腐的凝固剂，使豆腐的质地细腻嫩滑。

◎ 产品应用

本品主要用作豆制品保鲜剂。

将保鲜剂应用于豆腐的生产工艺：

（1）浸泡黄豆：将黄豆置于水中浸泡约 8h。

（2）磨浆：将浸泡好的黄豆捞出，放入浆渣分离机中进行磨浆。

（3）添加保鲜剂：冷浆加入上述豆制品保鲜剂。所述保鲜剂与豆浆或卤汁的质量比为 0.5∶1000～2∶1000。

（4）煮浆：将加入豆制品保鲜剂后的豆浆加热煮沸。

（5）点卤：用氯化镁溶液进行点卤。

（6）挤压成型：倒入纱布后，挤压出水分以成型。

（7）包装：将豆腐放入塑料包装袋，封口保存。

将保鲜剂应用于卤制豆制品的生产工艺：

（1）添加保鲜剂：将上述豆制品保鲜剂加入卤汁。所述保鲜剂与豆浆或卤汁的质量比为 0.5∶1000～2∶1000。

（2）卤制：将按照正常工艺制得的豆干放入卤汁，加热卤制。

（3）包装：将卤制完成的豆干放入塑料包装袋，封口保存。

◎ 产品特性

（1）本产品不但能够有效地抑制豆制品中腐败微生物的生长，

延长豆制品的保质期,而且具有很好的消泡效果。

(2) 本产品中的各组分均符合国家标准,可应用于所有豆制品,而且本产品的保鲜剂使用起来非常方便,不需改变传统工艺,因此在豆制品保鲜技术中可以广泛应用。

非发酵豆制品保鲜剂

⊙ 原料配比

原　料		配比(质量份)				
		1#	2#	3#	4#	5#
保鲜剂 A	乳酸链球菌素	0.05	0.1	0.08	0.1	0.05
	山梨酸钾	0.08	0.1	0.1	0.05	0.08
	维生素 C	0.01	0.05	0.05	0.03	0.05
	水	加至 100	加至 100	加至 100	加至 100	加至 100
保鲜剂 B	1%乳酸水溶液中壳聚糖的含量	1.0	0.8	—	—	1.5
	1%醋酸水溶液中壳聚糖的含量	—	—	1.0	—	—
	1%柠檬酸水溶液中壳聚糖的含量	—	—	—	1.5	—

⊙ 制备方法

分别配制保鲜剂 A 和保鲜剂 B,将保鲜剂 A、保鲜剂 B 分别煮沸 1～3min 后,冷却,放 0～4℃冰箱保存备用。

⊙ 原料配伍

本品各组分质量份配比范围如下。保鲜剂 A:乳酸链球菌素 0.05～0.1,山梨酸钾 0.05～0.1,维生素 C 0.01～0.05,水 99.75～99.89。

保鲜剂 B 为含壳聚糖 0.8%～1.5%的 1%乳酸或柠檬酸或醋酸水溶液。

⊙ 产品应用

本品主要用于传统非发酵豆制品的保鲜剂。

使用方法：将传统非发酵豆制品浸泡于所述保鲜剂 A 中 5～10min 或者将保鲜剂 A 喷淋在豆制品表面，沥干 0.5～1min；再浸泡于保鲜剂 B 中 3～5min 或者将保鲜剂 B 喷淋在豆制品表面，沥干 3～5min；喷淋处理量为每平方厘米的豆制品表面喷淋 0.1～0.5mL。

◉ **产品特性**

本产品可使保鲜期最短的传统非发酵豆制品即托盘包装的豆腐保鲜 8 天，保质 10 天左右，保鲜时间较长；本产品能抑制和杀死导致豆腐等传统非发酵豆制品腐败的优势微生物，并控制脂肪等的生物氧化，延长豆制品的保质期，且无毒副作用。

9

茶叶保鲜剂

茶叶保鲜剂 (1)

▶ 原料配比

原　料	配比(质量份)	原　料	配比(质量份)
纤维状坡缕石	28～35	活性炭	6～10
焦亚硫酸钠	20～26	铁粉	12～18
抗坏血酸钠	22～30		

▶ 制备方法

(1) 纤维状坡缕石的制备及热处理，处理方法为：将纤维状坡缕石原矿进行水洗除去杂质和残渣，在105℃干燥箱中干燥，然后用振动磨矿机粉碎1～3min，用标准检验筛分级，即得20～30目纤维状坡缕石，然后将20～30目纤维状坡缕石在马弗炉中440～450℃温度焙烧2～3h进行热处理。

(2) 配料：将制备好的纤维状坡缕石和其他组分按照配比进行混合。

(3) 造粒：配料好后进行初造粒和精细加工造粒；初造粒采用在圆盘造粒机上进行初造粒；初造粒的粒度在0.8～3.5mm。精细加工造粒在糖衣机中进行精细加工造粒，精细加工造粒的粒度在1～4mm。

（4）焙烧：造粒后的颗粒进行焙烧处理；焙烧温度为 400～420℃，时间为 1～3h。

（5）筛分：将焙烧后的颗粒根据直径进行分类；按颗粒直径大小 0.8～1.0mm、1～1.5mm、1.5～2mm、2～2.5mm、2.5～3mm、3～3.5mm 进行筛分。

（6）将筛分后的颗粒进行控水处理，使颗粒的含水率≤1%。对控水处理后的颗粒进行包装，成品必须在生产现场包装。控水处理是在室温下，相对湿度为 80% 条件下进行。

原料配伍

本品各组分质量份配比范围为：纤维状坡缕石 28～35，焦亚硫酸钠 20～26，抗坏血酸钠 22～30，活性炭 6～10 和铁粉 12～18。

产品应用

本品主要用作茶叶保鲜剂。

使用方法：将该包装好的保鲜剂与需要保鲜处理的茶叶按 1：50 比例放置在盛放茶叶的容器或包装袋中。经储藏 8 个月处理，在储藏过程中该保鲜剂能除去密闭容器或包装袋内的游离氧和游离水，氧气含量控制在 0.2% 以下，茶叶的含水率控制在 6.0% 以内，保持茶叶充分干燥，防止茶叶由于氧化而发霉或陈化，确保茶叶的原始品质和质量，延长茶叶的保质期，提高茶叶的附加值。

产品特性

本产品将原料纤维状坡缕石经过加工制作，使纤维状坡缕石的吸附水、沸石水和结合水完全脱去，使其多孔道结构增加、比表面积增加、吸附性能大大提高、吸附效果增强，然后与焦亚硫酸钠、抗坏血酸钠、活性炭和铁粉混合进行加工制成茶叶保鲜剂，本产品茶叶保鲜剂按照颗粒直径大小、不同质量分别包装成不同规格的保鲜剂包装袋；本产品不需做任何酸、碱处理，不添加任何腐蚀性和会造成环境污染的物质，制备方法简单；本茶叶保鲜剂吸附干燥速度快、吸附能力强、无毒、无味、无接触腐蚀性、无环境污染，并能除氧、防腐、除异味，对人体无害，制备成本低，且能够确保茶叶的原始品质和质量，延长茶叶的保质期，提高茶叶的附加值；同时，使用过的茶叶保鲜剂，通过加热处理后使含水率≤1％，又能够重复再利用。

茶叶保鲜剂 (2)

◎ 原料配比

原　料	配比（质量份）	
	1#	2#
铁粉	25	20
氯化亚铁	15	10
碳酸氢钠	25	20
反丁烯二酸	10	5
沸石	20	15
活性干燥剂	5	2

◎ 制备方法

将铁粉、氯化亚铁、碳酸氢钠、反丁烯二酸、沸石和活性干燥剂各组分按质量份混合均匀即可。

◎ 原料配伍

本品各组分质量份配比范围为：铁粉 20～25，氯化亚铁 10～15，碳酸氢钠 20～25，反丁烯二酸 5～10，沸石 15～20，活性干燥剂 2～5。各组分所采用配方均为食品添加剂级别。

所述的活性干燥剂优选蒙脱石。

◎ 产品应用

本品主要用作茶叶保鲜剂。使用方法：将本产品保鲜剂铝箔袋包装后，再将茶叶和保鲜剂按质量比 50：1 用铝箔袋包装，室温下储藏。

⊙ **产品特性**

（1）本产品具有除氧、隔氧、去湿等功能，以除去氧气为主，以防腐和干燥为辅。本产品综合了各种成分的除氧、隔氧及去湿功能，有效地防止了茶叶品质的劣变，更好地保证了江南绿茶的品质。

（2）本产品采用六种具有除氧、隔氧、去湿等功能成分的保鲜剂，同时发挥了除氧剂、抗氧化剂、吸湿剂等多重作用，脱去茶叶包装空间里的氧气与水分，防止茶叶生化成分如茶多酚、氨基酸、叶绿素等成分的自动氧化和水解反应，从而延缓茶叶劣变，甚至保持茶叶原先品质。本产品保鲜剂能有效克服外界环境条件对茶叶的影响，保护了茶叶的品质，减少了经济损失，增加了生产效益。

茶叶生物保鲜剂

⊙ **原料配比**

原　料	配比（质量份）								
	1#	2#	3#	4#	5#	6#	7#	8#	9#
乳酸菌	20	10	18	13	15	11	19	14	17
丙酸钙	0.01	0.05	0.02	0.04	0.01	0.02	0.04	0.03	0.02
柠檬酸	0.01	0.05	0.02	0.04	0.01	0.02	0.04	0.03	0.02
活性炭	80	120	90	110	100	115	88	99	100

⊙ **制备方法**

将上述组分按比例混合均匀即可。

⊙ **原料配伍**

本品各组分质量份配比范围为：乳酸菌∶丙酸钙∶柠檬酸∶活性炭＝10～20∶0.01～0.05∶0.01～0.05∶80～120。

⊚ **产品应用**

本品主要用作茶叶的生物保鲜剂。

⊚ **产品特性**

本产品中含有乳酸菌，能在茶叶表面形成一层叶面菌膜保护，延长茶叶的保鲜期。活性炭具有除味和干燥的功能，能够吸收茶叶包装内的氧、氯、二氧化硫等多种酸性气体，本产品能够防霉、防氧化，无气味、无污染、无任何副作用，保鲜效果优异。本产品成本低、工艺简单、安全可靠。

绿茶保鲜剂

⊚ **原料配比**

原　料	配比（质量份）	原　料	配比（质量份）
活性铁	75	活性炭	8
碳酸钠	12	无水氧化钙	5

⊚ **制备方法**

将保鲜剂各成分按照比例混合，用专用包装密封后，备用。

⊚ **原料配伍**

本品各组分质量份配比范围为：活性铁 75，碳酸钠 12，活性炭 8，无水氧化钙 5。

⊚ **产品应用**

本品主要用作绿茶保鲜剂。使用方法：保鲜剂用量为所需保鲜茶叶质量的 1.5%，储藏时采用相对密闭储藏。

⊚ **产品特性**

本产品采用除氧剂和干燥剂相结合的方法进行绿茶保鲜，改进了绿茶现有的保鲜方式，从根本上防止了绿茶的劣变，从而能够更好地保证茶叶的品质。

微电解茶叶保鲜剂

原料配比

原 料	配比(质量份)		原 料	配比(质量份)	
	1#	2#		1#	2#
还原铁粉	40	50	无水硫酸钠	45	40
活性炭	15	10			

制备方法

首先，将铁粉、活性炭和无水硫酸钠进行充分混合；然后，将混合均匀的物质用透气的纸塑复合袋包装得到产物。所述混合是在氮气保护下进行的。

原料配伍

本品各组分质量份配比范围为：铁粉 40～50，活性炭 10～20 和无水硫酸钠 30～50。

产品应用

本品主要用作微电解茶叶保鲜剂。

产品特性

本产品在茶叶的密闭包装中能够吸收包装中的水分和氧气，还原铁粉与活性炭形成微电解，铁粉与氧气形成氧化铁，水分与无水硫酸钠形成带 7 个结晶水的硫酸钠，从而脱除茶叶包装中的氧气和水分。本产品的保鲜剂能够常温下延长茶叶的保鲜时间，同时长时间维持茶叶的味道和品质。

10 其他保鲜剂

除臭保鲜剂

原料配比

原料		配比（质量份）									
		1#	2#	3#	4#	5#	6#	7#	8#	9#	10#
105℃干燥后的邻苯二甲酸氢钾		50	—	—	—	—	—	—	—	—	—
亚氯酸钠		50	—	50	25	50	35	36	35	35	100
105℃干燥后的无水磷酸二氢钾		—	50	—	—	—	—	—	—	—	—
亚氯酸钾		—	25	—	—	—	—	—	—	—	—
激发剂	漂粉精	—	1.5	—	—	—	—	—	—	—	—
	二氯异氰尿酸钠	—	—	—	1.5	—	—	—	2.1	—	10
固体缓冲剂（pH）	邻苯二甲酸氢钾	—	—	25	25	36	36	—	—	—	—
	无水磷酸二氢钾	—	—	25	25	24	24	48	48	35.5	50
	无水磷酸氢二钠	—	—	—	—	12	12	24	24	35.5	50
固体缓冲剂		—	—	50	50	50	70	72	70	71	100

注：3#、4#固体缓冲剂pH=4；5#、6#固体缓冲剂pH=5；7#、8#固体缓冲剂pH=6；9#、10#固体缓冲剂pH=7。

制备方法

由强氧化剂亚氯酸盐与固体pH缓冲剂为原料，以1:1～1:2的比例混合制成。

原料配伍

本品各组分质量份配比范围为：强氧化剂亚氯酸盐：固体pH

缓冲剂＝1∶1～1∶2。

　　所述强氧化剂亚氯酸盐为亚氯酸钠或亚氯酸钾。

　　所述固体 pH 缓冲剂包括 pH＝4、pH＝5、pH＝6 和 pH＝7 四种不同 pH 值的缓冲剂，各种缓冲剂分别包括以下物质和配比。

　　pH＝4：由邻苯二甲酸氢钾或无水磷酸二氢钾或邻苯二甲酸氢钾与无水磷酸二氢钾以任意比例混合组成。

　　pH＝5：由邻苯二甲酸氢钾与无水磷酸氢二钠和无水磷酸二氢钾三种物质以 3∶1∶2 的比例混合组成。

　　pH＝6：由无水磷酸氢二钠和无水磷酸二氢钾以 1∶2 的比例混合组成。

　　pH＝7：由无水磷酸氢二钠和无水磷酸二氢钾以 1∶1 的比例混合组成。

　　所述原料中可以加入激发剂，加入量为原料总量的 2％～5％。

　　所述激发剂为次氯酸漂粉精或二氯异氰尿酸钠或三氯异氰尿酸钠中的任意一种。

◉ 产品应用

　　本品主要应用于冰箱、衣柜、卫生间、室内房间、肉联厂冷库、蔬菜与水果保鲜柜等相对封闭空间的除臭、杀菌、消毒、保鲜等。

◉ 产品特性

　　本产品较为理想地解决了产品的储存、运输、反应速率等问题，为二氧化氯的利用开辟了一条新思路。

稻米鲜湿米粉保鲜剂

◉ 原料配比

原　　料	配比（质量份）				
	1#	2#	3#	4#	5#
脱氢醋酸钠	6.4	8.0	9.6	6.0	15.0
稳定态二氧化氯	8.0	4.8	6.4	4.0	5.0

> **制备方法**

由脱氢醋酸钠和稳定态二氧化氯混合配制而成。

> **原料配伍**

本品各组分质量份配比范围为：脱氢醋酸钠∶稳定态二氧化氯＝0.7～3.0∶1。

> **质量指标**

项目	实施例1	实施例2	实施例3	实施例4	实施例5
微生物指标	菌落总数2.5×10³cfu/g；大肠菌群45MPN/100g；致病菌未检出	菌落总数2.5×10³cfu/g；大肠菌群45MPN/100g；致病菌未检出	菌落总数2.5×10³cfu/g；大肠菌群50MPN/100g；致病菌未检出	菌落总数2.5×10³cfu/g；大肠菌群45MPN/100g；致病菌未检出	菌落总数1.5×10³cfu/g；大肠菌群45MPN/100g；致病菌未检出
感官指标	色泽洁白；无酸味、霉味；筋韧爽口	色泽洁白；无酸味、霉味；筋韧爽口	色泽洁白；无酸味、霉味；筋韧爽口	色泽洁白；无酸味、霉味；筋韧爽口	色泽洁白；无酸味、霉味；筋韧爽口
理化指标	水分65%；酸度（OT）1.4；二氧化硫和硼砂未检出；a度93%	水分65%；酸度（OT）1.4；二氧化硫和硼砂未检出；a度93%	水分65%；酸度（OT）1.2；二氧化硫和硼砂未检出；Q度93%	水分65%；酸度（OT）1.4；二氧化硫和硼砂未检出；a度93%	水分65%；酸度（OT）1.4；二氧化硫和硼砂未检出；Q度94%

> **产品应用**

本品主要用作稻米鲜湿米粉保鲜剂。

使用时，按照每千克稻米原料添加本保鲜剂150～210mg的用量，将本产品保鲜剂用无菌水配制成溶液，用于调制米浆或米粉末，得米浆，再经米粉加工工艺流程，便得到保鲜米粉。

> **产品特性**

本产品不影响产品风味、色泽，具有抗菌广谱性、低毒性、高安全性等特点。

豆豉保鲜剂

原料配比

原　料	配比				
	1#	2#	3#	4#	5#
丙酸钙	0.1g	0.2g	0.3g	0.1g	0.2g
肉桂油	0.01g	0.02g	0.03g	0.03g	0.01g
酒精	1.5mL	2mL	3mL	1.5mL	2.5mL
食盐	1g	2g	3g	2g	1g
姜黄粉	0.2g	0.3g	0.4g	0.3g	0.2g
豆豉初产品	100g	100g	100g	100g	100g

制备方法

（1）豆豉制备：将去杂后的大豆浸泡 18～24h，于 100～120℃下湿蒸 15～35min，将湿蒸好的大豆摊晾后在 10～20℃下接种加入大豆质量 0.5%～3% 的毛霉制曲 10～20 天，加入大豆质量 6%～10% 的食盐，35～45℃下发酵 20～30 天，得到豆豉初产品。

（2）配制浓度为 75%～80% 左右的酒精。

（3）姜黄粉碎后过 80～100 目筛，得到姜黄粉末备用。

（4）称取 0.1～0.3g 丙酸钙、0.01～0.03g 肉桂油、1.5～3.5mL 酒精、1～3g 食盐、0.2～0.4g 姜黄粉一起混匀，得到糊状物保鲜剂。

（5）将步骤（4）制得的保鲜剂与 100g 豆豉初产品拌均匀后装袋封存，低温或常温避光保存。

原料配伍

本品各组分配比范围为：豆豉初产品 100g，丙酸钙 0.1～0.3g，肉桂油 0.01～0.03g，酒精 1.5～3.5mL，食盐 1～3g，姜黄粉 0.2～0.4g。

⊙ **产品应用**

本品主要用于豆豉保鲜。

⊙ **产品特性**

(1) 原料价廉易得、配制简单、生产成本低、耗能小。
(2) 对人体无危害、对环境无污染。
(3) 风味好、豆豉保鲜周期常温可以达到 6 个月以上。

复合橡实保鲜剂

⊙ **原料配比**

原　料	配比（质量份）			
	1#	2#	3#	4#
柠檬酸	1	1	2	2
醋酸	—	4	8	—
氯化钙	4	—	—	7
抗坏血酸	1	1	1.5	2
水	1000	1000	1800	2000

⊙ **制备方法**

将上述原料按配比混合均匀，溶于水，即为复合橡实保鲜剂。

⊙ **原料配伍**

本品各组分质量份配比范围为：柠檬酸 1～2，氯化钙或醋酸
4～8，抗坏血酸 1～2，水 1000～2000。

⊙ **产品应用**

本品主要用作复合橡实保鲜剂。保鲜工艺：
(1) 初选：选择无虫害无变质的正常橡实。
(2) 分拣：按橡实大小均匀分类橡实。
(3) 清洗、脱水：将分拣均匀的橡实进行清洗，让橡实自然脱

水全橡实质量减轻 2%~4%。

（4）精选：选取完好无破损、表面无虫害的橡实。

（5）浸渍、保鲜：精选出的橡实用 10~30℃ 的无菌水进行冲洗，浸渍在 40~60℃ 复合橡实保鲜剂中 15min，取出晾干，然后浸渍在 40~60℃ 复合涂膜剂中 1min，自然风干；所述的复合涂膜剂中各组分及质量份配比为：芋多糖 1~2，壳聚糖 5~10，海藻酸钠 10~20，水 100~200。

（6）微波处理：将风干后的橡实放入微波炉中（500W）加热 20s，冷却。

（7）包装：将微波处理后的橡实用打孔的 PE 塑料袋装好。

（8）室温储藏：将包装好的橡实放在阴凉通风处，相对湿度保持在 80% 以上。

◎ 产品特性

（1）降低了橡实的坏果率。

（2）保留了橡实中含有的对人体有益的营养成分。

（3）橡实涂膜后可以显著抑制其在储藏期间的呼吸强度，降低淀粉水解速率，延长储藏时间。

（4）操作方法简单，便于工业化生产。

酱油防腐保鲜剂

◎ 原料配比

原　料	配比（质量份）			
	1#	2#	3#	4#
壳聚糖	2	2	2	2
鱼精蛋白	2	2	2	2
乳酸钠	2	2	2	2
迷迭香酸	—	4	7	2
美洲花椒素	—	—	4	2

制备方法

将水加热至80℃，加入卡拉胶溶解均匀，再按计量比加入其他各原料壳聚糖、鱼精蛋白、乳酸钠、迷迭香酸搅拌混匀后降至室温，即可制得所述酱油防腐保鲜剂。

原料配伍

本品各组分质量份配比范围为：壳聚糖0.5～3.5，鱼精蛋白0.5～3.5，乳酸钠0.5～3.5，生物防腐剂2～7。

所述生物防腐剂为由迷迭香酸和美洲花椒素中的一种或其混合物。

迷迭香酸（rosmarinicacid，简称RosA），是一种天然多功能酚酸类化合物。

美洲花椒素，存在于花椒树皮中。呋喃香豆素类化合物。

产品应用

本品主要用作酱油防腐保鲜剂。

使用方法：室温下，在未添加防腐剂的酱油中，添加0.1％的酱油防腐保鲜剂，搅拌均匀后市即灌装，即可制得成品酱油。

产品特性

本产品添加天然安全原料迷迭香酸和美洲花椒素，协同增效，稳定性好，对酱油的防腐保鲜效果较好。

抗菌除臭保鲜剂

原料配比

原　料	配比(质量份)			
	1#	2#	3#	4#
硅藻土	20	10	15	12
托玛琳	5	2	3	4

续表

原　料	配比（质量份）			
	1#	2#	3#	4#
沸石	20	10	12	14
硝酸银	1	3	2	4
空气净化催化剂	4	5	8	6
黏土	30	40	35	40
水	20	30	25	20

制备方法

（1）按质量份计，称取原料硅藻土、托玛琳、沸石、含银离子物质或含锌离子物质、空气净化催化剂、黏土、水。

（2）将称好的原料混合后，制作成颗粒状或蜂窝状，在80℃下干燥1～1.5h，然后在400℃下催化30～40min后，自然状况下冷却。

原料配伍

本品各组分质量份配比范围为：硅藻土8～20，托玛琳2～7，沸石10～25，含银离子物质或含锌离子物质1～6，空气净化催化剂1～10，黏土25～50，水20～35。

所述的含银离子物质是硝酸银。

所述的含锌离子物质是氧化锌。

产品应用

本品主要对冰箱冷藏室内的果蔬起到保湿、抗菌、除臭、保鲜的作用。

使用方法：将自然冷却后的保鲜剂装在具有多孔结构的塑料盒中，然后装配在一个小型风扇前面，将这个装置放入冰箱冷藏室，通上电，当风扇转动时，保鲜剂释放的负离子会随风大量快速地进入冰箱冷藏室，发挥作用。

产品特性

（1）本产品中的沸石是一种具有微孔结构的吸附材料，可以吸附各种异臭味和有害气体，然后利用其中具有空气净化功能的催化剂和异臭有害气体发生作用而将异臭气体除去；银离子和锌离子两种金属离子都是具有杀菌功能的，吸附材料吸附的微生物细菌可以被这些离子抑制杀灭；托玛琳材料又称电气石材料，是一种晶体又是一种电介质，而且每个晶体都有正电极和负电极，能自动永久发射红外线，释放负离子。负离子可以消除异味，异味气体物质大都带有正电荷，负离子系带有负电荷的离子，两者进行中和，因而负离子具有消除异味的功能，负离子本身还具有抑菌的性能，对球菌、霍乱弧菌、沙门氏伤寒菌、金黄色葡萄球菌都有明显的抑制作用，使水果、蔬菜内部的几种主要酶的活性降低。稀土可以使水变成活性水，且托玛琳发射的红外线可以与吸水材料的水分子形成共振，使大分子水变成小分子，弱碱性活性水分子比重上升，水的溶解力、渗透力、活性增强，这种活性水还具有抑菌抗菌的作用，同时具有提高果蔬的新鲜感和口感的作用。

（2）本产品可以对冰箱冷藏室内的果蔬起到保湿、抗菌、除臭、保鲜的作用，且释放负离子发射红外线，还可以去除果蔬中的农药残毒等物质，进一步提高了果蔬食品的品质。

壳聚糖人参保鲜剂

原料配比

原　料	配比（质量份）
壳聚糖	1.30
葡萄糖氧化酶	0.008
D-异抗坏血酸钠	0.08
白酒（55°）	加全100

制备方法

壳聚糖、葡萄糖氧化酶、D-异抗坏血酸钠先分别用少量白酒溶解，再与剩余白酒混合，制成人参保鲜剂。

◎ 原料配伍

本品各组分质量份配比范围为：壳聚糖 0.50～2.00，葡萄糖氧化酶 0.005～0.010，D-异抗坏血酸钠 0.05～0.10，白酒（50°～60°）加至 100。

◎ 产品应用

本品主要用作人参保鲜剂。使用方法如下：

（1）浸润：将收获 2 天内的鲜参用清水浸泡 20～30min。

（2）清洗：可用人工清洗。大型加工厂可使用滚筒式洗参机、超声波洗参机等洗净鲜参表面的泥土、污物。但均应保持根须、芦、芋等的完整，不应损伤外表皮。

（3）刷参：清洗后，用毛刷刷去芦碗和支根分叉处泥土，不应损伤外表皮和碰断支根。

（4）分选：选出无破疤、无腐烂、浆足体实、须芦齐全的鲜人参，并进行分等，如 30～40g、40～50g 等，分等有利于工艺处理和销售。

（5）精洗：用过滤消毒后的无菌水洗掉分选过程中仍存于参根表面的脏物。

（6）晾干：在无菌室内将参根表面的水分挥发掉。

（7）杀菌：鲜参和空袋分别用辐射强度≥90μW/cm² 30W 紫外线杀菌灯在垂直 1m 处照射 30min。

（8）保鲜剂浸泡：将鲜参置于保鲜剂中浸泡 30～60min。

（9）装袋：将鲜参装入袋中。包装袋可选用聚乙烯薄膜或其他无毒塑料薄膜制作的塑料袋（厚度＞0.08mm），包装袋大小可根据装入鲜参质量制作。但过重应防止塑料薄膜破损，一般 0.25～1.0kg 为宜。

（10）加保鲜剂：包装袋内每 0.5kg 鲜参注入 5～10mL 保鲜剂。

（11）封口：用塑料袋封口机及时封口，封口要严密。

◎ 产品特性

使用壳聚糖人参保鲜剂，达到了人参保鲜 8 个月，同时色泽、口味和形态不发生变化，总皂苷和总氨基酸含量不显著降低。

兰科植物硕果保鲜剂

原料配比

原　　料		配比(质量份)				
		1#	2#	3#	4#	5#
维生素C溶液	维生素C	18	19	20	21	22
	无菌水	800	800	800	800	800
壳聚糖		12	11	10	9	10
百菌清		0.03	0.04	0.05	0.06	0.07
无菌水		加至1000	加至1000	加至1000	加至1000	加至1000

制备方法

首先将维生素C称量后，转入水中溶解形成维生素C溶液；再将脱乙酰度为93%的壳聚糖称量后倒入维生素C溶液中，慢慢搅拌，使脱乙酰度93%的壳聚糖充分溶解形成混合液，再量取百菌清倒入混合液中，充分搅拌，加水定容，即可制得兰科植物硕果保鲜剂。

原料配伍

本品各组分质量份配比范围为：脱乙酰度93%的壳聚糖为9～12，维生素C为18～22，百菌清为0.03～0.07，水加至1000。

产品应用

本品主要用作兰科植物硕果保鲜剂。使用方法：将硕果在保鲜剂中浸泡1～3h，取出晾干后，置于冷藏室中保存。

产品特性

通过壳聚糖的恰当组配比例，控制保鲜剂中壳聚糖的浓度，再利用加入百菌清来杀灭细菌，并通过合理的使用方法，最大限度地保证了兰科植物硕果在保存过程中，表面能够形成一种致密的保护膜，进而形成低氧高二氧化碳的封闭环境，有效地抑制硕果果皮细胞的有氧呼吸以及细菌的繁殖，提高了果皮的光泽度，降低了果皮表面水分的蒸发，进而避免了果皮因为干裂而导致种子裸露外面，受到细菌的干扰，而降低工厂化育苗时候的发芽率，降低了育苗企业的生产成本；并且，在家用冰箱内以 4℃ 的条件下也可以保存较长的时期，种子的发芽率达到了 80% 以上，进一步降低了低温保存的成本，延长了保存时间。

凉粉保鲜剂

◎ 原料配比

原　　料	配比（质量份）			
	1#	2#	3#	4#
茶多酚	0.01	0.1	0.1	0.1
70 万分子量的壳聚糖	0.05	—	—	—
1000 分子量的壳寡糖	—	1	—	—
5000 分子量的壳寡糖	—	—	0.5	—
2000 分子量的壳寡糖	—	—	—	1
1% 的醋酸水溶液	100	100	—	—
1% 的柠檬酸水溶液	—	—	100	100

◎ 制备方法

（1）原料提取：先以虾、蟹壳为原料经过常规的脱乙酰化处理制得分子量为 5000～1000000 的高分子量壳聚糖；再将这些高分子量壳聚糖经过常规的酸降解、过氧化氢降解、微波辐射降解、超声波降解或酶降解处理后得到分子量为 200～5000 的壳寡糖；然后再从茶叶中采用常规工艺方法分离提取得到茶多酚。

（2）配料：按照 1：5～10 的质量比称取茶多酚与壳聚糖或壳寡糖混合均匀的混合物，然后配制质量分数为 1% 的醋酸水溶液或柠檬酸水溶液。

（3）混合：再将混合好的茶多酚与壳聚糖或壳寡糖混合物溶于醋酸水溶液或柠檬酸水溶液中搅拌均匀后即得到保鲜剂；其每 100mL 保鲜剂中含壳聚糖或壳寡糖 0.005～2g，茶多酚 0.005～2g，柠檬酸或醋酸 0.001～1g，余者为水。

◎ 原料配伍

本品各组分质量份配比范围为：壳聚糖或壳寡糖 0.005～2，茶多酚 0.005～2，柠檬酸或醋酸 0.001～1，水加至 100。

◎ 产品应用

本品主要用作凉粉保鲜剂。

使用方法：称取 5mL 混合溶液加入到 200mL 以石花菜为原料的凉粉溶液中搅拌均匀，采用常规方法进行高温高压灭菌处理 30min 后室温下放置 20 天，其产品无明显染菌现象，且凉粉无明显脱水现象。

◎ 产品特性

本产品采用纯天然物质为原料制成凉粉保鲜剂，使用安全，无毒副作用，合乎食品质量安全要求，抑菌作用强和抗氧化功能好，且工艺简单、成本低、使用方便，环境友好。

米饭天然复合保鲜剂

◎ 原料配比

原　料	配比（质量份）				
	1#	2#	3#	4#	5#
ε-聚赖氨酸	0.8	2.4	4	2.4	0.8
壳聚糖	400	320	240	240	240

◎ **制备方法**

将各组分原料混合均匀即可。

◎ **原料配伍**

本品各组分质量份配比范围为：ε-聚赖氨酸与壳聚糖的质量比为 0.5～5：300～500。

◎ **产品应用**

本品主要用于米饭的保鲜剂，用于米饭的保鲜方法如下：

（1）将大米和水置于锅中。

（2）取占步骤（1）大米和水总质量 0.001％～0.005％的 ε-聚赖氨酸并溶于水。

（3）取占步骤（1）大米和水总质量 0.3％～0.5％的壳聚糖。

（4）将 ε-聚赖氨酸和壳聚糖置于盛有大米和水的锅中封盖蒸煮；采用高压锅封盖蒸煮，蒸煮时间为 15～30min。

（5）冷却分装，并冷藏保存。将米饭分装于聚乙烯袋中。

◎ **产品特性**

本品组分简单、使用安全、抑菌范围广、热稳定性好，可直接加入米中蒸煮；既能大大延长米饭的保存期又能改善米饭的品质和口感。

米粉保鲜剂

◎ **原料配比**

原　料	配比（质量份）		
	1#	2#	3#
双乙酸钠	3.8	3.5	3.6
氯化钠	4.3	4.2	4.5
乳酸	3.3	3.4	3.2
丙二醇	4.4	4.5	4.2
水	100	100	100

◉ 制备方法

称取水，按配方逐个添加双乙酸钠、氯化钠、乳酸和丙二醇，搅拌至全部溶解。

◉ 原料配伍

本品各组分质量份配比范围为：水 100，双乙酸钠 3.5～4，氯化钠 4～4.5，乳酸 3～3.5，丙二醇 4～4.5。

◉ 产品应用

本品主要用作米粉保鲜剂。使用方法：只需在调制米浆时将保鲜剂加入，混合均匀，然后进入常规米粉加工流程即可，使用量为每吨米粉中添加 3～4kg 保鲜剂。

◉ 产品特性

（1）采用多种抑菌剂及助剂进行复合保鲜，具有协同增效作用，可以达到抑制真菌、酵母菌、霉菌和细菌的作用，保鲜效果好。

（2）采用该保鲜剂处理的米粉，质地较软，外观好。

（3）配方简易，成本低，生产工艺简单，使用方便。

年糕复合保鲜剂

◉ 原料配比

原　　料		配比（质量份）		
		1#	2#	3#
成膜剂	壳聚糖	1.2	2.0	2.5
	乳酸	0.6	—	—
	柠檬酸	—	0.7	—
	冰醋酸	—	—	0.9
	纯净水	98.2	97.3	96.6
成膜剂		99.9	99.81	99.74
纳他霉素		0.05	0.07	0.09
乳酸链球菌素		0.05	0.07	0.09
溶菌酶		—	0.05	0.08

⊙ 制备方法

取 1%～3％的壳聚糖溶解在乳酸或柠檬酸或冰醋酸中，加入水，配制成 pH 值为 3.0～5.0 的溶液，再在上述溶液中加入溶菌酶、乳酸链球菌素和纳他霉素，混合均匀，得到复合成膜保鲜剂。

⊙ 原料配伍

本品各组分质量份配比范围为：乳酸链球菌素 0.03～0.1，溶菌酶 0～0.1，纳他霉素 0.03～0.1，其余为成膜剂。

所述成膜剂包括壳聚糖、酸和水，三者的比例为壳聚糖 1%～3％，酸的含量为 0.5%～1％，其余为水，并且控制成膜剂的 pH 值在 3.0～5.0。

其中所述酸选自乳酸、柠檬酸或冰醋酸。

所述溶菌酶的含量可以为 0.03%～0.1%。

所述水选用纯净水。

⊙ 产品应用

本品主要用于年糕保鲜。对年糕的保鲜处理如下：

（1）将制备好的新鲜年糕冷却，使其脱去一些水分适度硬化。

（2）将加工好并冷却后的新鲜年糕放入 3～4 倍于年糕体积的复合成膜保鲜剂溶液里浸泡 1～5min，对年糕进行浸泡涂膜处理，然后取出晾干。

（3）在包装袋内放入脱氧剂，然后将经成膜保鲜剂处理晾干后的年糕真空包装；或者将晾干后的年糕直接真空包装。

⊙ 产品特性

（1）采用上述复合保鲜剂处理年糕，可以达到抑制真菌、酵母菌、霉菌和细菌作用，保鲜效果较好，试验证明：应用该复合保鲜剂处理年糕，外观色泽浅白色、产品有光质，更加漂亮和美观；质地较软，在常温下保质期达 6 个月以上。

（2）生产工艺简单，有效提高了年糕的生产效率；不需要杀菌工序，节省能耗。

（3）能较好地保持年糕品质：传统年糕加工采用高压杀菌，年糕淀粉的结构发生较大变化，使年糕质地变硬。本产品减少杀菌工序，能很好保持年糕的质地，有效地解决了年糕质地较硬的问题。

（4）产品美观：应用本产品的复合保鲜剂，在年糕表面形成一层光亮膜，使年糕产品更加漂亮和美观；同时避免了现有技术中杀菌工序对年糕中的蛋白质、淀粉的高温处理，不会使年糕色泽变黄。

（5）本产品具有有效抑止微生物的作用，是通过天然的抗菌剂在年糕表面形成一层抗菌膜，对外抑制微生物入侵，内部对年糕进行杀菌。食品安全性好，无不良副作用。

青储优质牧草保鲜剂

原料配比

原　　料	配比（质量份）					
	1#	2#	3#	4#	5#	6#
丙酸	30	50	40	35	45	38
甲酸	40	70	55	50	60	47
乳酸-(2-羟基丙酸)	10	30	20	15	25	14
甜蜜素（环己基氨基磺酸钠）	20	40	30	25	35	26
水	适量	适量	适量	适量	适量	适量

制备方法

将各组分原料混合均匀，溶于水。

原料配伍

本品各组分质量份配比范围为：丙酸：甲酸：乳酸-(2-羟基丙酸)：甜蜜素（环己基氨基磺酸钠）＝30～50：40～70：10～30：20～40。

本产品的青储优质牧草保鲜剂中还含有辅料，常用的青储牧草保鲜剂辅料均适用于本产品。为了降低青储牧草保鲜剂的成本，本产品的辅料可以为水，水的用量可以根据青储牧草的不同而变化。其常用的水为蒸馏水。

> **产品应用**

本品主要用作青储优质牧草保鲜剂。应用在紫花苜蓿、燕麦草、黑麦草保鲜。

> **产品特性**

增加牧草储存时的保鲜度和质量，青储饲料适口性好，优于原料，家畜喜食，消化率高，防止青储过程中产生酸性物质，促进家畜对饲料的消化和吸收。

人参生物保鲜剂

> **原料配比**

原　料	配比（质量份）	原　料	配比（质量份）
蜂胶醇提液	7.00	D-异抗坏血酸钠	0.08
壳聚糖	1.30	白酒（55°）	加至 100
葡萄糖氧化酶	0.008		

> **制备方法**

壳聚糖、葡萄糖氧化酶、D-异抗坏血酸钠先分别用少量白酒溶解，再与剩余白酒混合，蜂胶醇提液直接加入，制成人参生物保鲜剂。

> **原料配伍**

本品各组分质量份配比范围为：蜂胶醇提液 4.00～10.00，壳聚糖 0.50～2.00，葡萄糖氧化酶 0.005～0.010，D-异抗坏血酸钠 0.05～0.10，白酒（50°～60°）加至 100。

> **产品应用**

本品主要用作人参保鲜剂。使用方法如下：

（1）浸润：将收获 2 天内的鲜参用清水浸泡 20～30min。

（2）清洗：可用人工清洗。大型加工厂可使用滚筒式洗参机、超声波洗参机等洗净鲜参表面的泥土、污物。但均应保持根须、芦、芋等的完整，不应损伤外表皮。

（3）刷参：清洗后，用毛刷刷去芦碗和支根分叉处泥土，不应损伤外表皮和碰断支根。

（4）分选：选出无破疤、无腐烂、浆足体实、须芦齐全的鲜人参，并进行分等，如 30～40g、40～50g 等，分等有利于工艺处理和销售。

（5）精洗：用过滤消毒后的无菌水洗掉分选过程中仍存于参根表面的脏物。

（6）晾干：在无菌室内将参根表面的水分挥发掉。

（7）杀菌：鲜参和空袋分别用紫外线杀菌灯在垂直 1m 处照射 30min。

（8）保鲜剂浸泡：将鲜参置于保鲜剂中浸泡 30～60min。

（9）装袋：将鲜参装入袋中。包装袋可选用聚乙烯薄膜或其他无毒塑料薄膜制作的塑料袋（厚度＞0.08mm），包装袋大小可根据装入鲜参质量制作。但过重应防止塑料薄膜破损，一般 0.25～1.0kg 为宜。

（10）加保鲜剂：包装袋内每 0.5kg 鲜参注入 5～10mL 保鲜剂。

（11）封口：用塑料袋封口机及时封口，封口要严密。

▶ **产品特性**

本品保鲜效果好，保鲜时间长。

汤煲类食品用保鲜剂

▶ **原料配比**

原料	配比(质量份)	原料	配比(质量份)
溶菌酶	3～5g	乌梅提取液	2.5～3mL
乳酸链球菌素	3～5g		

▶ **制备方法**

取溶菌酶 3～5g、乳酸链球菌素 3～5g 和乌梅提取液 2.5～

3mL 混合均匀。

▶ 原料配伍

本品各组分配比范围为：溶菌酶 3～5g、乳酸链球菌素 3～5g 和乌梅提取液 2.5～3mL。

所述乌梅提取液的制备方法是：将乌梅粉碎后，经体积分数为 95％的乙醇水溶液冷凝回流浸提，过滤后经旋转蒸发仪浓缩后得到每毫升提取液中含有 1g 干乌梅的提取液。

▶ 产品应用

本品主要用作汤煲类食品用保鲜剂。

使用方法：待制熟的汤煲类食品冷却至室温后，加入保鲜剂，经包装后，至于冷藏条件下储藏。汤煲类食品的每升汤中含 0.3～0.5g 溶菌酶、0.3～0.5g 乳酸链球菌素和 0.25～0.3mL 乌梅提取液。

▶ 产品特性

本产品采用乌梅提取物、乳酸链球菌素和溶菌酶复配作为保鲜剂来抑制或者杀死汤煲类的腐败菌，安全无害，该保鲜剂能使汤煲类食品在冷藏条件下的保质期延长 4 天左右，该保鲜剂具有以下优点：

（1）安全：本保鲜剂为生物来源的蛋白类物质和药食同源的植物中提取的抑菌成分，不含有化学合成的防腐剂，因此属于一种天然安全的保鲜剂。

（2）抑菌谱广：三种成分进行复配，能有效地抑制或杀死汤煲中的革兰氏阳性菌和阴性菌、酵母和霉菌等，延长产品的保质期，抑制产品的腐败。

铁皮石斛保鲜剂

▶ 原料配比

原　　料	配比（质量份）		
	1#	2#	3#
壳寡糖	0.5	1.0	1.5

原　　料	配比（质量份）		
	1#	2#	3#
海藻酸钠	3	4	5
山梨酸钾	0.02	0.025	0.03
水	加至100	加至100	加至100

◎ 制备方法

将壳寡糖、海藻酸钠、山梨酸钾和水按比例混合后得到保鲜剂。

◎ 原料配伍

本品各组分质量份配比范围为：壳寡糖0.5～1.5，海藻酸钠3～5，山梨酸钾0.02～0.03，水加至100。

所述的壳寡糖是分子量为400～4000，脱乙酰度为70%～90%的食品级水溶性壳寡糖。分子量为400～4000、脱乙酰度为70%～90%的食品级水溶性壳寡糖的水溶性最好，抑菌和杀菌活性较高。

所述的海藻酸钠和所述的山梨酸钾均为食品级。

◎ 产品应用

本品主要用作铁皮石斛保鲜剂。

（1）对铁皮石斛鲜条进行预处理，即对铁皮石斛鲜条的表面进行清理，去除杂质。

（2）保鲜处理：将预处理后的铁皮石斛鲜条的切口端浸入保鲜剂中，浸泡30～60s后，取出铁皮石斛鲜条，对未在保鲜剂中浸泡的铁皮石斛表面喷洒保鲜剂进行喷雾处理。

（3）将保鲜处理后的铁皮石斛鲜条在2～6℃下保存。

◎ 产品特性

（1）本产品是将壳寡糖与海藻酸钠、山梨酸钾和水按一定比例混合得到的保鲜剂，具有较好的保鲜效果，同时还具有较好的杀菌效果，使铁皮石斛鲜条能够长时间保存后不变质、不发霉，确保铁皮石斛鲜条的养生保健效果。

（2）制备方法简单，绿色环保，对人体健康无危害，保鲜效果好；本产品保鲜方法操作简单，具有保鲜效果好、安全无毒的特点，很好地解决了铁皮石斛鲜条保存时间短的问题，可保鲜一年半以上不变质，且长期保鲜后的鲜条饱满，失水率极低。

油脂用抗氧化保鲜剂

⊙ 原料配比

原　料	配比（质量份）		
	1#	2#	3#
柠檬酸	6.0	6.1	6.2
维生素 E	32.0	34.5	36.0
酒糟提取物	62.0	59.4	57.8

⊙ 制备方法

（1）酒糟提取物的制备：将酒糟用压榨机进行压榨，压榨出的液体加入质量分数为 15%～25% 的饱和氯化钠溶液。然后进行静置，使溶液进行分层，将分层后的上层液体分离出备用，即为酒糟提取物；饱和氯化钠溶液可以使压榨出的液体分层，酒糟为米、麦、高粱等酿酒后剩余的残渣。酒糟可以采用市场上购买的酒糟。

（2）调配：称取柠檬酸、维生素 E 和酒糟提取物分别加入油脂中，在搅拌的情况下升温到 30～38℃，搅拌 15～25min 即可；最后将调配好的油脂灌装后密封包装，所述柠檬酸的添加量为油脂质量的 0.002%～0.008%；所述维生素 E 的添加量为油脂质量的 0.01%～0.05%；所述酒糟提取物的添加量为油脂质量的 0.02%～0.08%。

⊙ 原料配伍

本品各组分质量份配比范围为：柠檬酸的含量为 5.8～6.28，维生素 E 的含量为 31.25～36.23，酒糟提取物的含量为

58.0~62.5。

所述的柠檬酸是一种金属离子螯合剂，可通过对金属离子的螯合作用，减少油脂中的金属离子，促进氧化作用。

◉ 产品应用

本品主要用作油脂抗氧化保鲜剂。

◉ 产品特性

（1）良好的热稳定性，毒性低，安全性好。
（2）用其处理的油脂，保存时间长。

饲料保鲜剂 (1)

◉ 原料配比

原　料	配比（质量份）		
	1#	2#	3#
脱氢乙酸	20	30	30
亚硝酸盐	20	20	30
山奈提取液	30	20	20
苦参碱	10	10	10
皂荚提取物	10	10	5
甜味剂与淀粉1:5的混配物	10	10	5

◉ 制备方法

将各组分原料混合均匀即可。

◉ 原料配伍

本品各组分质量份配比范围为：脱氢乙酸 20～30，亚硝酸盐 20～30，山奈提取液 20～30，苦参碱 10～15，皂荚提取物 5～10，甜味剂与淀粉 1:5 的混配物 5～10。

◉ 产品应用

本品主要用作饲料保鲜剂。

◎ **产品特性**

本产品制造方法简单，使用方便，残留低，保持饲料营养平衡，可以保持饲料在 15~20 天不质变。

饲料保鲜剂 (2)

◎ **原料配比**

原　料	配比（质量份）		
	1#	2#	3#
丁基羟基茴香醚	20	30	30
山梨酸	20	20	30
丁香提取液	30	20	20
茶多酚	10	10	10
大蒜油	10	10	5
竹叶提取液	10	10	5

◎ **制备方法**

将各组分原料混合均匀即可。

◎ **原料配伍**

本品各组分质量份配比范围为：丁基羟基茴香醚 20~30，山梨酸 20~30，丁香提取液 20~30，茶多酚 10~15，大蒜油 5~10，竹叶提取液 5~10。

所述丁香提取液、所述竹叶提取液采用醇浸提方法提取。

◎ **产品应用**

本品主要用作饲料保鲜剂。

◎ **产品特性**

本产品配比简单，使用方便，残留低，保持饲料营养平衡，本产品保鲜剂，可以保持饲料在 15~20 天不质变。

参 考 文 献

中国专利公告

CN-201210481183. 4
CN-200910042116. 0
CN-201410800646. 8
CN-201010294279. 0
CN-201410824777. X
CN-201210525674. 4
CN-201210442302. 5
CN-201310527014. 4
CN-201110280110. 4
CN-201210261431. 4
CN-201410113897. 9
CN-201310388818. 0
CN-201010285995. 2
CN-201210261542. 5
CN-201410550420. 7
CN-200910081951. 5
CN-200910041162. 9
CN-201010293010. 0
CN-201310425612. 0
CN-201310430947. 1
CN-201310425484. X
CN-201310425613. 5
CN-201310425708. 7
CN-201310425882. 1
CN-201010104434. 8
CN-201010293764. 6
CN-201010595424. 9
CN-201210245698. 4
CN-201110064202. 9
CN-201410365835. 7
CN-201410304856. 8
CN-201310640125. 6

CN-201510125790. 0
CN-201210579313. 8
CN-201110082069. X
CN-201410386825. 1
CN-201010595592. 8
CN-201410451390. 4
CN-201010234455. 1
CN-201210198245. 0
CN-201110023036. 8
CN-200910218399. X
CN-201010293177. 7
CN-201310565378. 1
CN-201010294308. 3
CN-200910028847. X
CN-200910198035. X
CN-200810064068. 0
CN-200910152865. 9
CN-200910215809. 5
CN-200910028845. 0
CN-200910028846. 5
CN-200810049973. 9
CN-201110382471. X
CN-201410267770. 2
CN-201010566792. 0
CN-201310729417. 7
CN-201310685634. 0
CN-201310647306. 1
CN 200910061888. 0
CN-201310452574. 8
CN-200810021722. X
CN-201410261415. 4
CN-201010292079. 1

CN-201310485792. 1
CN-201410556610. X
CN-201410624728. 1
CN-201410118004. X
CN-201510056842. 3
CN-201210261432. 9
CN-201210261456. 4
CN-201210261434. 8
CN-201210261435. 2
CN-201210261494. X
CN-201210261458. 3
CN-201210261566. 0
CN-201210261636. 2
CN-200910192541. 8
CN-201310578252. 8
CN-201210261569. 4
CN-201210261457. 9
CN-200810061085. 9
CN-201510046767. 2
CN-200910012322. 7
CN-201410606011. 4
CN-201010249289. 2
CN-201110122457. 6
CN-201410621303. 5
CN-201410260719. 9
CN-201010205359. 4
CN-201210532730. 7
CN-201210381526. X
CN-201210574748. 3
CN-201210577343. 5
CN-201210577343. 5
CN-201410260565. 3

CN-200910033375. 7
CN-201410846363. 7
CN-201310726256. 6
CN-201010249298. 1
CN-200910062651. 2
CN-201410004074. 2
CN-201010142840. 3
CN-201410261295. 8
CN-201510224278. 1
CN-201110185909. 5
CN-201410747794. 8
CN-201010245247. 1
CN-201010017227. 9
CN-201310704114. X
CN-200810028689. 3
CN-201410400443. X
CN-201210200992. 3
CN-201410556692. 8
CN-200810045832. X
CN-201310685688. 7
CN-201410054088. 5
CN-201410054361. 4
CN-201410221565. 2
CN-201410054083. 2
CN-201410054351. 0
CN-201310271045. 8
CN-201110199010. 9
CN-200810021723. 4
CN-201410179586. 2
CN-201110199009. 6
CN-201410317693. 7
CN-200810162614. 4
CN-201110329585. 8
CN-201210420185. 2
CN-201310189749. 0

CN-201310189772. X
CN-201510087831. 1
CN-201310469055. 2
CN-201210220872. X
CN-201210046083. 9
CN-201410196318. 1
CN-201310725816. 6
CN-200910234051. X
CN-201010249288. 8
CN-201210326574. 9
CN-200910234051. X
CN-201310708052. X
CN-200810021724. 9
CN-201410116977. X
CN-201010102234. 9
CN-201010249258. 7
CN-201210118445. 0
CN-200810219939. 1
CN-201010000061. X
CN-201010540815. 0
CN-201410233583. 2
CN-200910187736. 3
CN-201310726539. 0
CN-201110199011. 3
CN-201410447929. 9
CN-2013106410753
CN-201110298103. 7
CN-201410196327. 0
CN-201010133205. 9
CN-201410760047. 8
CN-201210338078. 5
CN-201310167443. 5
CN-200910042546. 2
CN-201210507905. 9
CN-201310189769. 8

CN-201310189733. X
CN-201310189732. 5
CN-201310189735. 9
CN-201310217623. X
CN-201310271683. X
CN-201410437286. X
CN-201310467499. 2
CN-201410801280. 6
CN-201010249270. 8
CN-201510153027. 9
CN-201410410819. 5
CN-201010249274. 6
CN-201010249267. 6
CN-201010242250. 8
CN-200910310714. 1
CN-201010616413. 4
CN-201010527655. 6
CN-201410104662. 3
CN-201310657277. 7
CN-201010581942. 5
CN-201410237377. 9
CN-201210454538. 0
CN-201310682680. 5
CN-201110059798. 3
CN-201310400496. 7
CN-201410113895. X
CN-200910187738. 2
CN-201010249519. 5
CN-201010580784. 1
CN-201210320470. 7
CN-201110320384. 1
CN-201310725447. 0
CN-201410237339. 3
CN-201310333528. 6
CN-201410113895. X

CN-201310390055. 3
CN-201210320874. 6
CN-201210144215. 1
CN-201010022805. 8
CN-201410193570. 7
CN-201310081187. 8
CN-201410852829. 4
CN-201010173576. X
CN-201410519760. 3
CN-201310682415. 7
CN-200910234812. 1
CN-200910044216. 7
CN-201310190294. 4
CN-201110071278. 4
CN-2012105365192
CN-201010264024-X
CN-201110031872. 0
CN-201110060037. X
CN-200910234811. 7
CN-200910200753. 6
CN-201410666918. X
CN-201310533181. X
CN-200910200751. 7
CN-200910236944. 8
CN-201010249283. 5
CN-201310243512. 6
CN-200910098543. 0
CN-201210530710. 6
CN-201010022811. 3
CN-201410834105. 7
CN-201110406485. 0
CN-201410196353. 3
CN-201110351421. 5
CN-201210005769. 3
CN-201210589076. 3

CN-201010022812. 8
CN-201110060058. 1
CN-201010506816. 3
CN-201010514954. 6
CN-201310753391. X
CN-201110418801. 6
CN-201310497993. 3
CN-201310682327. 7
CN-201010620850. 3
CN-201410151600. 8
CN-201510030153. 5
CN-201010022810. 9
CN-201110009561. 4
CN-200910234813. 6
CN-201110009536. 6
CN-201110009527. 7
CN-201510013919. 9
CN-201310455277. 9
CN-201010512639. X
CN-201010546545. 4
CN-201110203782. 5
CN-201110203779. 3
CN-201110194497. 1
CN-201310121062. 3
CN-201110194499. 0
CN-201110203783. X
CN-201110194498. 6
CN-201410801774. 4
CN-201010543750. 5
CN-201010182168. 0
CN-201310708521. 9
CN-201310285374. 8
CN-201110263037. X
CN-201310588093. X
CN-200910220099. 5

CN-201010234599. 7
CN-201210130091. 1
CN-200910032006. 6
CN-201110194502. 9
CN-201110194500. X
CN-201410853789. 5
CN-201110194501. 4
CN-201110199008. 1
CN-201110199006. 2
CN-201110199007. 7
CN-201110194508. 6
CN-201110194506. 7
CN-201510120520. 0
CN-200910187737. 8
CN-201110194507. 1
CN-201210220842. 9
CN-201310166238. 7
CN-200810118900. 0
CN-200910103300. 1
CN-201010249281. 6
CN-201010249282. 0
CN-201410241863. 8
CN-201310729130. 4
CN-201010132289. 4
CN-201210359594. 6
CN-201410402587. 9
CN-201310493467. X
CN-201210207790. 1
CN-201210208669. 0
CN-201010536134. 7
CN-201410241864. 2
CN-201410586512. 0
CN-200810117853. 8
CN-2009100443441
CN-201010182150. 0

CN-201010285724. 7
CN-201310727213. X
CN-200810052488. 7
CN-201010182178. 4
CN-201410269638. 5
CN-201310165960. 9
CN-200910035503. 1
CN-201410090707. 6
CN-201310601874. 8
CN-201310703658. 4
CN-201010182188. 8
CN-200910187531. 5
CN-200910032005. 1
CN-200810219944. 2
CN-201310752350. 9

CN-201010112212. 0
CN-201410536982. 6
CN-201310337794. 6
CN-201010145906. 4
CN-201110210534. 3
CN-200910187982. 9
CN-201110191385. 0
CN-201110191386. 5
CN-200910229605. 7
CN-201310218588. 3
CN-200910117263. X
CN-200810030644. X
CN-201210333852. 3
CN-200910223214. 4
CN-201110342748. 6

CN-201410570500. 9
CN-201410118002. 0
CN-201410025231. 8
CN-200810050510. 4
CN-201310503325. 7
CN-201310164849. 8
CN-201510017585. 2
CN-201010182152. X
CN-200810163928. 6
CN-201410473645. 7
CN-200810050512. 3
CN-201310732797. X
CN-201410433672. 1
CN-201310484138. 9